“十二五”江苏省高等学校重点教材

自动化生产线的安装与调试

第二版

周天沛　朱　涛　主编
韩吉生　副主编

ZIDONGHUA SHENGCHANXIAN DE
ANZHUANG YU TIAOSHI

化学工业出版社
·北京·

本书分为项目引导篇、项目基础篇、项目实战篇和项目拓展篇，主要内容包括自动化生产线简介、自动生产线各个核心部分的使用、自动化生产线各单元及整体安装与调试、工业机器人和柔性生产线的介绍等。本书是以全国职业院校技能大赛（高职组）“自动化生产线安装与调试项目竞赛”中使用的YL-335B自动化生产线为平台，是基于工作过程导向的教材。本书编写紧扣“准确性、实用性、先进性、可读性”的原则，将总任务分解为若干个任务，力求深入浅出、图文并茂，以提高学生学习兴趣和效率。

本书适合作为高职高专相关专业的教材，也可作为相关工程技术人员研究自动化生产线的参考书。

图书在版编目（CIP）数据

自动化生产线的安装与调试/周天沛，朱涛主编. —2版.
北京：化学工业出版社，2017.6（2023.11重印）
ISBN 978-7-122-29871-3

Ⅰ.①自…　Ⅱ.①周…②朱…　Ⅲ.①自动生产线-安装-高等职业教育-教材②自动生产线-调试方法-高等职业教育-教材　Ⅳ.①TP278

中国版本图书馆CIP数据核字（2017）第128306号

责任编辑：廉　静　　　　文字编辑：张绪瑞
责任校对：宋　玮　　　　装帧设计：王晓宇

出版发行：化学工业出版社（北京市东城区青年湖南街13号　邮政编码100011）
印　　刷：三河市航远印刷有限公司
装　　订：三河市宇新装订厂
787mm×1092mm　1/16　印张14　字数328千字　　2023年11月北京第2版第7次印刷

购书咨询：010-64518888　　　　售后服务：010-64518899
网　　址：http://www.cip.com.cn
凡购买本书，如有缺损质量问题，本社销售中心负责调换。

定　　价：36.00元　

前言

《自动化生产线的安装与调试》第一版自2013年出版以后，承蒙广大读者的厚爱，已经连续印刷数次。近年来，随着国内外自动化专业的迅速发展，自动化生产线的理论教学、实践训练和人才培养都面临着全新的挑战，《自动化生产线的安装与调试》教材的修订工作也势在必行，本次修订本着“实用、管用、够用”的原则，在保持原教材的特色、组织结构和内容体系基本不变的前提下，在多个方面进行了更新和充实。修订的主要内容有：

1. 对第一版中有关排版和内容中出现的纰漏和差错进行了订正。通过修订，力求做到概念清晰、表达正确。

2. 对有关章节的内容和条目顺序进行了调整和充实。通过修订，力求做到实用、管用和够用。

3. 原教材主要介绍以三菱PLC为架构的自动化生产线的安装与调试，没有介绍西门子PLC为架构的自动化生产线的安装与调试。由于西门子PLC在市场占有率非常高，因此本次修订增加了该方面内容的介绍。

4. 此外本次修订比原教材增加了项目拓展篇的内容。

本书以技能大赛指定设备“亚龙YL-335B自动化生产线”为平台，针对其安装、调试、运行等过程中应知、应会的核心技术进行了基于工作过程的讲述。本书紧密结合高等职业技术教育的特点，以自动化生产线安装与调试理论知识与实践相结合为出发点，着重能力培养，帮助读者学习和掌握自动化生产线安装与调试的基础知识和基本技能，并为进一步学习自动化生产线打下良好的基础。

本书由四大部分组成，第一部分为项目引导篇，主要对自动化生产线及YL-335B型自动化生产线进行了介绍；第二部分为项目基础篇，主要针对YL-335B型自动化生产线应涉及到的设备、元件及相关知识点进行了详细讲解；第三部分为项目实战篇，主要内容是以YL-335B型自动化生产线为平台，针对其五个工作站的安装与调试工作过程进行了讲述，最后对自动化生产线总体安装与调试和自动化生产线的维护与故障分析进行了讲述；第四部分为项目拓展篇，主要对与自动化生产线有密切关系的工业机器人和柔性生产线技术进行了简要介绍。

本书由徐州工业职业技术学院的周天沛、朱涛担任主编，辽宁石化职业技术学院韩吉生担任副主编，编写分工如下：项目引导篇的项目一和项目二，项目基础篇的项目一和项目二，项目实战篇的项目一和项目二由周天沛编写；项目基础篇的项目六，项目实战篇的项目三和项目四由朱涛编写；项目基础篇的项目五，项目实战篇的项目五、项目六和项目七由韩吉生编写；项目基础篇的项目三和项目四由吉智编写；项目拓展篇的项目一、项目二由魏强编写。在本教材的编写过程中，得到了中国亚龙科技集团的大力支持，提供了YL-335B型自动化生产线及其技术文档，并派出相关工程技术人员进行指导。另外得到了兄弟高职院校的各位专家和老师的帮助，在此，谨向为本书编写和出版付出辛勤劳动的同志表示衷心的感谢。

由于水平有限，书中难免存在一些疏漏及不妥之处，恳切希望广大读者批评指正。

编者

2017年5月

目录

项目引导篇

项目基础篇

项目实战篇

项目拓展篇

参考文献

项目引导篇

项目一 认识自动化生产线

项目学习目标

① 了解自动化生产线的定义和作用。
② 了解自动化生产线的发展趋势。

1. 自动化生产线的概念

自动化生产线是由自动执行装置（包括各种执行器件、机构，如电动机、电磁铁、电磁阀、气动、液压等），经各种检测装置（包括各种检测器件、传感器、仪表等）检测各装置的工作进程、工作状态，经逻辑、数理运算、判断，按生产工艺要求的程序，自动进行生产作业的流水线。

自动化生产线综合应用机械技术、控制技术、传感技术、驱动技术、网络技术、人机接口技术等，通过一些辅助装置按工艺顺序将各种机械加工装置连成一体，并控制液压、气压和电气系统将各个部分动作联系起来，完成预定的生产加工任务。

简单地说，自动化生产线是由工件传送系统和控制系统将一组自动机床和辅助设备按照工件加工顺序联结起来，自动完成产品全部或部分制造过程的生产系统，简称自动线。

2. 自动化生产线在工厂生产中的应用实例

自动化生产线是在流水线的基础上逐渐发展起来的。它不仅要求线体上各种机械加工装置能自动地完成预定的各道工序及工艺过程，使产品成为合格的制品，而且要求在装卸工件、定位夹紧、工件在工序间的输送、工件的分拣甚至包装等都能自动地进行，使其按照规定的程序自动地进行工作。

下面就介绍几个自动化生产线的应用实例。

如图1-1所示是应用于某公司的塑壳式断路器自动生产线，包括自动上料、自动铆接、五次通电检查、瞬时特性检查、延时特性检查、自动打标等工序，采用可编程控制器控制，每个单元都有独立的控制、声光报警等功能，采用网络技术将生产线构成一个完善的网络系统，大大提高了劳动生产率和产品质量。

图1-1 塑壳式断路器自动生产线

图1-2 某汽车制动器自动化装配线

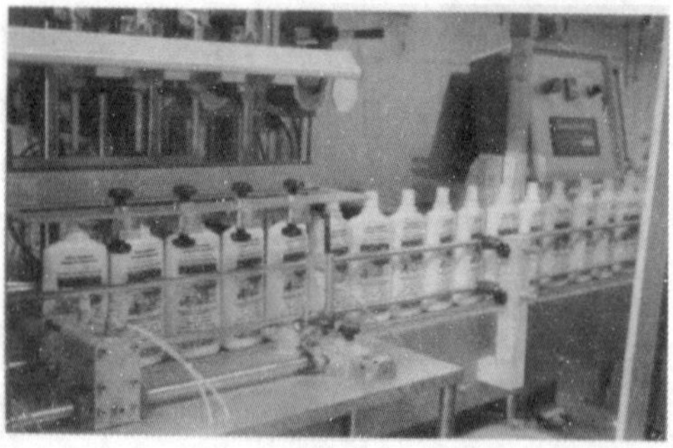

图1-3 某日化厂自动灌装线

如图1-2所示是某汽车配件厂的制动器自动化装配线，该生产线考虑到设备性能、生产节拍、总体布局、物流传输等因素，采用标准化、模块化设计、选用各种机械手及可编程自动化装置，实现零件的自动供料、自动装配、自动检测、自动打标、自动包装等装配过程自动化，采用网络通信监控、数据管理实现控制与管理。

图1-3所示是某日化厂的自动灌装线，主要完成上料、灌装、封口、检测、打标、包装、码垛等几个生产过程，实现集约化大规模生产的要求。

3. 自动化生产线的发展过程

人类在制造工具过程中得到发展，人类发展需要越来越好的工具。人类自从学会利用天然工具，更好地维持生命的延续后，就一直没有停止对工具的渴望和不懈的追求。在这个过程中，人类的创新能力也在不断地提高。生产线就是人类生产活动的一种工具。它体现了人类的智慧。世界上任何事物的发展都经历了从低级到高级的过程，人类社会生产力的发展也是如此。1913年，福特汽车公司在底特律的小作坊里生产出第一辆轿车。此后，由于市场需求量扩大，原有的小作坊生产模式不能满足市场需求，必须寻求新的生产模式，自动化生产线生产方式就是在这个时期问世的。

自动化生产线生产方式的优点是：它能使复杂的汽车装配工作变得简单，各个岗位上的工人只要经过短期、简单的培训就可以上岗了。这样就免去了3～5年学徒时间，简单的工作岗位还可以少出差错、易熟练操作、提高效率。可以想象到，一位操作工记住几百至上千的零件安装顺序是多么不容易！

20世纪初，美国汽车制造业兴起，成批生产汽车急需新的生产方式。要想让一个工人短时间内熟练掌握相应的加工技能，提高生产率和质量，最好的方法就是将复杂的加工及组装内容分解为简单、容易操作的。例如，在一间很长的车间内组装汽车，工人被安排在组装线两侧的各个工位上，每位工人只加工或组装一个或几个零件。本工位上加工或组装好的部件被传送装置送到下一个工位上，再由该下一个工位的工人继续加工或组装，直到整部汽车被组装结束。这就是真正意义上的自动化生产线式的生产。由于它的优势明显，具有很强的竞争力，所以，很快就在其他加工行业普及开来。例如，电视生产线、冰箱生产线、包装生产线、啤酒灌装生产线、手机生产线等。这种生产方式还影响了其他许多产业的发展，如机械制造、冶金、电子、仪表、化工、造纸、航空、家电、食品、医药等。可以说，目前，70%的工业产品都是在自动化生产线上生产的。

4.自动化生产线的发展趋势

自动化生产线所涉及的技术领域是很广泛的，它的发展、完善是与各种相关技术的进步及相互渗透紧密相连的。各种技术的不断更新推动了它的迅速发展。

可编程控制器是一种以顺序控制为主、网络调节为辅的工业控制器。它不仅能完成逻辑判断、定时、记忆和算术运算等功能，而且能大规模地控制开关量和模拟量。基于这些优点，可编程控制器取代了传统的顺序控制器，开始广泛应用于自动化生产中的控制系统。

由于微型计算机的出现，机器人内装的控制器被计算机代替而产生了工业机器人，以工业机械手最为普遍。各具特色的机器人和机械手在自动化生产中的装卸工件、定位夹紧、工件传输、包装等部分得到广泛应用。现在正在研制的新一代智能机器人不仅具有运动操作技能，而且还有视觉、听觉、触觉等感觉的辨别能力，具有判断、决策能力。这种机器人的研制成功将把自动化生产带入一个全新的领域。

液压和气动技术，特别是气动技术，由于是将取之不尽的空气作为介质的，因此具有传动反应快、动作迅速、气动元件制作容易、成本小、便于集中供应和长距离输送等优点，从而引起人们的普遍重视。气动技术已经发展成为一个独立的技术领域，在各行业，特别是在自动化生产线中得到迅速的发展和广泛的使用。

此外，传感技术随着材料科学的发展和固体效应的不断出现，形成了一个新型的科学技术领域。在应用上出现了带微处理器的“智能传感器”，它在自动化生产中监视着各种复杂的自动控制程序，起着极其重要的作用。

进入21世纪，自动化的功能在计算机技术、网络通信技术和人工智能技术的推动下，将生产出智能控制设备，使工业生产过程有一定的自适应能力。所有这些支持自动化生产的相关技术的进一步发展，使得自动化生产技术功能更加齐全、完善、先进，从而能完成技术性更复杂的操作，并能生产或装配工艺更高的产品。

项目二

认识YL-335B型自动化生产线

项目学习目标

① 了解YL-335B型自动生产线的基本结构组成，生产工艺流程。
② 掌握YL-335B型自动生产线的基本功能。

1.YL-335B型自动化生产线的基本结构

YL-335B型自动生产线由供料单元、加工单元、装配单元、分拣单元和输送单元5个单元组成，各工作站均设置一台PLC承担其控制任务，各个PLC之间通过RS-485串行通信进行通信，构成分布式的控制系统，其外观如图1-4所示。

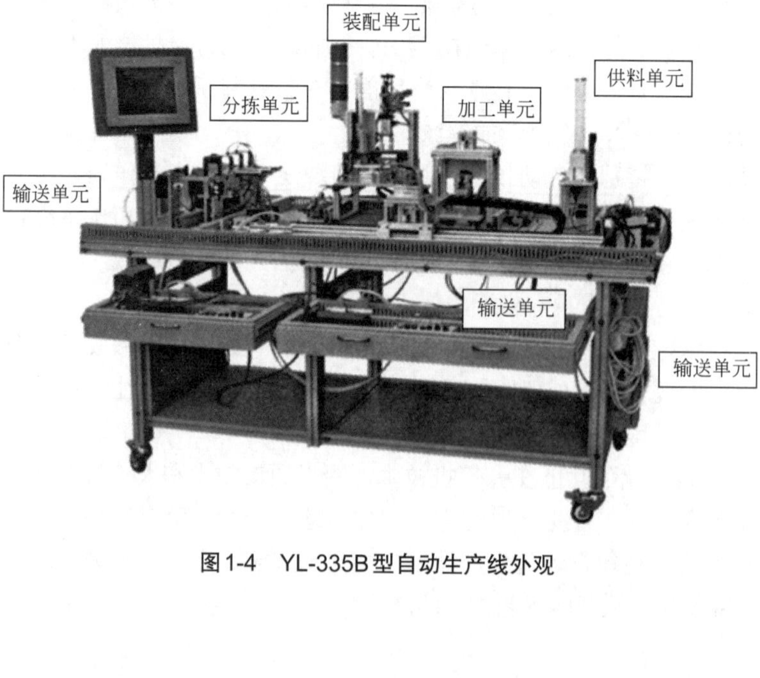

图1-4　YL-335B型自动生产线外观

YL-335B型自动生产线的工作过程：将供料单元料仓内的工件送往加工单元的物料台，完成加工操作后，把加工好的工件送往装配单元的物料台，然后把装配单元料仓内的不同颜色的小圆柱工件嵌入到物料台上的工件中，完成装配后的成品送往分拣单元分拣输出，分拣站根据工件的材质、颜色进行分拣。

其中，每一工作单元都可自成一个独立的系统，同时也都是一个机电一体化的系统。各个单元的执行机构基本上以气动执行机构为主，但输送单元的机械手装置整体运动则采取伺服电动机驱动、精密定位的位置控制，该驱动系统具有长行程、多定位点的特点，是一个典型的一维位置控制系统。分拣单元的传送带驱动则采用了通用变频器驱动三相异步电动机的交流传动装置。位置控制和变频器技术是现代工业企业应用最为广泛的电气控制技术。

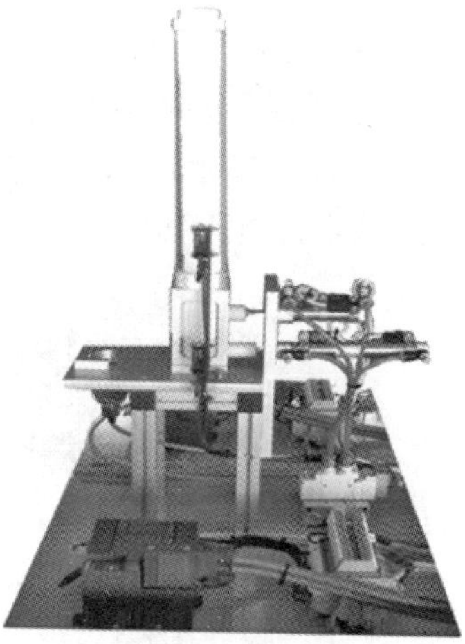
图1-5 供料单元外观

在YL-335B设备上应用了多种类型的传感器，分别用于判断物体的运动位置、物体通过的状态、物体的颜色及材质等。传感器技术是自动化生产线中的关键技术之一，是现代工业实现智能加工和智能制造的关键载体。

在控制方面，YL-335B采用了基于RS-485串行通信的PLC网络控制方案，即每一工作单元由一台PLC承担其控制任务，各PLC之间通过RS-485串行通信实现互连的分布式控制方式。用户可根据需要选择不同厂家的PLC及其所支持的RS-485通信模式组建成一个小型的PLC网络。掌握基于RS-485串行通信的PLC网络技术，将为进一步学习现场总线技术、工业以太网技术等打下良好的基础。

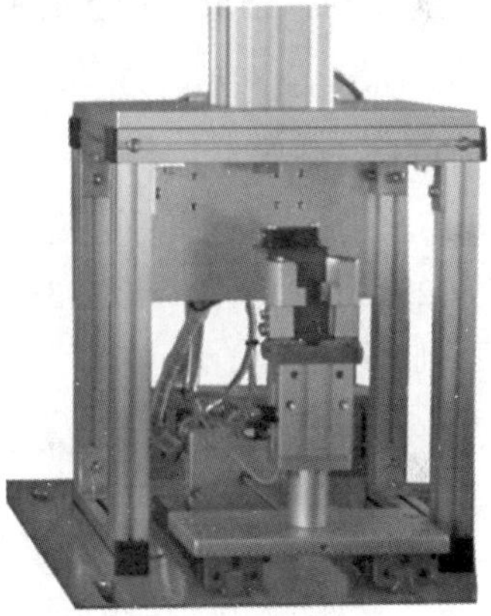
图1-6 加工单元外观

2.YL-335B型自动化生产线的基本功能

① 供料单元的基本功能　供料单元是YL-335B中的起始单元，在整个系统中，起着向系统中的其他单元提供原料的作用。具体的功能是按照需要将放置在料仓中待加工工件（原料）自动地推出到物料台上，以便输送单元的机械手将其抓取，并输送到其他单元上。其外观如图1-5所示。

② 加工单元的基本功能　将输送单元的机械手装置从供料单元物料台上抓取的工件送到该单元的冲压机构下面，完成一次冲压加工动作，然后再送回到物料台上，待输送单元的抓取机械手装置取出。其外观如图1-6所示。

③ 装配单元的基本功能　完成将该单元料仓内的黑色或白色小圆柱零件嵌入到已加工的工件中的装配过程。其外观如图1-7所示。

图1-7 装配单元外观

④ 分拣单元的基本功能　完成将上一单元送来的已加工、装配的工件进行分拣，实现不同属性（颜色、材料等）的工件从不同的料槽分流的功能。其外观如图1-8所示。

⑤ 输送单元的基本功能　该单元通过直线运动传动机构驱动抓取机械手装置到指定单元的物料台上精确定位，并在该物料台上抓取工件，把抓取到的工件输送到指定地点后放下，从而实现传送工件的功能。其外观如图1-9所示。

图1-8　分拣单元外观

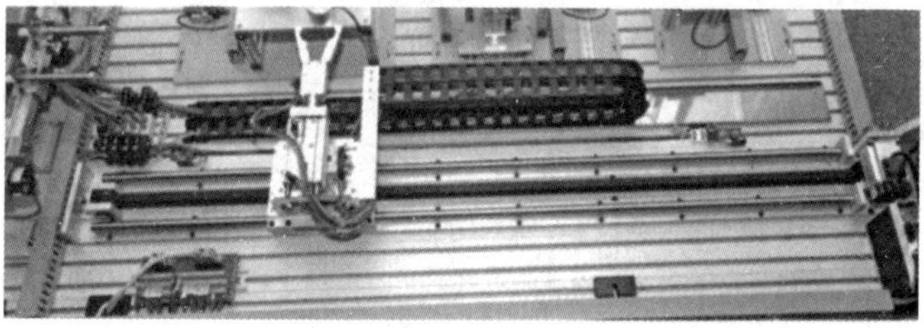

图1-9　输送单元外观

3.YL-335B的控制系统

YL-335B自动化生产线采用5台PLC，分别采用三菱FX系列PLC或者是西门子S7-200系列PLC，分别去控制供料单元、加工单元、装配单元、分拣单元和输送单元5个单元。5个PLC采用RS-485串行通信。各工作单元的PLC配置如表1-1（三菱FX系列）和表1-2（西门子S7-200系列）所示，YL-335B的通信网络如图1-10（三菱FX系列）和图1-11（西门子S7-200系列）所示。

表1-1　各工作单元的PLC配置表（三菱FX系列）

工作单元名称	PLC配置清单
供料单元	FX2N-32MR主单元，共16点输入，16点继电器输出
加工单元	FX2N-32MR主单元，共16点输入，16点继电器输出
装配单元	FX2N-48MR主单元，共24点输入，24点继电器输出
分拣单元	FX2N-32MR主单元，共16点输入，16点继电器输出
输送单元	FX1N-40MT主单元，共24点输入，16点晶体管输出

表1-2　各工作单元的PLC配置表（西门子S7-200系列）

工作单元名称	PLC配置清单
供料单元	S2-200-224 AC/DC/RLY主单元，共14点输入，10点继电器输出
加工单元	S2-200-224 AC/DC/RLY主单元，共14点输入，10点继电器输出
装配单元	S2-200-226 AC/DC/RLY主单元，共24点输入，16点继电器输出
分拣单元	S2-200-224 AC/DC/RLY主单元，共14点输入，10点继电器输出
输送单元	S2-200-226 DC/DC/DC主单元，共24点输入，16点晶体管输出

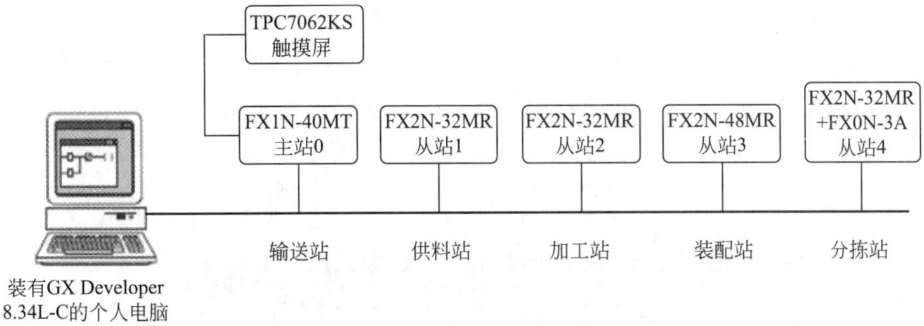

图1-10 YL-335B的通信网络（三菱FX系列）

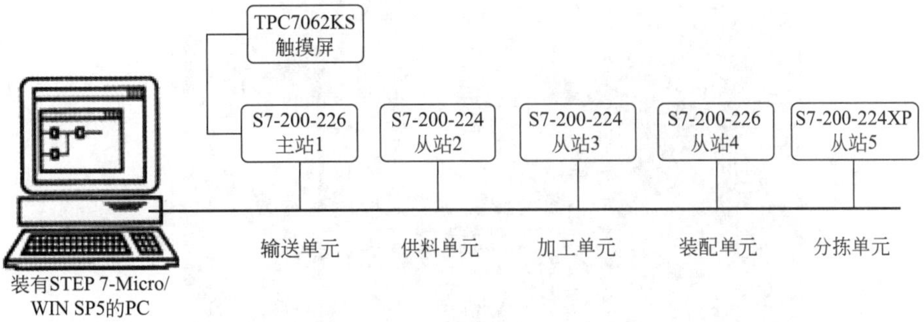

图1-11 YL-335B的通信网络（西门子S7-200系列）

4.YL-335B的供电系统

YL-335B要求外部供电电源为三相五线制AC380V/220V，图1-12为供电系统的一次回路原理图。图1-12中，总电源开关选用DZ47LE-32/C32型三相四线漏电开关。系统各主要负载

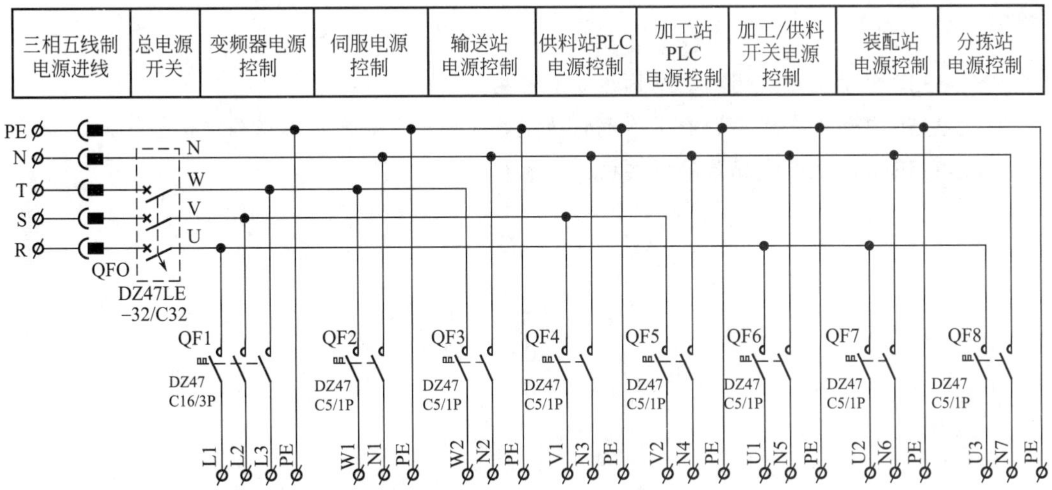

图1-12 YL-335B供电系统的一次回路原理图

通过自动开关单独供电。其中，变频器电源通过DZ47C16/3P三相自动开关供电；各工作站的PLC均采用DZ47C5/1P单相自动开关供电。此外，系统配置4台DC24/6A开关稳压电源分别用做供料、加工、分拣及输送单元的直流电源。图1-13所示为配电箱元件位置布局图。

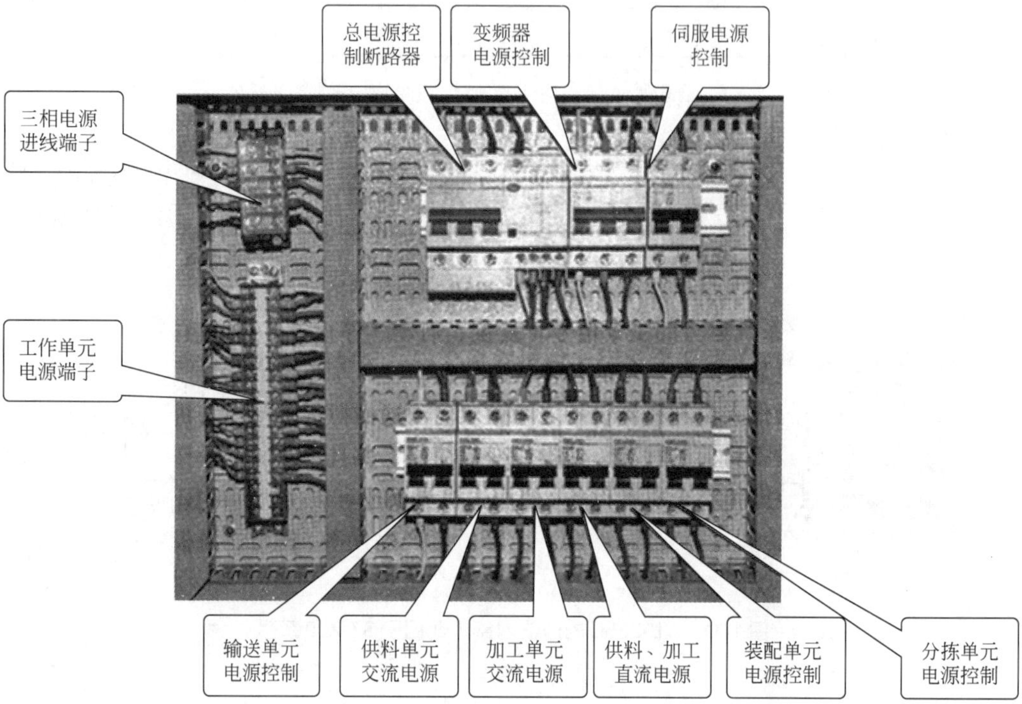

图1-13 配电箱元件位置布局图

问题与思考

1.YL-335B自动生产线的主要结构组成有哪些？

2.YL-335B自动生产线中的输送单元的功能是什么？它如何实现精确定位？

3.YL-335B自动生产线涵盖了哪些核心技术？

项目基础篇

项目一

自动化生产线中的传感器知识

项目学习目标

① 掌握生产线中磁性开关、光电式开关、光纤传感器、光电编码器和电感式接近开关等传感器的结构、特点。

② 能进行各传感器在自动化生产线中的安装和调试。

学习单元一　传感器的基本知识

1. 传感器的组成

传感器通常由敏感元件、转换元件和测量电路等组成，其原理图如图2-1所示。

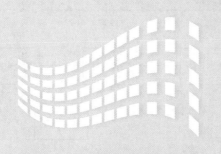

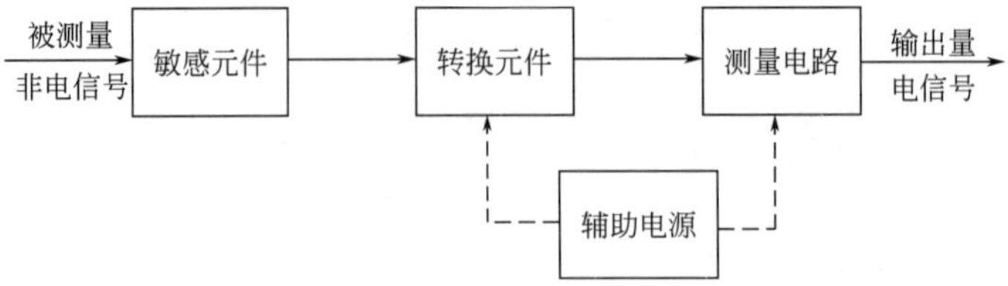

图2-1 传感器原理图

① 敏感元件　敏感元件是指能直接感受被测量的变化，并输出与被测量成确定关系的某一物理量的元件，是传感器的核心。

② 转换元件　转换元件具有非电量向电量转换的功能，是将敏感元件输出的物理量转换成适合于传输或者测量电信号。

③ 测量电路　测量电路是将转换元件输出的电信号进行标准化处理，如放大、滤波、补偿、线性化等，因此也被称之为变换器。

2.传感器的分类

① 按照被测量分类，传感器可分为物理量、化学量、生物量。

② 按照能量传递方式分类，传感器可分为有源传感器和无源传感器。

③ 按照输出信号性质分类，传感器可分为模拟量传感器和开关量传感器。

3.YL-335B中使用的传感器

在YL-335B自动化生产线中主要用到了磁性开关、光电开关、光纤传感器、光电编码器和电感式接近开关等五种传感器，如表2-1所示。

表2-1 YL-335B中使用的传感器

传感器名称	传感器图片	图形符号	用途
磁性开关		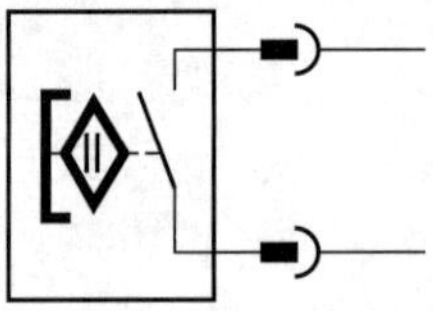	用于自动化生产线各个单元的气缸活塞的位置检测
光电开关		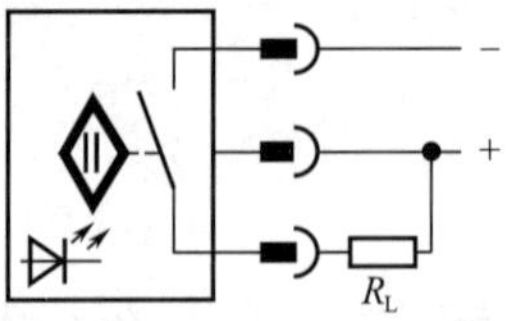	用于分拣单元的工件检测
			用于供料单元的工件检测
光纤传感器		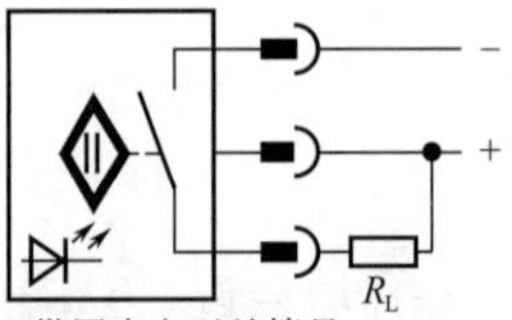 借用光电开关符号	用于分拣单元的不同颜色工件检测

续表

传感器名称	传感器图片	图形符号	用途
光电编码器	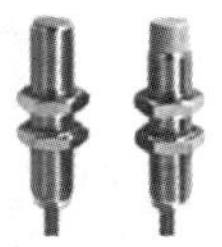	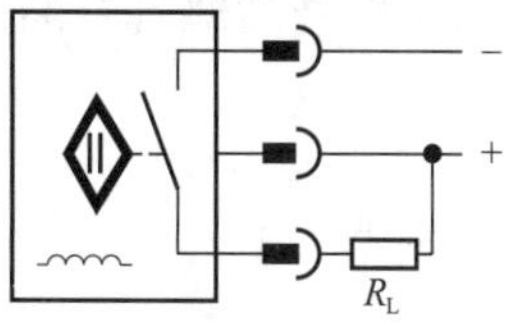	用于分拣单元的传动带的位置控制及转速测量
电感式接近开关			用于分拣单元的不同材质工件检测

学习单元二　磁性开关的使用

1. 认识磁性开关

在YL-335B自动化生产线中，磁性开关用于各类气缸的位置检测。如图2-2所示的两个磁性开关就用来检测机械手上气缸伸出和缩回到位的位置。

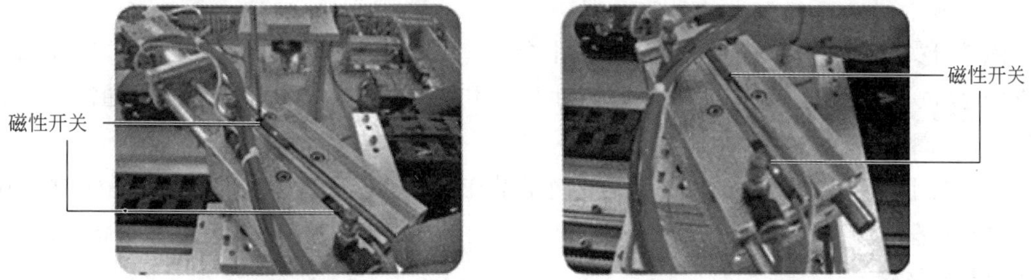

（a）气缸伸出到位　　（b）气缸缩回到位

图2-2　磁性开关的应用实例

磁性开关是一种非接触式位置检测开关，这种非接触式位置检测不会磨损和损伤检测对象物，响应速度高。磁性开关用于检测磁性物质的存在；安装方式上有导线引出型、接插件式、接插件中继型。YL-335B中使用的磁性开关全部安装在双作用气缸上，这种气缸的活塞（或活塞杆）上安装磁性物质，在气缸缸筒外面的两端位置各安装一个磁感应式接近开关，就可以用这两个传感器分别标识气缸运动的两个极限位置。当有磁性物质接近磁性开关时，传感器动作，并输出开关信号。图2-3所示是带磁性开关气缸的工作原理图。

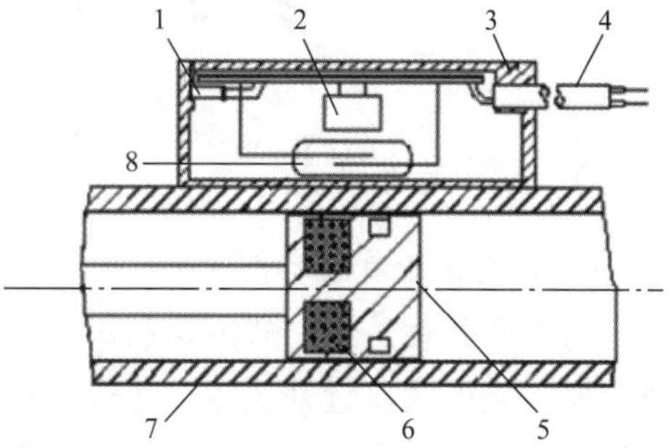

图2-3　带磁性开关的气缸工作原理图

1—动作指示灯；2—保护电路；3—开关外壳；4—导线；5—活塞；6—磁环（永久磁铁）；7—缸筒；8—舌簧开关

当气缸中随活塞移动的磁环靠近开关时，舌簧开关的两根簧片被磁化而相互吸引，触点闭合；当磁环移开开关后，簧片失磁，触点断开。触点闭合或断开时发出电控信号，在PLC的自动控制中，可以利用该信号判断推料及顶料气缸的运动状态或所处的位置，以确定工件是否被推出或气缸是否返回。

2.磁性开关的安装与调试

（1）电气接线

重点要考虑传感器的尺寸、位置、安装方式、布线工艺、电缆长度以及周围工作环境因素对传感器工作的影响。磁性开关有蓝色和棕色2根引出线，使用时蓝色引出线应连接到PLC输入公共端，棕色引出线应连接到PLC输入端。应按照图2-4将磁性开关与PLC的输入端口连接。在磁性开关上设置有LED，用于显示传感器的信号状态，供调试与运行监视时观察。当气缸活塞靠近，接近开关输出动作，输出“1”信号，LED亮；当没有气缸活塞靠近，接近开关输出不动作，输出“0”信号，LED不亮。

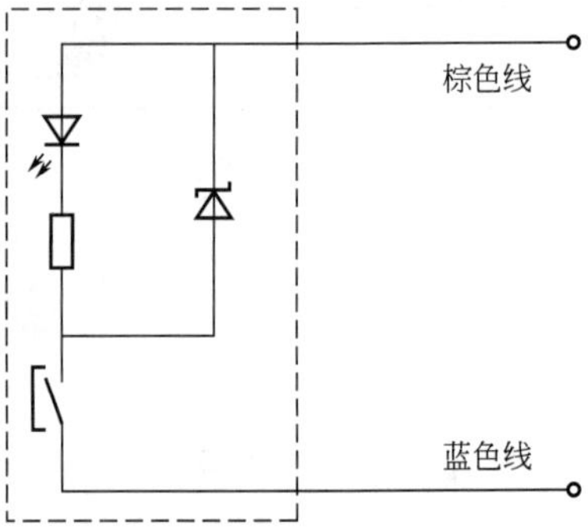

图2-4　磁性开关内部电路

（2）磁性开关在气缸上的安装与调整

磁性开关与气缸配合使用，如果安装不合理，可能使得气缸的动作不正确。当气缸活塞移向磁性开关，并接近到一定距离时，磁性开关才有“感知”，开关才会动作，通常把这个距离叫“检出距离”。

在气缸上安装磁性开关时，先把磁性开关装在气缸上，磁性开关的安装位置根据控制对象的要求调整，调整方法是松开它的紧定螺栓，让磁性开关顺着气缸滑动，到达指定位置后，再旋紧紧定螺栓。

学习单元三　光电开关的使用

1.认识光电开关

（1）光电开关的类型

光电开关就是光电式，是利用光的各种性质，检测物体的有无和表面状态的变化等的传感器。光电式接近开关主要由光发射器和光接收器构成。如果光发射器发射的光线因检测物体不同而被遮掩或反射，到达光接收器的量将会发生变化。光接收器的敏感元件将检测出这种变化，并转换为电气信号后进行输出。光电开关大多使用红外光。按照接收器接收光方式的不同，光电式接近开关可分为对射式、漫射式和回归反射式3种，如图2-5所示。

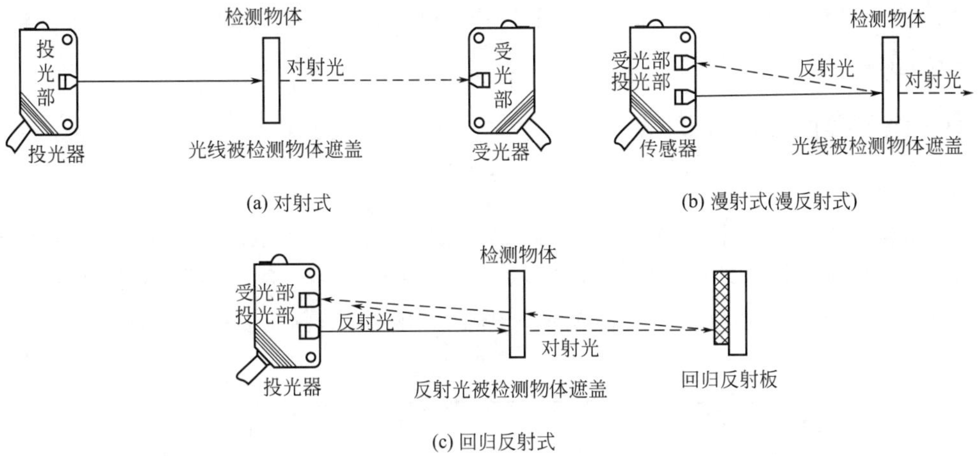

图2-5 光电式接近开关的类型

（2）漫射式光电开关

漫射式光电开关是利用光照射到被测物体上后反射回来的光线而工作的，由于物体反射的光线为漫射光，故称为漫射式光电接近开关。它的光发射器与光接收器处于同一侧位置，且为一体化结构。在工作时，光发射器始终发射检测光，若接近开关前方一定距离内没有物体，则没有光被反射到接收器，接近开关处于常态而不动作；反之，若接近开关的前方一定距离内出现物体，只要反射回来的光强度足够，则接收器接收到足够的漫射光就会使接近开关动作而改变输出的状态。在YL-335B中，漫射式光电开关采用欧姆龙公司的CX-441型光电开关，该光电开关是一种小型、可调节检测距离、放大器内置的反射型光电传感器，具有细小光束（光点直径约2mm）、可检测同等距离的黑色和白色物体、检测距离可精确设定等特点。其外形、顶端面上的调节按钮、显示灯和电气符号如图2-6所示。

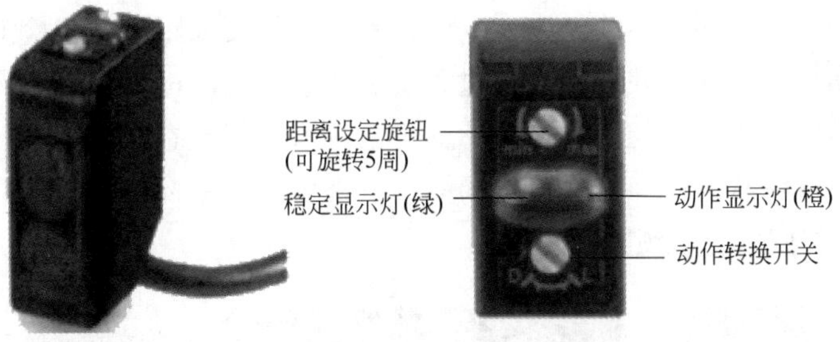

图2-6 光电开关的外形、调节旋钮、显示灯和电气符号

在图2-6中：

① 动作转换开关的功能是选择受光动作（light）或遮光动作（drag）模式，即当此开关按顺时针方向充分旋转时（L侧），则进入受光模式；当此开关按逆时针方向充分旋转时（D侧），则进入遮光模式。

② 动作显示灯为橙色LED（输出ON时亮起），稳定显示灯为绿色LED（稳定工作状态时亮起）。

③ 距离设定旋钮是5回转调节器，调整距离时注意逐步轻微旋转，否则若充分旋转距离调节器会空转。

2.光电开关的安装与调试

（1）安装与接线

根据机械安装图将光电开关初步安装固定，然后连接电气接线。CX-441型光电开关有3根引出线，其内部电路原理框图如图2-7所示。根据图2-7所示，将光电开关褐色线接PLC输入模块电源“+”端，蓝色线接PLC输入模块电源“–”端，黑色线接PLC的输入点。

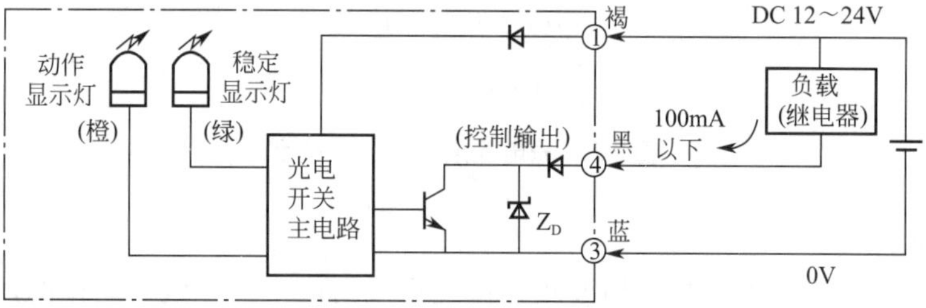

图2-7 光电开关电路原理图

（2）调试

光电开关具有检测距离长、对检测物体的限制小、响应速度快、分辨率高、便于调整等优点。但在光电开关的安装过程中，必须保证传感器到被检测物的距离在“检出距离”范围内，同时考虑被检测物的形状、大小、表面粗糙度及移动速度等因素。调试过程如图2-8所示。图2-8（a）中，光电开关调整位置不到位，对工件反应不敏感，动作灯不亮；图2-8（b）中光电开关位置调整合适，对工件反应敏感，动作灯亮而且稳定灯亮；图2-8（c）中，当没有工件靠近光电开关时，光电开关没有输出。具体调整方法如下：首先按逆时针方向将距离设定旋钮充分旋到最小检测距离（约为20mm），然后根据要求距离放置检测物体，按顺时针方向逐步旋转距离设定旋钮，找到传感器进入检测状态的点，再拉开检测物体距离，按顺时针方向进一步旋转距离设定旋钮，知道传感器再次进入检测状态。一旦进入，逆时针旋转距离设定旋钮回到非检测状态的点，两点之间的中点为稳定检测物体的最佳位置。调试光电开关的位置合适后，将固定螺母锁紧。

(a)光电开关没有安装合适　(b)光电开关调整到位检测到工件　(c)光电开关没有检测到工件

图2-8 光电开关的调试

学习单元四 光纤传感器的使用

1. 认识光纤传感器

光纤传感器也被称为光纤式接近开关，是光电传感器的一种。光纤传感器由光纤检测头、光纤放大器两部分组成，其工作原理示意图如图2-9所示。投光器和受光器均在放大器内，投光器发出的光线通过一条光纤内部从端面（光纤头）以约60°的角度扩散，并照射到检测物体上；同样，反射回来的光线通过另一条光纤的内部回送到受光器。光纤传感器可以实现对不同颜色物体的检测，这主要取决于放大器灵敏度的调节范围。当光纤传感器灵敏度调得较小时，对于反射性较差的黑色物体，光纤放大器无法接收到反射信号；而对于反射性较好的白色物体，光纤放大器光电探测器就可以接收到反射信号，从而可以通过调节光纤光电开关的灵敏度来判别黑白两种颜色物体，将两种物料区分开，从而完成自动分拣工序。

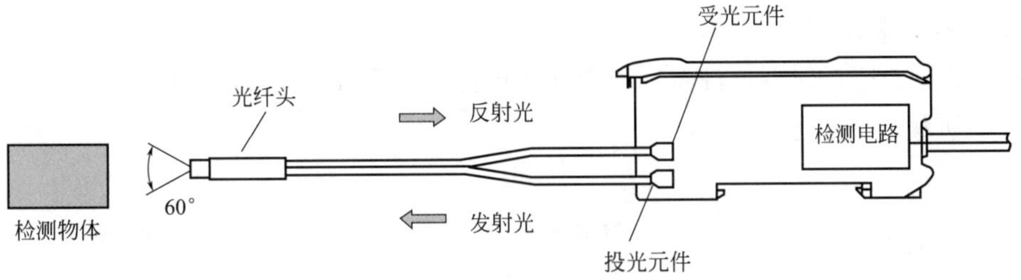

图2-9 光纤传感器工作原理示意图

2. 光纤传感器的安装与调试

（1）电气与机械安装

安装过程中，首先将光纤检测头固定，将光纤放大器安装在导轨上，然后将光纤检测头的尾端两条光纤分别插入放大器的两个光纤孔。然后根据图2-10进行电气接线，接线时应注意根据导线颜色判断电源极性和信号输出线，切勿将信号输出线直接连接到电源+24V端。

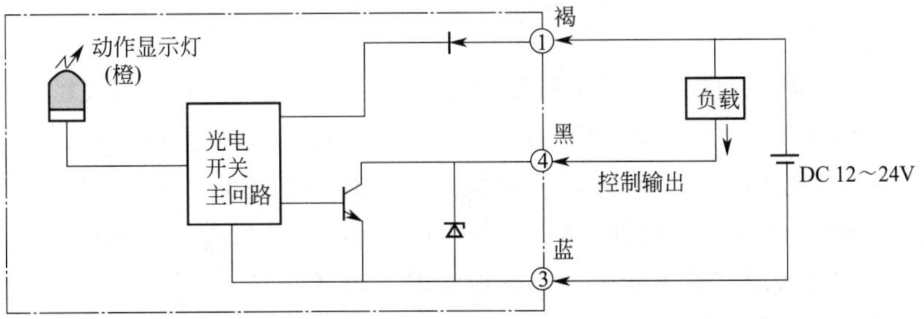

图2-10 光纤传感器电路框图

（2）放大器单元的安装和拆卸

图2-11所示是一台放大器的安装过程。

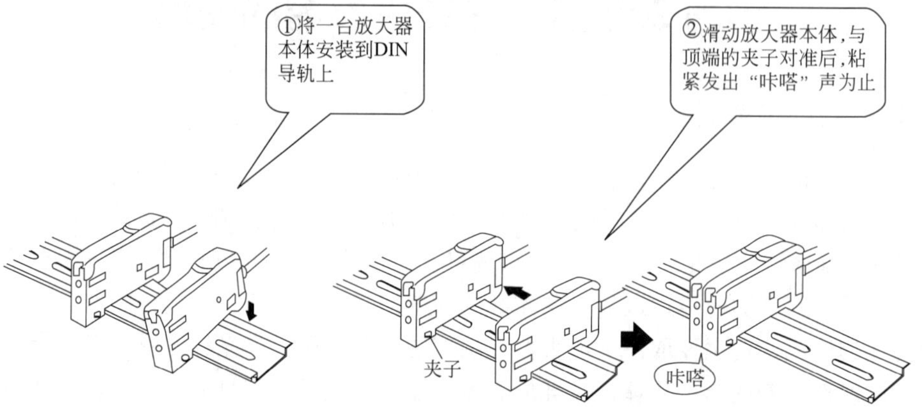

图2-11　E3Z-NA的放大器安装过程

拆卸时，以相反的过程进行。注意，在连接了光纤的状态下，请不要从DIN导轨上拆卸。

（3）光纤的装卸

进行连接或拆下的时候，注意一定要切断电源。然后按下面方法进行装卸，有关安装部位如图2-12所示。

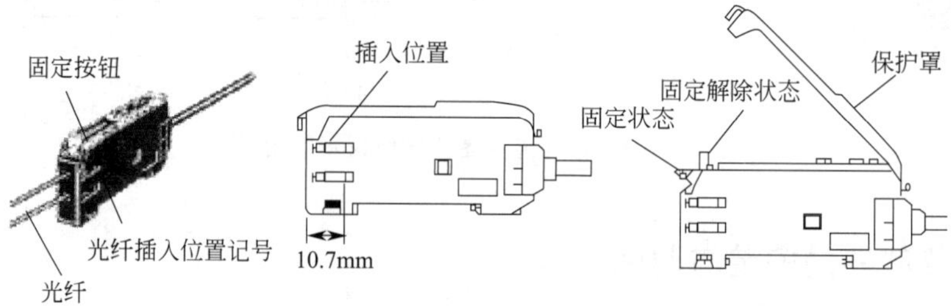

图2-12　光纤的装卸示意图

① 安装光纤：抬高保护罩，提起固定按钮，将光纤顺着放大器单元侧面的插入位置记号进行插入，然后放下固定按钮。

② 拆卸光纤：抬起保护罩，提升固定按钮时可以将光纤取下来。

（4）灵敏度调整

光纤式光电接近开关的放大器的灵敏度调节范围较大。当光纤传感器灵敏度调得较小时，反射性较差的黑色物体，光电探测器无法接收到反射信号；而反射性较好的白色物体，光电探测器就可以接收到反射信号。反之，若调高光纤传感器灵敏度，则即使对反射性较差的黑色物体，光电探测器也可以接收到反射信号。如何来进行调试呢？图2-13给出了光纤放大器的俯视图，调节灵敏度高速旋钮就能进行放大器灵敏度调节。调节时，会看到“入光量显示灯”发光的变化。在检测距离固定后，当白色工件出现在光纤测头下方时，“动作显示灯”亮，提示检测到工件，当黑色工件出现在光纤测头下方时，“动作显示灯”不亮，这个光纤式光电开关调试完成。

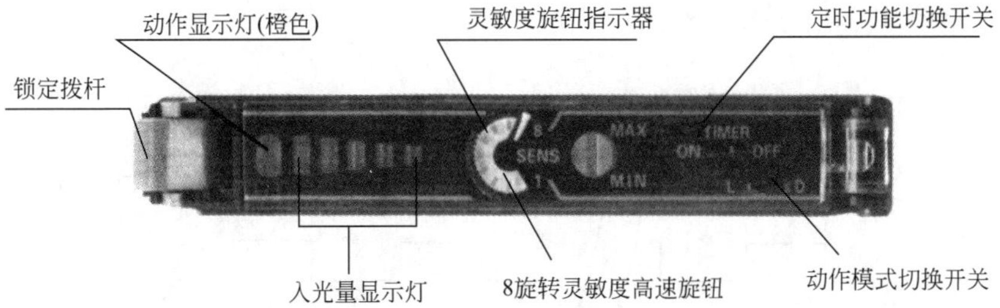

图2-13 光纤放大器的俯视图

学习单元五 光电编码器的使用

在YL-335B生产线的分拣单元的控制中，传送带定位控制是由光电编码器来完成的。同时，光电编码器还要完成电动机转速的测量。光电编码器是通过光电转换，将机械、几何位移量转换成脉冲或数字量的传感器，它主要用于速度或位置（角度）的检测。典型的光电编码器由码盘、检测光栅、光电转换电路（包括光源、光敏器件、信号转换电路）、机械部件等组成。一般来说，根据光电编码器产生脉冲的方式不同，可以分为增量式、绝对式以及复合式三大类。

① 增量式旋转编码器：用于输出“电脉冲”表征位置和角度信息。一圈内的脉冲数代表了分辨率。位置的确定则是依靠累加相对某一参考位置的输出脉冲数得到的。当初始上电时，需要找一个相对零位来确定绝对的位置信息。

② 绝对式旋转编码器：通过输出唯一的数字码来表征绝对位置、角度或转数信息。这种编码器将唯一的数字码分配给每一个确定角度。圈内的这些数字码的个数代表了单圈的分辨率。因为绝对的位置是用唯一的码表示的，因此无需初始参考点。该种旋转编码器有单圈绝对型和多圈绝对型两种。

增量式旋转编码器在自动线上的应用十分广泛。其结构如图2-14所示。

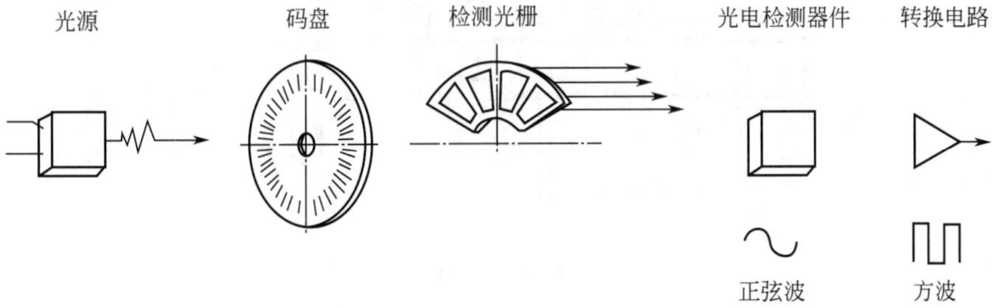

图2-14 增量式光电编码器的组成

光电编码器的码盘条纹数决定了传感器的最小分辨角度，即分辨角α=360° /条纹数。如条纹数为500，则分辨角α=360°/500=0.72°。在光电编码器的检测光栅上有两组条纹A和B，A、B条纹错开1/4节距，两组条纹对应的光敏元件所产生的信号彼此相差90°，用于辨向。此外在光电编码器的码盘里圈有一个透光条纹Z，用以每转产生一个脉冲，该脉冲称为移转信号或零标志脉冲，其输出波形如图2-15所示。

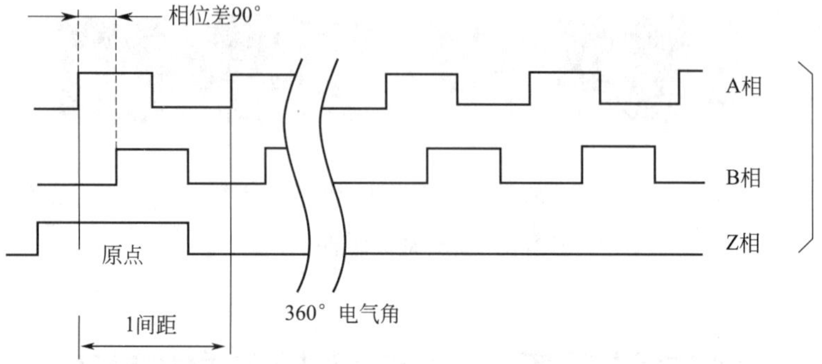

图2-15 增量式编码器输出脉冲示意图

YL-335B分拣单元使用了这种具有A、B两相90°相位差的通用型旋转编码器，用于计算工件在传送带上的位置。编码器直接连接到传送带主动轴上。该旋转编码器的三相脉冲采用NPN型集电极开路输出，分辨率为500线，工作电源DC 12～24V。本工作单元没有使用Z相脉冲，A、B两相输出端直接连接到PLC的高速计数器输入端。

计算工件在传送带上的位置时，需确定每两个脉冲之间的距离即脉冲当量。分拣单元主动轴的直径为d=43mm，则减速电动机每旋转一周，传送带上工件移动距离$L=\pi d=3.14\times 43=135.09$mm。故脉冲当量$u=L/500=0.27$mm。分拣单元的安装尺寸如图2-16所示，当工件从下料口中心线移至传感器中心时，旋转编码器约发出430个脉冲；移至第一个推杆中心点时，约发出614个脉冲；移至第二个推杆中心点时，约发出963个脉冲；移至第二个推杆中心点时，约发出1284个脉冲。

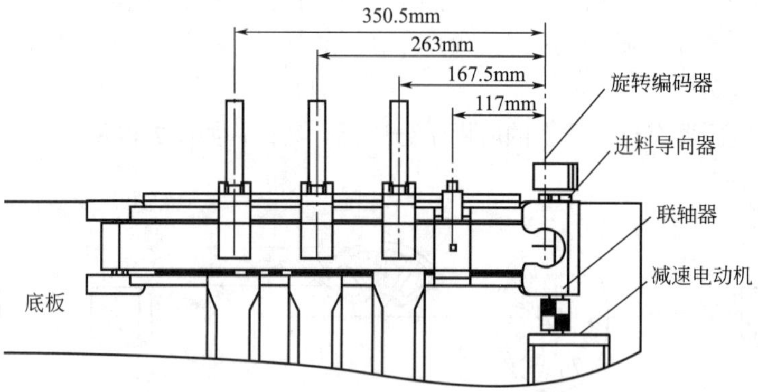

图2-16 传送带位置计算用图

学习单元六 电感式接近开关的使用

在自动化生产线的供料单元中，为了检测待加工工件是否为金属材料，常常会使用电感式接近开关。电感式接近开关是利用电涡流效应制成的有开关量输出的位置传感器。电涡流效应是指，当金属物体处于一个交变的磁场中，在金属内部会产生交变的电涡流，该涡流又会反作用于产生它的磁场这样一种物理效应。如果这个交变的磁场是由一个电感线圈产生的，则这个电感线圈中的电流就会发生变化，用于平衡涡流产生的磁场。

利用这一原理，以高频振荡器（LC振荡器）中的电感线圈作为检测元件，当被测金属物体接近电感线圈时产生了涡流效应，使物体内部产生电涡流。这个电涡流反作用于接近开关，使接近开关振荡能力衰减，内部电路的参数发生变化，引起振荡器振幅或频率的变化，由传感器的信号调理电路（包括检波、放大、整形、输出等电路）将该变化转换成开关量输出，从而达到检测目的。电感式接近传感器工作原理框图如图2-17所示。

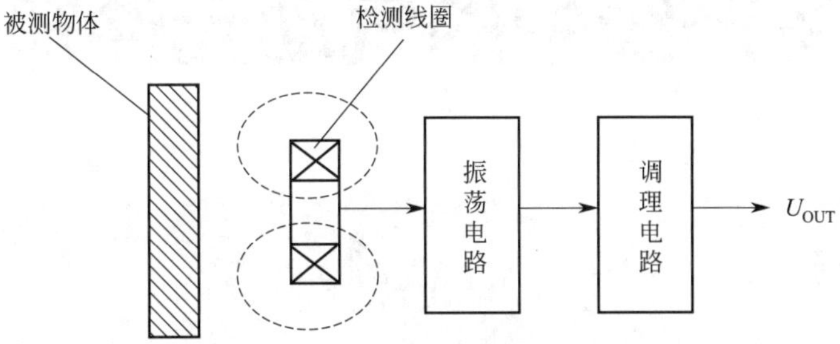

图2-17　电感式传感器原理框图

在接近开关的选用和安装中，必须认真考虑检测距离、设定距离，进而保证生产线上的传感器可靠动作。安装距离注意说明如图2-18所示。

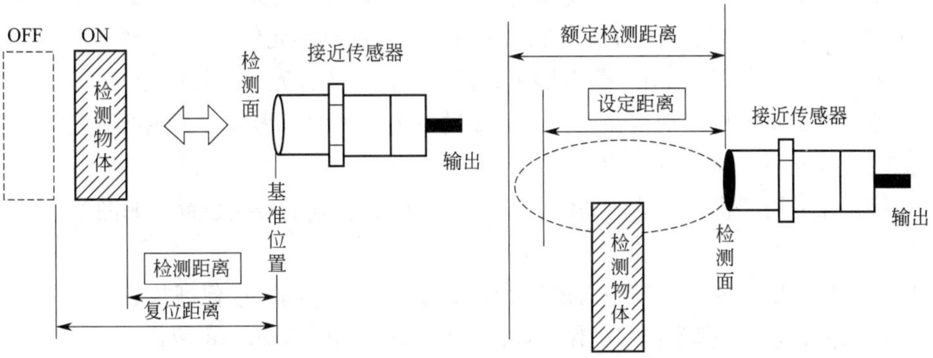

图2-18　安装距离注意说明

问题与思考

1. 磁性开关的特点是什么？主要用在什么地方？
2. 为什么说电感式接近开关只对金属检测有效？主要用在什么地方？
3. 光电编码器的特点是什么？主要用在什么地方？

项目二

自动化生产线中的气动元件知识

项目学习目标

① 掌握气缸、气动控制阀等基本气动元件的功能、特性。
② 能使用气动元件构成基本的气动系统、连接和调整气路。

在YL-335B自动生产线上安装了许多气动元件，包括气泵、过滤减压阀、单向电控气阀、双向电控阀、气缸、汇流排等。其中气缸使用了笔形缸、薄气缸、回转气缸、双杆气缸、手指气缸5种类型共17个。图2-19所示为YL-335B中使用的气动元件。

图2-19实际包含以下四部分：气源装置、控制元件、执行元件、辅助元件。

① 气源装置：用于将原动机输出的机械能转变为空气的压力能。其主要设备是空气压缩机，如图2-19（a）所示的气泵。

② 执行元件：用于将空气的压力能转变成为机械能的能量转换装置，如图2-19（e）、（f）所示各式气缸。

③ 控制元件：用于控制压缩空气的压力、流量和流动方向，以保证执行元件具有一定的输出力和速度并按设计的程序正常工作，如图2-19（c）、（d）所示的电磁阀。

④ 辅助元件：用于辅助保证空气系统正常工作的一些装置。如过滤减压阀［见图2-19（b）］、干燥器、空气过滤器、消声器和油雾器等。

学习单元一　气泵的认知

YL-335B自动生产线上使用的气泵如图2-20所示，包括空气压缩机、压力开关、过载安全保护器、储气罐、压力表、气源开关、主管道过滤器。气泵的作用是用来产生具有足够压力和流量的压缩空气，压缩空气经过过滤、调压、雾化后输送到各个单元。在进行压力调节

(a)气泵

(b)过滤减压阀

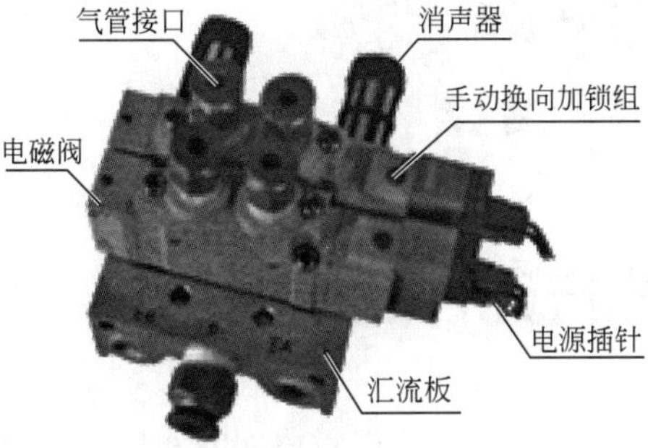

(c)电磁阀及汇流板

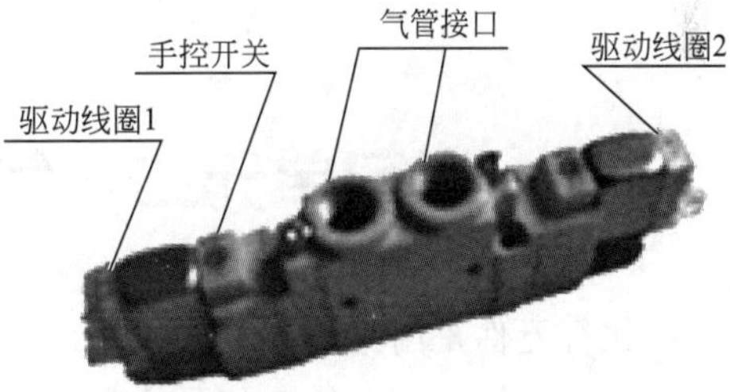

(d)双向电磁阀

(e)薄型气缸

(f) 双杆气缸

(g)手指气缸

(h)笔形气缸

(i)回转气缸

图2-19　YL-335B中使用的气动元件

时，在转动旋钮前要先拉起再旋转，压下旋钮为定位，旋钮向右旋转为调高出口压力，向左旋转为调低出口压力。调节压力时，应逐步均匀地调至所需压力值，不一定要一步调整到位。

图2-20 气泵上的元件介绍

学习单元二 气动执行元件的认知

气动执行元件是用来驱动机械设备做直线运动、摆动运动和旋转运动的元件。常用的气动执行元件有气缸、摆动缸、气马达和气动手指等，其中气缸驱动机械设备做直线运动，摆动缸和气马达做摆动和旋转运动，气动手指主要做机械手夹紧装置。

1.标准气缸

标准气缸是指气缸的功能和规格是普遍使用的、结构容易制造的、制造厂通常作为通用产品供应市场的气缸。

在气缸运动的两个方向上，根据受气压控制方向个数的不同，可分为单作用气缸和双作用气缸。

单作用气缸在缸盖一端气口输入压缩空气使活塞杆伸出（或缩回），而另一端靠弹簧力、自重或其他外力等使活塞杆恢复到初始位置。单作用气缸只在动作方向需要压缩空气，故可节约一半压缩空气，主要用在夹紧、退料、阻挡、压入、举起和进给等操作方面。

根据复位弹簧位置将单作用气缸分为预缩型气缸和预伸型气缸，如图2-21所示。当弹簧装在有杆腔内时，由于弹簧的作用力而使气缸活塞杆初始位置处于缩回位置，这种气缸称为预缩型单作用气缸；当弹簧装在无杆腔内时，气缸活塞杆初始位置为伸出位置，称为预伸型气缸。

双作用气缸是应用最为广泛的气缸，所谓双作用是指活塞的往复运动均由压缩空气来推动。在单伸出活塞杆的动力缸中，因活塞右边面积比较大，当空气压力作用在右边时，提供一慢速的和作用力大的工作行程；返回行程时，由于活塞左边的面积较小，所以速度较快而作用力变小。此类气缸的使用最为广泛，一般应用于包装机械、食品机械、加工机械等设备上。

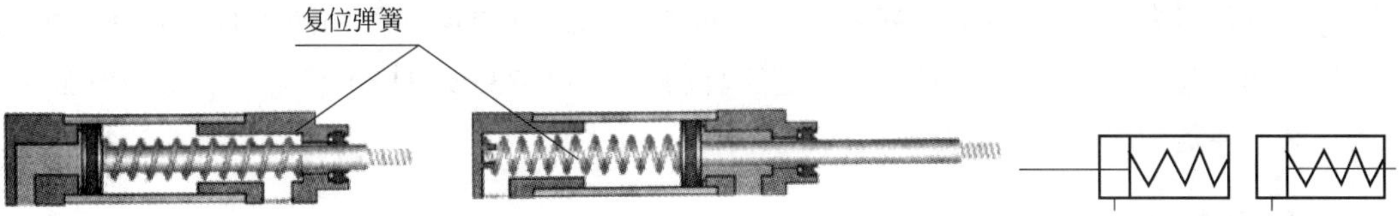

(a) 预缩型气缸　　(b) 预伸型气缸　　(c) 图形符号

图2-21　单作用气缸工作示意图及其图形符号

其动作原理：从无杆腔端的气口输入压缩空气时，若气压作用在活塞左端面上的力克服了运动摩擦力、负载等各种反作用力，则当活塞前进时，有杆腔内的空气经该端气口排出，使活塞杆伸出。同样，当有杆腔端的气口输入压缩空气时，活塞杆缩回至初始位置。通过无杆腔和有杆腔交替进气和排气，活塞杆伸出和缩回，气缸实现往复直线运动。双作用气缸工作示意图及图形符号如图2-22所示。

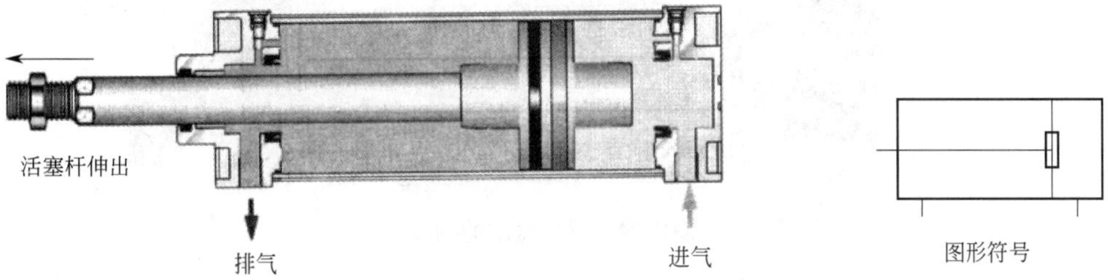

图2-22　双作用气缸工作示意图及其图形符号

双作用气缸具有结构简单、输出力稳定、行程可根据需要选择的优点，但由于是利用压缩空气交替作用于活塞上实现伸缩运动的，回缩时压缩空气的有效作用面积较小，所以产生的力要小于伸出时产生的推力。

2.薄型气缸

薄型气缸属于节省空间气缸类，即气缸的轴向或径向尺寸比标准气缸有显著的减小，它具有结构紧凑、重量轻、占用空间小等优点。图2-23是薄型气缸的一些实例。

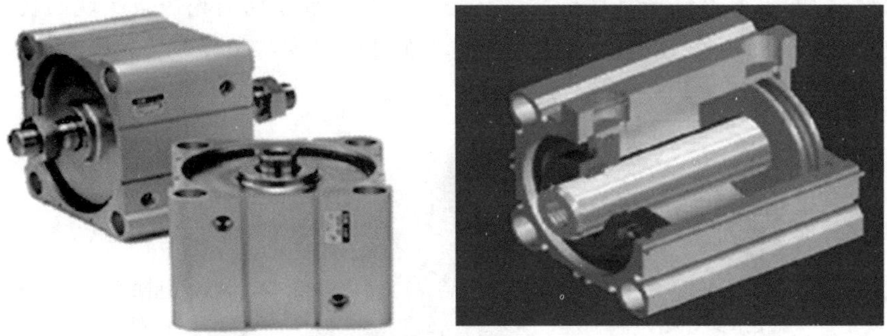

(a)薄型气缸实例　　(b)工作原理剖视图

图2-23　薄型气缸的外观与剖视图

薄型气缸的特点：缸筒与无杆侧端盖压铸成一体，杆盖用弹性挡圈固定，缸体为方形。这种气缸通常用于固定夹具和搬运中固定工件等。在YL-335B的加工单元中，薄型气缸用于冲压，这主要是考虑这种气缸行程短的特点。

3. 导向气缸

导向气缸是指具有导向功能的气缸，一般为标准气缸和导向装置的集合体。导向气缸具有导向精度高、抗扭矩性强、承载能力强、工作平稳等特点。

装配单元用于驱动装配机械手水平方向移动的导向气缸外形如图2-24所示。该气缸由直线运动气缸带双导杆和其他附件组成。

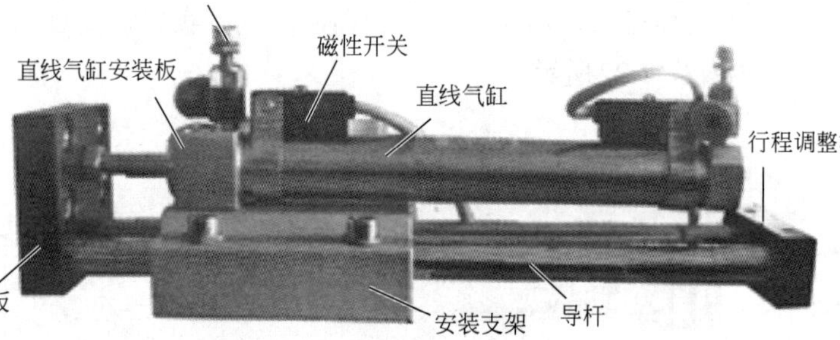

图2-24 导向气缸的构成

安装支架用于导杆导向件的安装和导向气缸整体的固定，连接件安装板用于固定其他需要连接到该导向气缸上的物件，并将两导杆和直线气缸活塞杆的相对位置固定，当直线气缸的一端接通压缩空气后，活塞被驱动作直线运动，活塞杆也一起移动，被连接件安装板固定到一起的两导杆也随活塞杆伸出或缩回，从而实现导向气缸的整体功能。安装在导杆末端的行程调整板用于调整该导杆气缸的伸出行程。具体调整方法是松开行程调整板上的紧定螺钉，使行程调整板在导杆上移动，当达到理想的伸出距离以后，再完全锁紧紧定螺钉，完成行程的调节。

4. 气动摆台

回转物料台的主要器件是气动摆台，它是由直线气缸驱动齿轮齿条实现回转运动，回转角度能在0°～90°和0°～180°之间任意调节，而且可以安装磁性开关，检测旋转到位信号，多用于方向和位置需要变换的机构，如图2-25所示。

图2-25 摆动气缸

YL-335B所使用的气动摆台的摆动回转角度能在0°～180°范围任意可调。当需要调节回转角度或调整摆动位置精度时，应首先松开调节螺杆上的反扣螺母，通过旋入和旋出调节螺杆，从而改变回转凸台的回转角度，调节螺杆1和调节螺杆2分别用于左旋和右旋角度的调整。当调整好摆动角度后，应将反扣螺母与基体反扣锁紧，防止调节螺杆松动，造成回转精度降低。

回转到位的信号是通过调整气动摆台滑轨内的两个磁性开关的位置实现的。磁性开关安装在气缸体的滑轨内，松开磁性开关的紧定螺钉，磁性开关就可以沿着滑轨左右移动。确定开关位置后，旋紧紧定螺钉，即可完成位置的调整。

5. 气动手指

气动手指用于抓取、夹紧工件也称为气爪。气爪通常有滑动导轨型、支点开闭型和回转驱动型等形式。YL-335B的加工单元所使用的是滑动导轨型气动手指，如图2-26（a）所示。其工作过程可从图2-26（b）和（c）中看出。

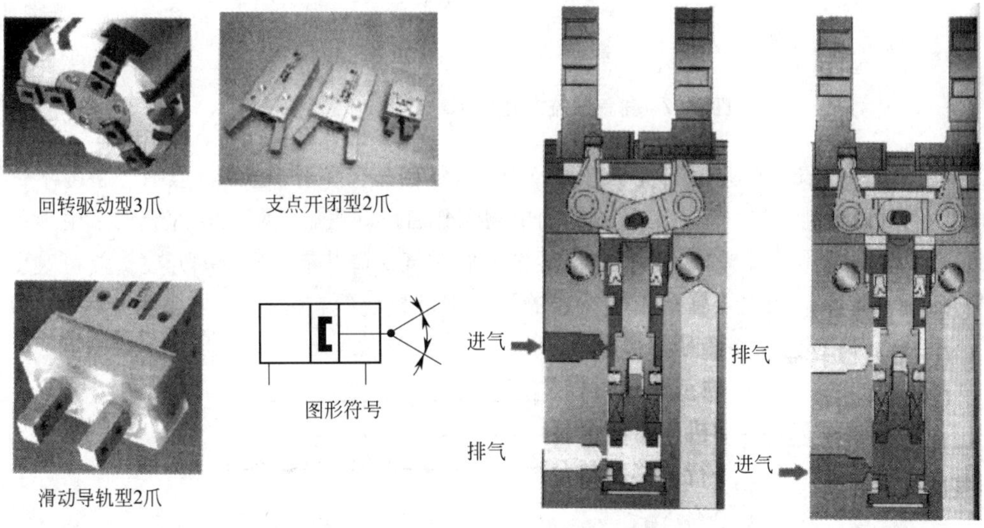

(a) 实例及图形符号　(b) 气爪夹紧过程　(c) 气爪松开过程

图2-26　气爪实例和工作原理

学习单元三　气动控制元件的认知

气动控制元件用来为执行元件和其他控制元件提供气源，主要功能是控制气路中的执行元件动作变换。常见的气动控制元件有流量控制阀、方向控制阀和压力控制阀等。

1. 流量控制阀

流量控制阀是由单向阀和节流阀并联而成的单向节流阀，常用于控制气缸的运动速度，所以也称为速度控制阀，如图2-27所示。当空气从气缸排气口排出时，单向密封圈处在封堵状态，单向阀关闭，这时只能通过调节手轮，使节流阀杆上下移动，改变气流开度，从而达到节流作用。反之，在进气时，单向型密封圈被气流冲开，单向阀开启，压缩空气直接进入气缸进气口，节流阀不起作用。因此，这种节流方式称为排气节流方式。

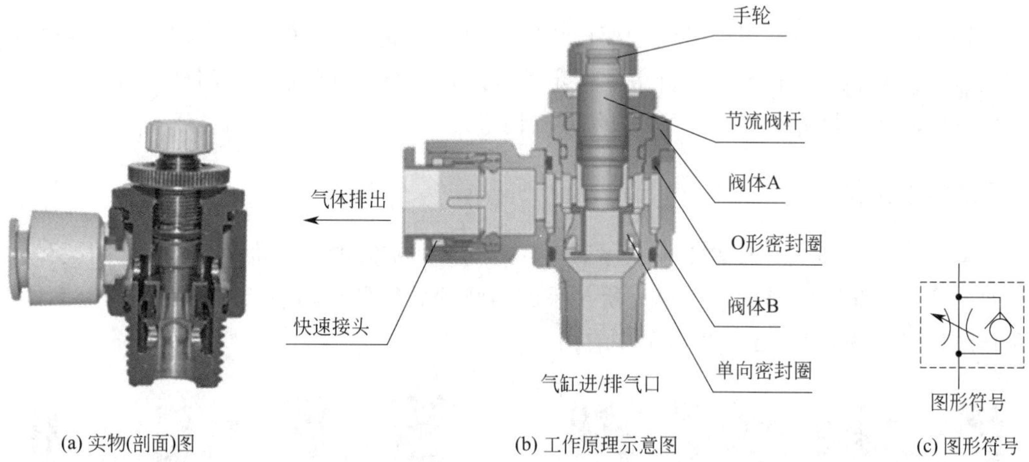

图2-27 排气节流方式的可调单向节流阀剖面图

图2-28给出了在双作用气缸上装上两个排气型单向节流阀的连接示意图，当压缩空气从A端进气、从B端排气时，单向节流阀A的单向阀开启，向气缸无杆腔快速充气；由于单向节流阀B的单向阀关闭，有杆腔的气体只能经节流阀排气，调节节流阀B的开度，便可改变气缸伸出时的运动速度。反之，调节节流阀A的开度则可改变气缸缩回时的运动速度。这种控制方式，活塞运行稳定，是最常用的方式。

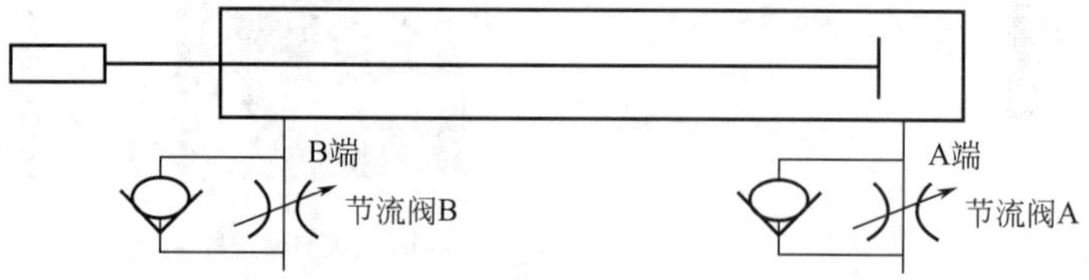

图2-28 单向节流阀连接和调整原理示意图

2. 方向控制阀

方向控制阀是用来改变气流流动方向或通断的控制阀，通常使用的是电磁阀。顶料或推料气缸，其活塞的运动是依靠向气缸一端进气，并从另一端排气，然后从另一端进气，一端排气来实现的。气体流动方向的改变则由能改变气体流动方向或通断的控制阀（即方向控制阀）加以控制。在自动控制中，方向控制阀常采用电磁控制方式实现方向控制，称为电磁换向阀。

电磁阀是利用其电磁线圈通电时，静铁芯对动铁芯产生电磁吸力使阀芯切换，达到改变气流方向的目的。图2-29所示是一个单电控二位三通电磁换向阀的工作原理示意。

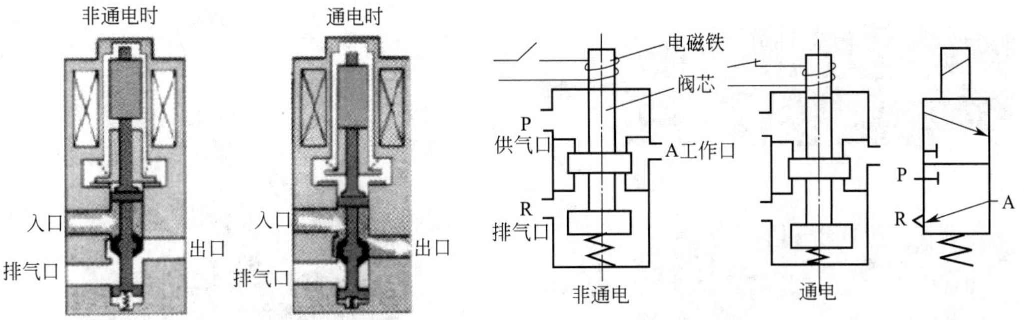

图2-29 单电控二位三通电磁换向阀的工作原理

（1）单电控电磁换向阀

单电控电磁换向阀的结构划分如表2-2所示。可分为二通阀（常断型、常通型）、三通阀（常断型、常通型）、四通阀、五通阀，气口包括P（压力进气口），A、B（压力工作口），R、S（压力排气口）。单电控的二通电磁换向阀、三通电磁换向阀通常用来控制单作用气缸的运动；四通电磁换向阀、五通电磁换向阀通常用来控制双作用气缸的运动。

表2-2 单电控电磁换向阀的结构划分

名称	二通阀		三通阀		四通阀	五通阀
	常断型	常通型	常断型	常通型		
图形符号	A P	A P	A P R	A P R	A B P R	A B R P S

二通阀又被称为直通阀，有2个气口，即P口和A口。三通阀又被称为换向阀，有3个气口，即P口、A口和R口。二通阀、三通阀有常断型和常通型，常断型是指控制口未加控制信号（即零位）时，P口和A口是断开的；而常通型是指控制口未加控制信号（即零位）时，P口和A口是相通的。

四通阀被称为换向阀，有4个气口，即P口、A口、B口和R口。工作时通路为P→A、B→R或P→B、A→R。五通阀被称为换向阀，有5个气口，即P口、A口、B口、R口和S口。工作时通路为P→A、B→S（R封堵）或P→B、A→R（S封堵）。

有2个通口的二位阀称为二位二通阀（常表示为2/2阀，前一位数表示通口数，后一位数表示工作位置数），可以实现气路的通断。有3个通口的二位阀称为二位三通阀（常表示为3/2阀），在不同的工作位置实现P、A相通或A、R相通。常用的还有二位四通阀（常表示为4/2阀）和二位五通阀（常表示为5/2阀），它可以用于推动双作用气缸的伸出和缩回。单电控5/2电磁换向阀的内部结构如图2-30所示。

（2）双电控电磁换向阀

双电控电磁换向阀如图2-31所示。双电控电磁阀与单电控电磁阀的区别在于，对于单电控电磁阀，在无电控信号时，阀芯在弹簧力的作用下会被复位，而对于双电控电磁阀，在两端都无电控信号时，阀芯的位置是取决于前一个电控信号。

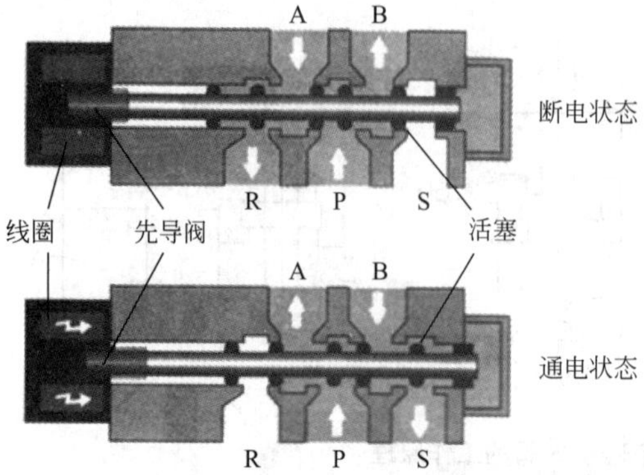

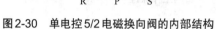

图2-30 单电控5/2电磁换向阀的内部结构

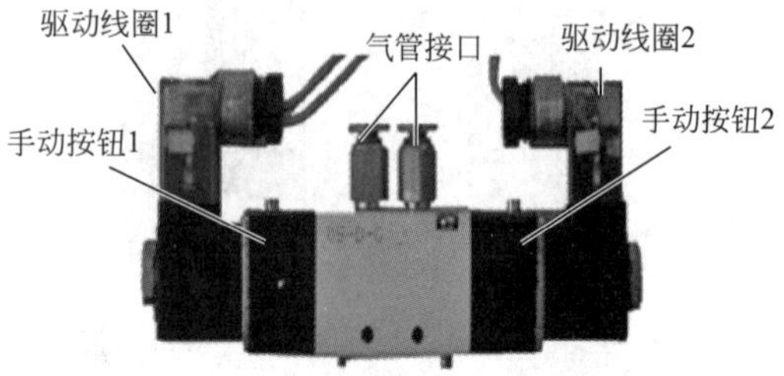

图2-31 双电控电磁换向阀示意图

注意：双电控电磁阀的两个电控信号不能同时为“1”，即在控制过程中不允许两个线圈同时得电，否则，可能会造成电磁线圈烧毁。

3.压力控制阀

在YL-335B中使用到的压力控制阀主要有减压阀、溢流阀。

① 减压阀的作用是降低由空气压缩机来的压力，以适于每台气动设备的需要，并使这一部分压力保持稳定。图2-32所示是直动式减压阀。

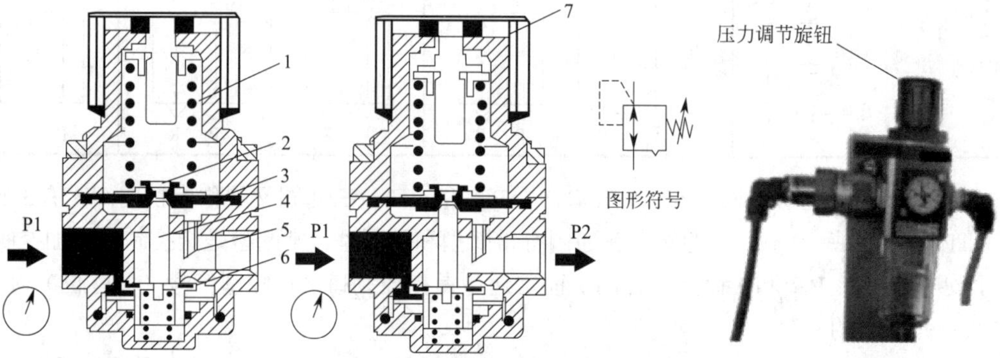

图2-32 直动式减压阀的结构及实物

1—调压弹簧；2—溢流阀；3—膜片；4—阀杆；5—反馈导杆；6—主阀；7—溢流口

② 溢流阀的作用是当系统压力超过调定值时，便自动排气，使系统的压力下降，以保证系统安全，故也称其为安全阀。图2-33所示是安全阀的工作原理。

4.电磁阀的更换与安装

现有一电磁阀损坏了，需要更换一个电磁阀，做一做，看看电磁阀如何安装？

① 切断气源，用螺丝刀拆卸下已经损坏的电磁阀，如图2-34所示。

② 用螺丝刀将新的电磁阀装上，如图2-35所示。

③ 将电气控制接头插入电磁阀上，如图2-36所示。

④ 将气路管插入电磁阀上的快速接头，如图2-37所示。

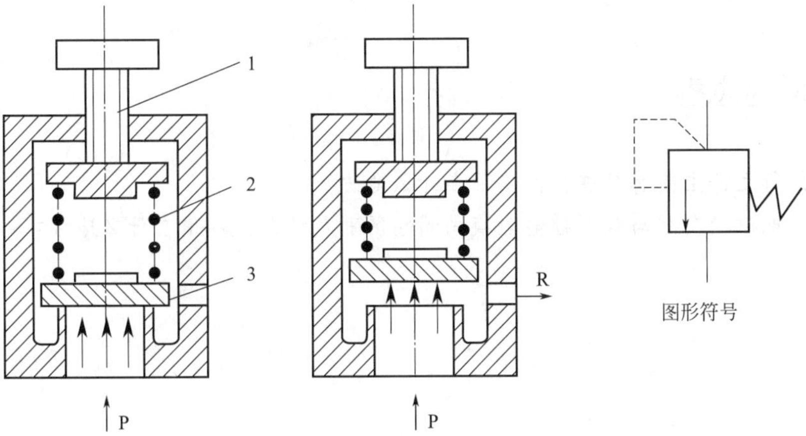

(a) 关闭状态　(b) 开启状态　(c) 图形符号

图2-33　安全阀的工作原理

1—旋钮；2—弹簧；3—活塞

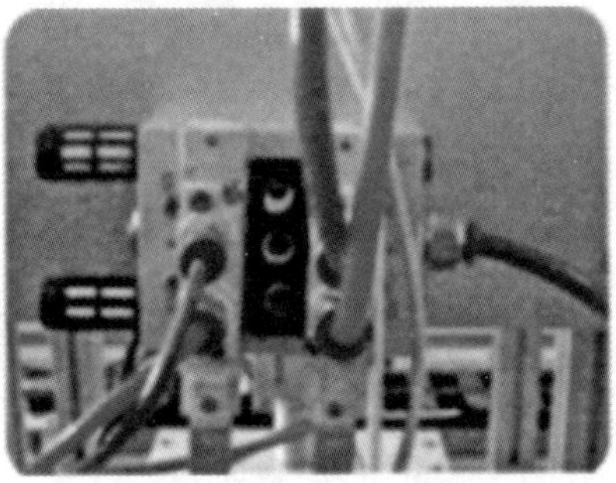

图2-34　已拆卸电磁阀的汇流板

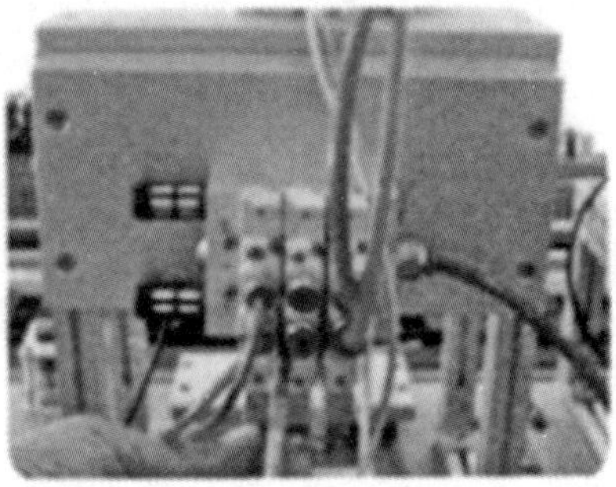

图2-35　安装电磁阀

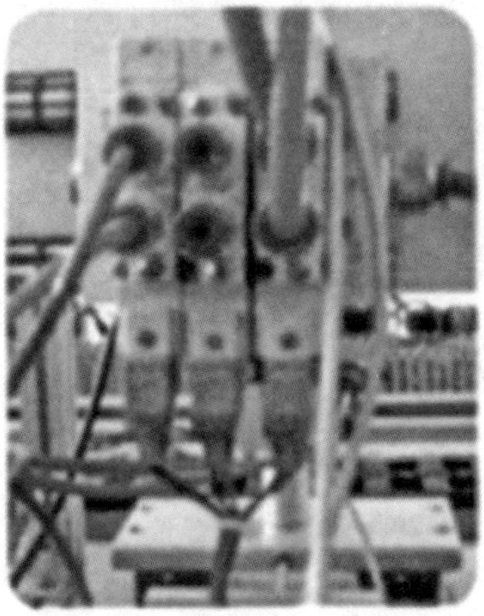

图2-36　连接电磁阀电路

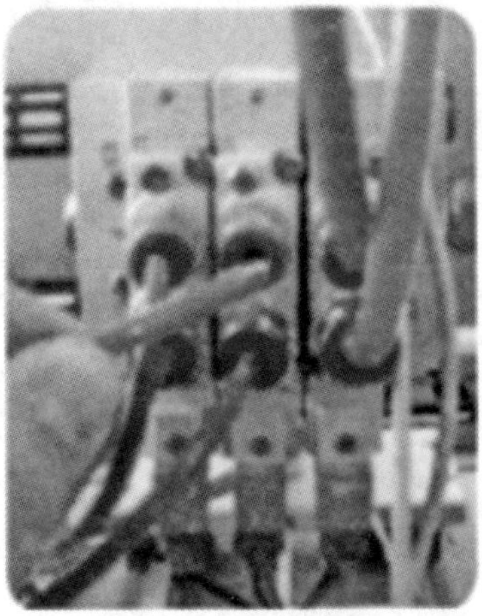

图2-37　连接气路

⑤ 接通气源，用手控开关进行调试，检查气缸动作情况。

问题与思考

1. 气动执行元件主要有哪些？主要用在什么地方？
2. 单电控电磁换向阀与双电控电磁换向阀的区别是什么？各用在什么地方？

项目三

自动化生产线中的传动系统知识

项目学习目标

① 掌握步进电动机的特性和控制方法，步进电动机驱动器的原理及电气接线。

② 掌握伺服电动机的特性和控制方法，伺服电动机驱动器的原理及电气接线。

③ 会设置步进电动机驱动器和伺服电动机驱动器的参数。

④ 学会使用FR-E740、MM420变频器，并掌握设置FR-E740、MM420变频器的参数。

YL-335B中的传动系统包括步进电动机及其驱动器、伺服电动机及其驱动器、变频器等。其中步进电动机和伺服电动机是利用脉冲实现角位移的控制与速度调整，它们的调速是通过改变脉冲频率来实现的，属于数字控制。而变频器是利用电力电子元件对交流电源进行频率变换，从而改变电源的频率、控制交流电动机的转速，属于模拟调速控制。

学习单元一　步进电动机及其驱动器的使用

步进电动机是一种将电脉冲信号转换为相应的角位移或直线位移的电动机。它由专门的电源供给脉冲信号电压，再由相应的驱动器将脉冲信号转换成电压相序的变化信号。每输入一个电脉冲信号，电动机就转动一个角度，步进电动机就前进一步，其运动形式是步进式的，所以称为步进电动机。

1. 步进电动机的工作原理

下面以一台最简单的三相反应式步进电动机为例，简单介绍步进电动机的工作原理。

图2-38所示是一台三相反应式步进电动机的原理图。定子铁芯为凸极式，共有三对（6个）磁极，每两个空间相对的磁极上绕有一相控制绕组。转子用软磁性材料制成，也是凸极结构，只有4个齿，齿宽等于定子的极宽。

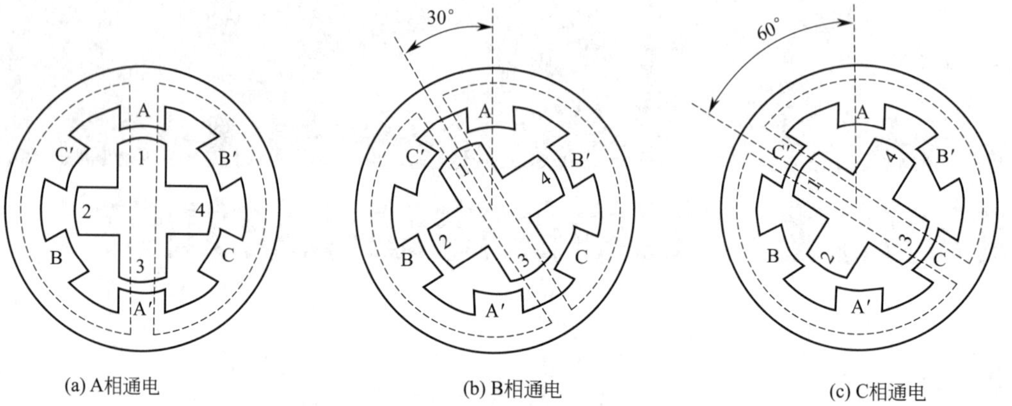

图2-38　三相反应式步进电动机的原理图

（1）三相单三拍运行方式

当A相控制绕组通电，其余两相均不通电，电动机内建立以定子A相极为轴线的磁场。由于磁通具有力图走磁阻最小路径的特点，使转子齿1、3的轴线与定子A相极轴线对齐，如图2-37（a）所示。若A相控制绕组断电、B相控制绕组通电时，转子在反应转矩的作用下，逆时针转过30°，使转子齿2、4的轴线与定子B相极轴线对齐，即转子走了一步，如图2-37（b）所示。若在断开B相，使C相控制绕组通电，转子逆时针方向又转过30°，使转子齿1、3的轴线与定子C相极轴线对齐，如图2-37（c）所示。如此按A→B→C→A的顺序轮流通电，转子就会一步一步地按逆时针方向转动。其转速取决于各相控制绕组通电与断电的频率，旋转方向取决于控制绕组轮流通电的顺序。若按A→C→B→A的顺序通电，则电动机按顺时针方向转动。

上述通电方式称为三相单三拍。“三相”是指三相步进电动机；“单三拍”是指每次只有一相控制绕组通电；控制绕组每改变一次通电状态称为一拍，“三拍”是指改变三次通电状态为一个循环。把每一拍转子转过的角度称为步距角。三相单三拍运行时，步距角为30°。显然，这个角度太大，不能付诸实用。

（2）三相双六拍运行方式

如果把控制绕组的通电方式改为A→AB→B→BC→C→CA→A，即一相通电接着二相通电间隔地轮流进行，完成一个循环需要经过6次改变通电状态，称为三相单、双六拍通电方式。当A、B两相绕组同时通电时，转子齿的位置应同时考虑到两对定子极的作用，只有A相极和B相极对转子齿所产生的磁拉力相平衡的中间位置才是转子的平衡位置。这样，单、双六拍通电方式下转子平衡位置增加了一倍，步距角为15°。

2. 步进电动机的选择

在选择步进电动机时，一般要首先考虑步距角、静力矩及电流三大要素。

（1）步距角的选择

步进电动机的步距角取决于负载精度的要求，将负载的最小分辨率（当量）换算到步进电动机轴上，得到每个当量步进电动机应走多少角度。步进电动机的步距角应等于或小于此角度。市场上步进电动机的步距角一般有0.36°/0.72°（五相电动机）、0.9°/1.8°（二、四相电动机）、1.5°/3°（三相电动机）。

（2）静力矩的选择

步进电动机的动力矩一般很难直接确定，故往往先确定其静力矩。静力矩选择的依据是步进电动机工作的负载，而负载可分为惯性负载和摩擦负载两种，单一的惯性负载和单一的摩擦负载是不存在的。直接起点时（一般由低速），两种负载均要考虑，加速启动时主要考虑惯性负载，恒速运行时只要考虑摩擦负载。一般情况下，静力矩应为摩擦负载的2～3倍。静力矩一旦选定，步进电动机的机座及长度就能确定下来。

（3）电流的选择

对于静力矩相同的步进电动机，由于电流参数不同，其运行特性差别很大，可依据矩频特性曲线图判断步进电动机的电流（参考驱动电源及驱动电压）。

供电电源电流一般根据驱动器的输出相电流来确定。如果采用线性电源，电源电流一般为输出相电流的1.1～1.3倍；如果采用开关电源，电源电流一般为输出相电流的1.5～2.0倍。

3.步进电动机的使用

（1）正确的安装。安装步进电动机，必须严格按照产品说明的要求进行。步进电动机是精密装置，安装时注意不要敲打它的轴端，更千万不要拆卸电动机。

（2）正确的接线。不同的步进电动机的接线有所不同，3S57Q-04056接线图如图2-39所示，3个相绕组的6根引出线，必须按头尾相连的原则连接成三角形。改变绕组的通电顺序就能改变步进电动机的转动方向。

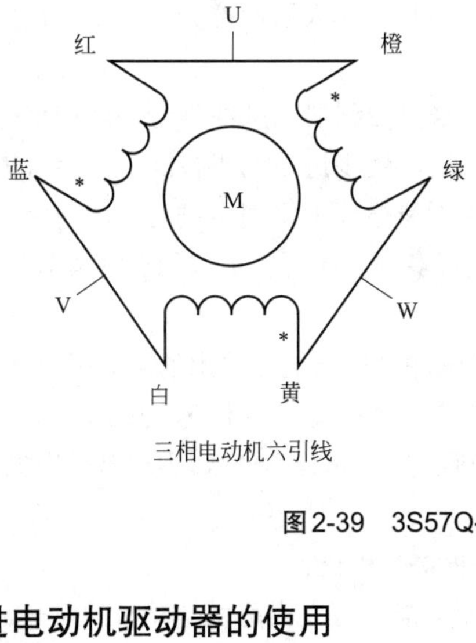

三相电动机六引线

线色	电动机信号
红色	U
橙色	
蓝色	V
白色	
黄色	W
绿色	

图2-39　3S57Q-04056的接线

4.步进电动机驱动器的使用

步进电动机需要专门的驱动装置（驱动器）供电，驱动器和步进电动机是一个有机的整体，步进电动机的运行性能是电动机及其驱动器二者配合所反映的综合效果。一般来说，每一台步进电动机大都有其对应的驱动器，例如，Kinco三相步进电动机3S57Q-04056与之配套的驱动器是Kinco 3M458三相步进电动机驱动器。图2-40为典型接线图。图中，步进电动机驱动器的功能是接收来自控制器（PLC）的一定数量和频率脉冲信号以及电动机旋转方向的信号，为步进电动机输出三相功率脉冲信号。驱动器可采用直流24～40V电源供电。YL-335B中，该电源由输送单元专用的开关稳压电源（DC 24V 8A）供给。输出电流和输入信号规格如下。

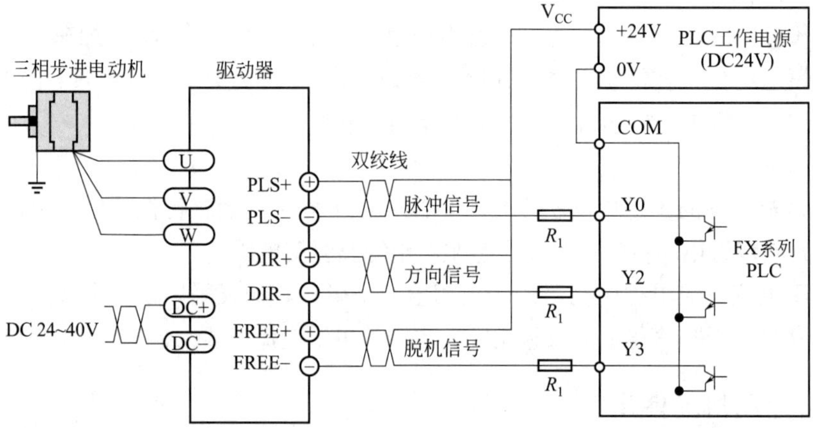

图2-40 Kinco 3M458的典型接线图

① 输出相电流为3.0～5.8A，输出相电流通过拨动开关设定；驱动器采用自然风冷的冷却方式。

② 控制信号输入电流为6～20mA，控制信号的输入电路采用光耦隔离。输送单元PLC输出端使用的是DC24V工作电源，所使用的限流电阻R_1为2kΩ。

步进电动机驱动器的组成包括脉冲分配器和脉冲放大器两部分，主要解决向步进电动机的各相绕组分配输出脉冲和功率放大两个问题。

脉冲分配器是一个数字逻辑单元，它接收来自控制器的脉冲信号和转向信号，把脉冲信号按一定的逻辑关系分配到每一相脉冲放大器上，使步进电动机按选定的运行方式工作。由于步进电动机各相绕组是按一定的通电顺序并不断循环来实现步进功能的，因此脉冲分配器也称为环形分配器。实现这种分配功能的方法有多种，如可以由双稳态触发器和门电路组成，也可由可编程逻辑器件组成。

脉冲放大器是进行脉冲功率放大。因为从脉冲分配器能够输出的电流很小（毫安级），而步进电动机工作时需要的电流较大，因此需要进行功率放大。此外，输出的脉冲波形、幅度、波形前沿陡度等因素对步进电动机运行性能有重要的影响。3M458驱动器采取如下一些措施，大大改善了步进电动机运行性能。

① 内部驱动直流电压达40V，能提供更好的高速性能。

② 具有电动机静态锁紧状态下的自动半流功能，可大大降低电动机的发热。而为调试方便，驱动器还有一对脱机信号输入线FREE+和FREE−，当这一信号为ON时，驱动器将断开

输入到步进电动机的电源回路。YL-335B没有使用这一信号，目的是使步进电动机在上电后，即使静止时也保持自动半流的锁紧状态。

③ 3M458驱动器采用交流伺服驱动原理，把直流电压通过脉宽调制技术变为三相阶梯式正弦波形电流，如图2-41所示。

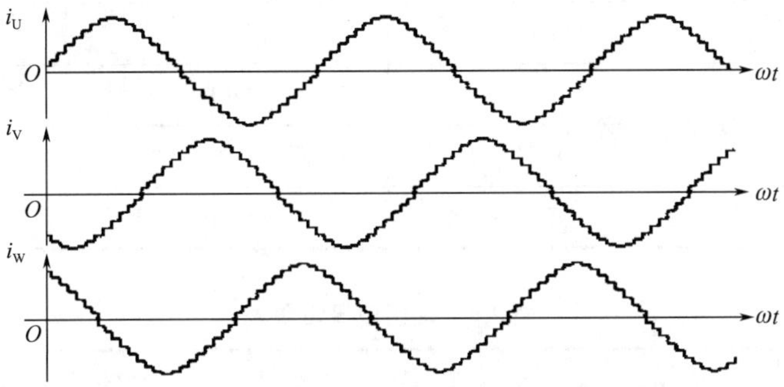

图2-41 相位差120°的三相阶梯式正弦电流

阶梯式正弦波形电流按固定时序分别流过三路绕组，其每个阶梯对应电动机转动一步。通过改变驱动器输出正弦电流的频率来改变电动机转速，而输出的阶梯数确定了每步转过的角度，当角度越小时，其阶梯数就越多，即细分就越大。从理论上说此角度可以设得足够小，所以细分数可以很大。这种控制方式称为细分驱动方式。步进电动机的细分技术不仅可以减小步进电动机的步距角，提高分辨率，而且可以减少或消除低频振动，从而使电动机运行更加平稳。例如对于步进角为1.8°的两相混合式步进电动机，如果将细分驱动器的细分数设置为4，那么电动机的运转分辨率为每个脉冲0.45°。不同的步进电动机的细分驱动器精度都不一样，例如3M458最高可达10000步/转。

在3M458驱动器的侧面连接端子中间有一个红色的八位DIP功能设定开关，可以用来设定驱动器的工作方式和工作参数，包括细分设置、静态电流设置和运行电流设置。图2-42是该DIP开关功能划分说明，表2-3和表2-4分别为细分设置表和输出电流设置表。

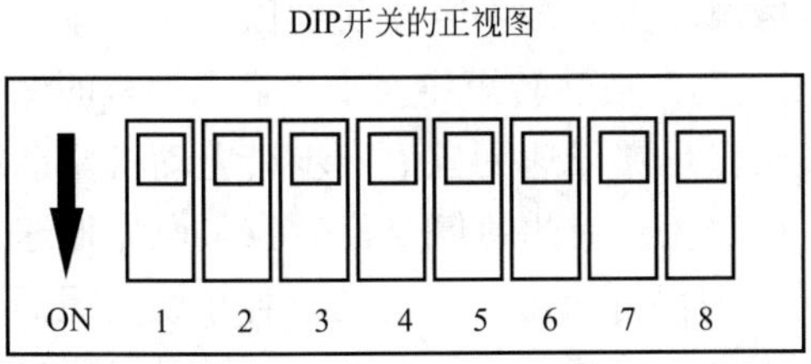

开关序号	ON功能	OFF功能
DIP1～DIP3	细分设置用	细分设置用
DIP4	静态电流全流	静态电流半流
DIP5～DIP8	电流设置用	电流设置用

图2-42 3M458 DIP开关功能划分说明

表2-3 细分设置表

DIP1	DIP2	DIP3	细分
ON	ON	ON	400步/转
ON	ON	OFF	500步/转

续表

DIP1	DIP2	DIP3	细分
ON	OFF	ON	600步/转
ON	OFF	OFF	1000步/转
OFF	ON	ON	2000步/转
OFF	ON	OFF	4000步/转
OFF	OFF	ON	5000步/转
OFF	OFF	OFF	10000步/转

表2-4 输出电流设置表

DIP5	DIP6	DIP7	DIP8	输出电流
OFF	OFF	OFF	OFF	3.0A
OFF	OFF	OFF	ON	4.0A
OFF	OFF	ON	ON	4.6A
OFF	ON	ON	ON	5.2A
ON	ON	ON	ON	5.8A

5. 使用步进电动机应注意的问题

控制步进电动机运行时，应注意考虑在防止步进电动机运行中失步的问题。

步进电动机失步包括丢步和越步。丢步时，转子前进的步数小于脉冲数；越步时，转子前进的步数多于脉冲数。丢步严重时，将使转子停留在一个位置上或围绕一个位置振动；越步严重时，设备将发生过冲。

使机械手返回原点的操作，可能会出现越步情况。当机械手装置回到原点时，原点开关动作，使指令输入OFF。但如果到达原点前速度过高，惯性转矩将大于步进电动机的保持转矩而使步进电动机越步。因此回原点的操作应确保足够低速为宜；当步进电动机驱动机械手装配高速运行时紧急停止，出现越步情况不可避免，因此急停复位后应采取先低速返回原点重新校准，再恢复原有操作的方法。（注：所谓保持扭矩是指电动机各相绕组通额定电流，且处于静态锁定状态时，电动机所能输出的最大转矩，它是步进电动机最主要参数之一）

由于电动机绕组本身是感性负载，输入频率越高，励磁电流就越小。频率高，磁通量变化加剧，涡流损失加大。因此，输入频率增高，输出力矩降低。最高工作频率的输出力矩只能达到低频转矩的40%～50%。进行高速定位控制时，如果指定频率过高，会出现丢步现象。

此外，如果机械部件调整不当，会使机械负载增大。步进电动机不能过负载运行，哪怕是瞬间，都会造成失步，严重时停转或不规则原地反复振动。

学习单元二 伺服电动机及其驱动器的使用

伺服电动机把所收到的电信号转换成电动机轴上的角位移或角速度，用来驱动直线运动或旋转运动。伺服电动机分为直流和交流两大类，在YL-335B中，采用了松下MHMD022P1U永磁同步交流伺服电动机及MADDT1207003全数字交流永磁同步伺服驱动装置作为运输机械手的运动控制装置。该伺服电动机外观及各部分名称如图2-43所示，伺服驱动器的面板如图2-44所示。

(a) 外观

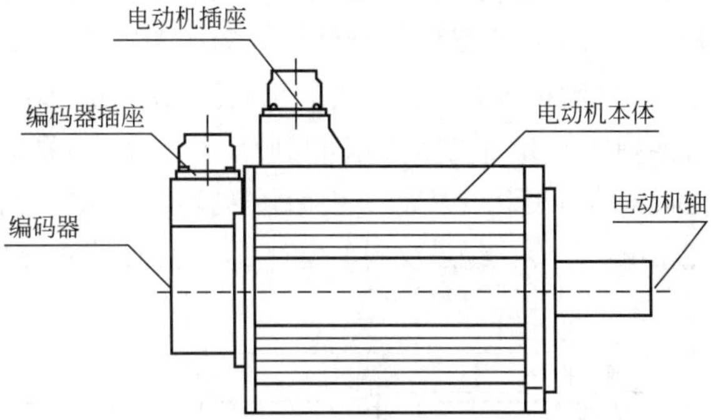

(b) 各部分名称

图2-43 伺服电动机外观及各部分名称

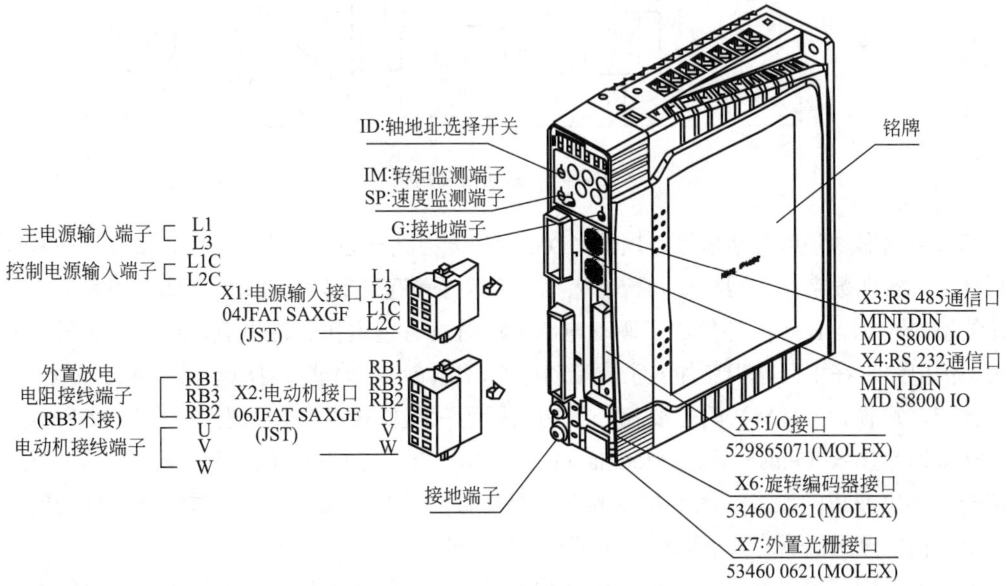

图2-44 伺服驱动器的面板

MHMD022P1U的含义：MHMD表示电动机类型为大惯量，02表示电动机的额定功率为200W，2表示电压规格为200V，P表示编码器为增量式编码器，脉冲数为2500p/r，分辨率10000，输出信号线数为5根线。

MADDT1207003的含义：MADD表示松下A4系列A型驱动器，T1表示最大瞬时输出电流为10A，2表示电源电压规格为单相200V，07表示电流监测器额定电流为7.5A，003表示脉冲控制专用。

1.伺服电动机及驱动器的工作原理

伺服电动机内部的转子是永久磁铁，驱动器控制的U/V/W三相电形成电磁场，转子在此磁场的作用下转动，同时电动机自带的编码器反馈信号给驱动器，驱动器根据反馈值与目标值进行比较，调整转子转动的角度。伺服电动机的精度决定于编码器的精度（线数）。

伺服驱动器控制交流永磁伺服电动机（PMSM）时，可分别工作在电流（转矩）、速度、位置控制方式下。系统的控制结构框图如图2-45所示。系统基于测量电动机的两相电流反馈（I_a、I_b）和电动机位置。将测得的相电流（I_a、I_b）结合位置信息，经坐标变化（从a，b，c坐标系转换到转子d，q坐标系），得到I_d、I_q分量，分别进入各自的电流调节器。电流调节器的输出经过反向坐标变化（从d，q坐标系转换到a，b，c坐标系），得到三相电压指令。控制芯片通过这三相电压指令，经过反向、延时后，得到6路PWM波输出到功率器件，控制电动机运行。

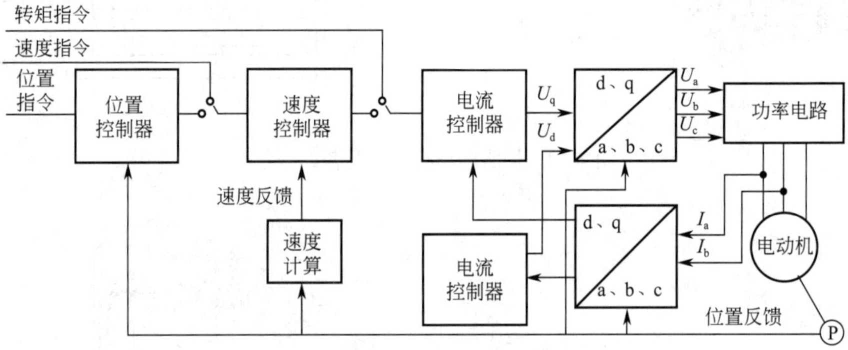

图2-45 系统控制结构

伺服驱动器均采用数字信号处理器（DSP）作为控制核心，其优点是可以实现比较复杂的控制算法，实现数字化、网络化和智能化。功率器件普遍采用以智能功率模块（IPM）为核心设计的驱动电路，IPM内部集成了驱动电路，同时具有过电压、过电流、过热、欠压等故障检测保护电路，在主回路中还加入了软启动电路，以减小启动过程对驱动器的冲击。

智能功率模块（IPM）的主要拓扑结构采用了三相桥式电路，原理图如图2-46所示。利用了脉宽调制技术（Pulse width Modulation，PWM），通过改变功率晶体管交替导通的时间改变逆变器输出波形的频率，改变每半周期内晶体管的通断时间比，即通过改变脉冲宽度来改变逆变器输出电压幅值的大小以达到调节功率的目的。

由自动控制理论可知，这样的系统结构提高了系统的快速性、稳定性和抗干扰能力。在足够高的开环增益下，系统的稳态误差接近为零。这就是说，在稳态时，伺服电动机以指令脉冲和反馈脉冲近似相等时的速度运行。反之，在达到稳态前，系统将在偏差信号作用下驱动电动机加速或减速。若指令脉冲突然消失（如紧急停车时，PLC立即停止向伺服驱动器发出驱动脉冲），伺服电动机仍会运行到反馈脉冲数等于指令脉冲消失前的脉冲数才停止。

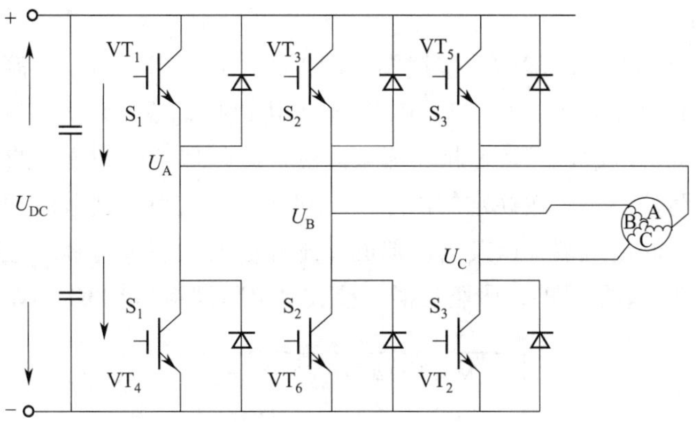

图2-46 三相逆变电路

2. 伺服电动机及驱动器的硬件接线

伺服电动机及驱动器与外围设备之间的接线图如图2-47所示，输入电源经断路器、滤波器后直接到控制电源输入端（X1）L1C、L2C，滤波器后的电源经接触器、电抗器后到伺服驱力器的主电源输入端（X1）L1、L3，伺服驱动器的输出电源（X2）U、V、W接伺服电动机，伺服电动机的编码器输出信号也要接到驱动器的编码器接入端（X6），相关的I/O控制信号（X5）不要与PLC等控制器相连接，伺服驱动器还可以与计算机或手持控制器相连，用于参数设置。下面将从三个方面来介绍伺服驱动装置的接线。

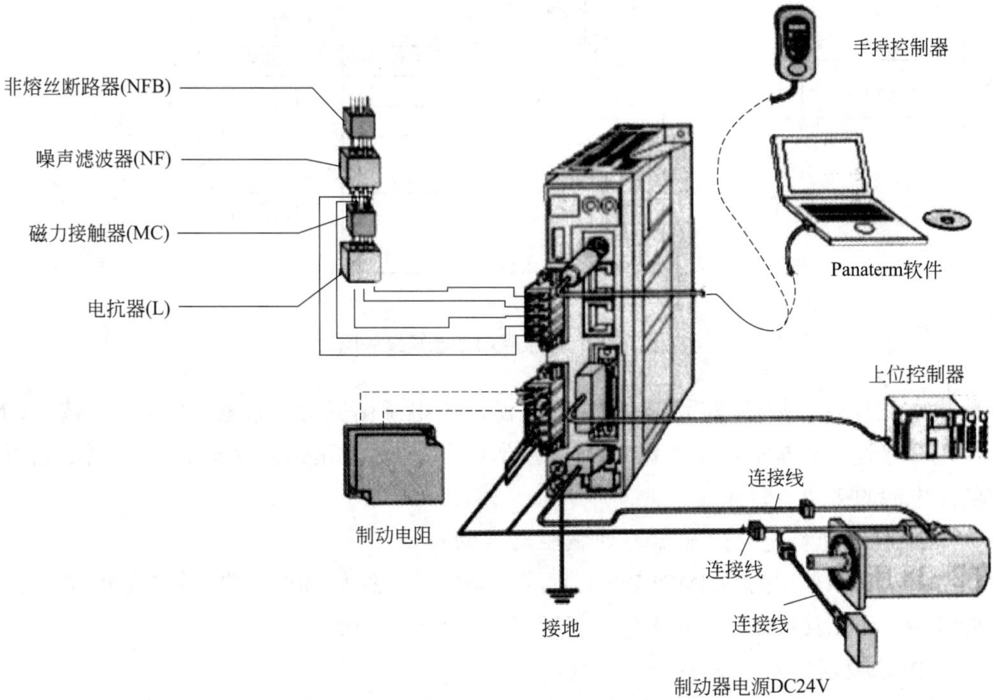

图2-47 伺服电动机及驱动器与外围设备之间的接线图

（1）主回路的接线

MADDT1207003伺服驱动器的主接线图如图2-48所示，接线时，电源电压务必按照驱动器铭牌上的指示，电动机接线端子（U、V、W）不可以接地或短路，交流伺服电动机的旋转方向不像感应电动机可以通过交换三相相序来改变，必须保证驱动器上的U、V、W、E接线端子与电动机主回路接线端子按规定的次序一一对应，否则可能造成驱动器的损坏。电动机的接线端子和驱动器的接地端子以及滤波器的接地端子必须保证可靠地连接到同一个接地点上，机身也必须接地。本型号的伺服驱动器外接放电电阻规格为100Ω/10W。

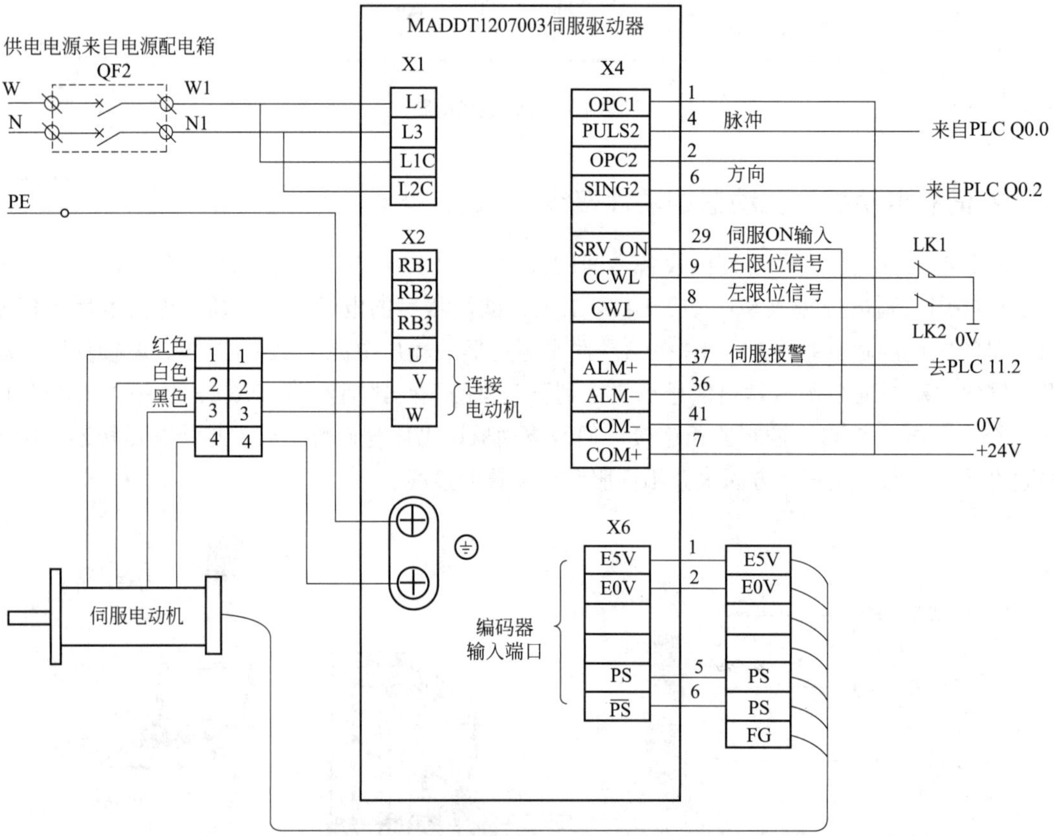

图2-48 伺服驱动器电气接线图

单相电源经噪声滤波器后直接给控制电源，主电源由磁力接触器MC控制，按下ON按钮，主电源接通，当按下OFF按钮时，主电源断开。也可改由PLC的输出接点来控制伺服驱动器的主电源的接通与断开。

（2）伺服电动机光电编码器与伺服驱动器的接线

在YL-335B中使用的MHMD022PIU伺服电动机编码器为2500p/r的5线增量式编码器，接线如图2-49所示，接线时采用屏蔽线，且距离最长不超过30m。

（3）PLC控制器与伺服驱动器的接线

MADDT1207003伺服驱动器的控制端口CNX5的定义如图2-50所示，其中有10路开关量输入点，在YL335B中使用了3个输入端口，CNX5-29（SRV-ON）伺服使能端接低电平，

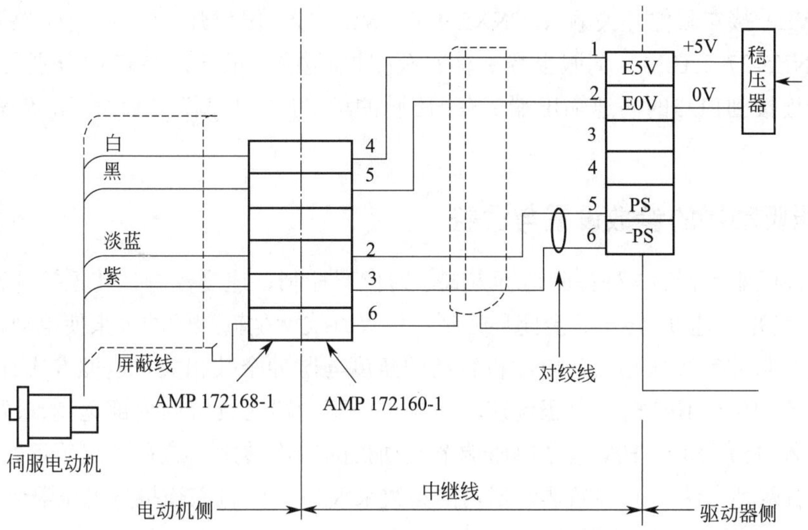

图2-49 电动机编码器与伺服驱动器的连接

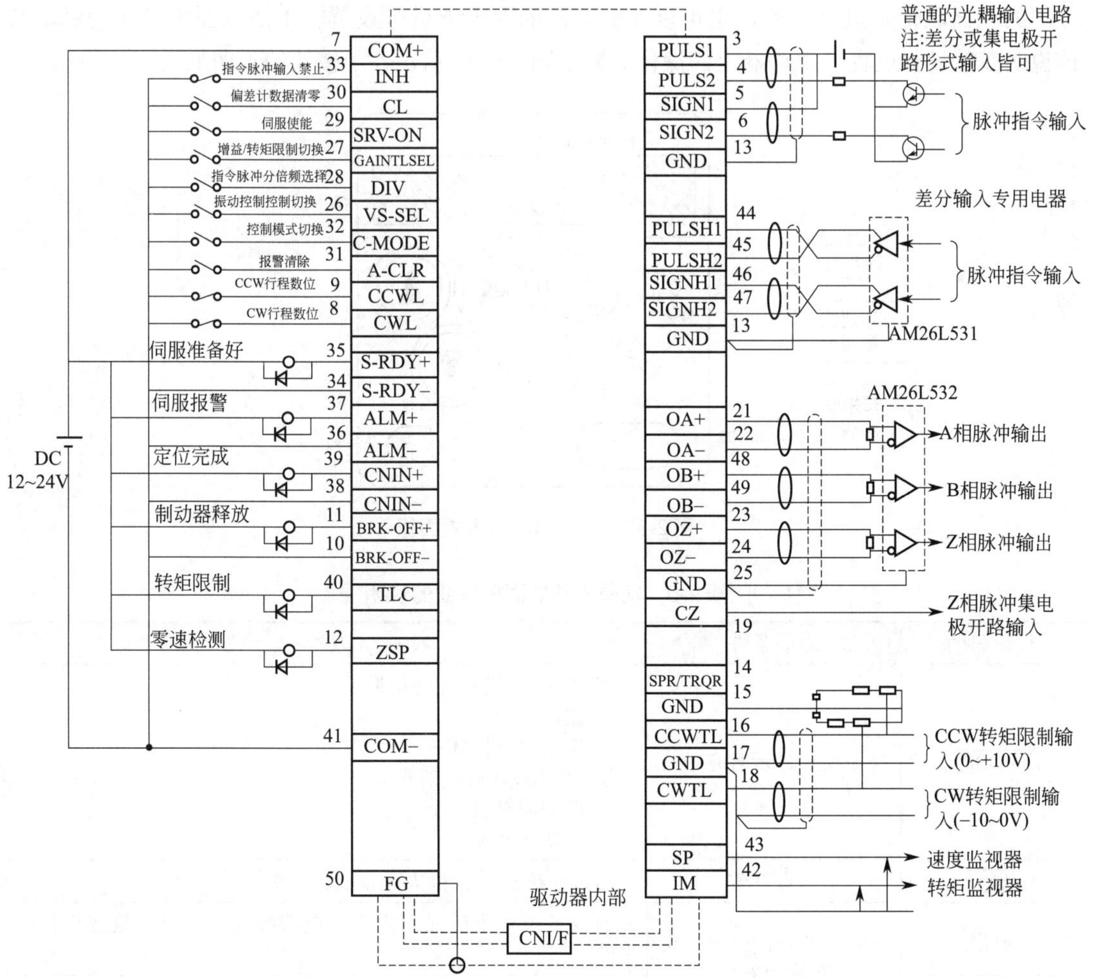

图2-50 MADDT1207003伺服驱动器的控制端口图

3NX5-8（CWL）接左限位开关输入，CNX5-9（CCWL）接右限位开关输入；有6路开关量输出，只用到了CNX5-37（ALM）伺服报警；有2路脉冲量输入，在YL-335B中分别用故脉冲和方向指令信号连接到PLC的高速输出端；有4路脉冲量输出，3路模拟量输入，在YL335B中未使用。

3. 伺服驱动器的参数设置与调整

松下的伺服驱动器有7种控制运行方式，即位置控制、速度控制、转矩控制、位置/速度控制、位置/转矩、速度/转矩、全闭环控制。位置方式就是输入脉冲串来使电动机定位运行，电动机转速与脉冲串频率相关，电动机转动的角度与脉冲个数相关。速度方式有两种：一是通过输入直流–10 ～ 10V指令电压调速，二是选用驱动器内设置的内部速度来调速。转矩方式是通过输入直流–10 ～ 10V指令电压调节电动机的输出转矩，这种方式下运行必须要进行速度限制，有两种方法：① 设置驱动器内的参数来限制；② 输入模拟量电压限速。

（1）参数设置方式操作说明

MADDT1207003伺服驱动器的参数共有128个，Pr.00 ～ Pr.7F，可以通过与PC连接后在专门的调试软件上进行设置，也可以在驱动器的面板上进行设置。下面以面板操作为例，具体说明参数设置过程。驱动器上的操作面板如图2-51所示，各个按钮的说明如表2-5所示。

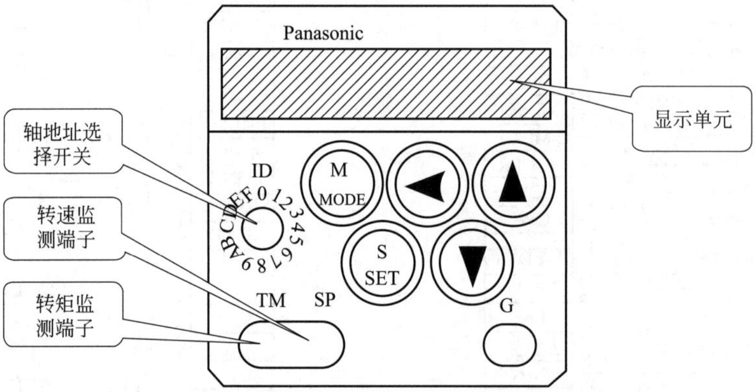

图2-51 驱动器参数设置面板

表2-5 伺服驱动器面板按钮的说明

按键说明	激活条件	功能
MODE	在模式显示时有效	在以下5种模式之间切换： ① 监视器模式； ② 参数设置模式； ③ EEPROM写入模式； ④ 自动调整模式； ⑤ 辅助功能模式
SET	一直有效	用来在模式显示和执行显示之间切换
▲ ▼	仅对小数点闪烁的一位数据位有效	改变各模式里的显示内容、更改参数、选择参数或执行选中的操作
◀		把移动的小数点移动到更高位数

面板操作说明：

① 参数设置，先按SET键，再按MODE键选择到“Pr00”后，按向上、向下或向左的方向键选择通用参数的项目，按SET键进入。然后按向上、向下或向左的方向键调整参数，调整完后，按S键返回。选择其他项再调整。

② 参数保存，按M键选择到EE-SET后按SET键确认，出现EEP-，然后按向上键3s，出现FINISH或RESET，然后重新上电即保存。

③ 手动JOG运行，按MODE键选择到AF-ACL，然后按向上、向下键选择到AF-JOG，按SET键一次，显示JOG-，然后按向上键3s显示READY，再按向左键3s出现SUR-ON锁紧轴，按向上、向下键，点击正反转。注意先将S-ON断开。

（2）部分参数说明

YL-335B上，伺服驱动装置工作于位置控制模式，FX1N-40MT的Y000输出脉冲作为伺服驱动器的位置指令，脉冲的数量决定伺服电动机的旋转位移，即机械手的直线位移，脉冲的频率决定了伺服电动机的旋转速度，即机械手的运动速度，输出点Y002作为伺服驱动器的方向指令。对于控制要求较为简单，伺服驱动器可采用自动增益调整模式。根据上述要求，伺服驱动器参数设置如表2-6所示。

表2-6 伺服参数设置

序号	参数		设置数值	功能和含义
	参数编号	参数名称		
1	Pr.01	LED初始状态	1	显示电动机转速
2	Pr.02	控制模式	0	位置控制（相关代码P）
3	Pr.04	行程限位禁止输入无效设置	2	当左或右限位动作，则会发生Err38行程限位禁止输入信号出错报警。设置此参数值必须在控制电源断电重启之后才能修改、写入成功
4	Pr.20	惯量比	1678	该值自动调整得到
5	Pr.21	实时自动增益设置	1	实时自动调整为常规模式，运行时负载惯量的变化情况很小
6	Pr.22	实时自动增益的机械刚性选择	1	此参数值设得越大，响应越快，但过大可能不稳定
7	Pr.41	指令脉冲旋转方向设置	1	指令脉冲+指令方向，设置此参数值必须在控制电源断电重启之后才能修改、写入成功
8	Pr.42	指令脉冲输入方式	3	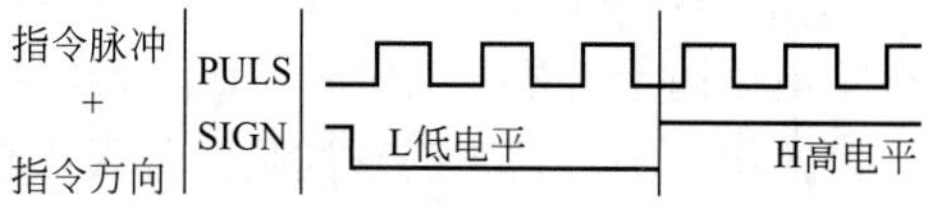
9	Pr.48	指令脉冲分倍频第1分子	10000	每转所需指令脉冲数=编码器分辨率×$\frac{Pr.4B}{Pr.4B\times 2^{Pr.4A}}$，编码器分辨率为10000×（2500p/r×4），则每转所需指令脉冲数：10000×$\frac{Pr.4B}{Pr.4B\times 2^{Pr.4A}}$=10000×$\frac{5000}{5000\times 2^{0}}$=10000
10	Pr.49	指令脉冲分倍频第2分子	0	
11	Pr.4A	指令脉冲分倍频分子倍率	0	
12	Pr.4B	指令脉冲分倍频分母	5000	

学习单元三 变频器的使用

1.变频器的工作原理

通用变频器是如何来实现电动机的方向及速度控制？变频器控制输出正旋波的驱动电源是以恒电压频率比（U/*f*）保持磁通不变为基础的，经过正旋波脉宽调制（SPWM）驱动主电路，以产生U、V、W三相交流电驱动三相交流异步电动机。

什么是SPWM？如图2-52所示，它先将50Hz交流电经变压器得到所需的电压后，经二极管整流桥和LC滤波，形成恒定的直流电压，再送入6个大功率晶体管构成的逆变器主电路，输出三相频率和电压均可调整的等效于正旋波的脉宽调制波（SPWM波），即可拖动三相异步电动机运转。

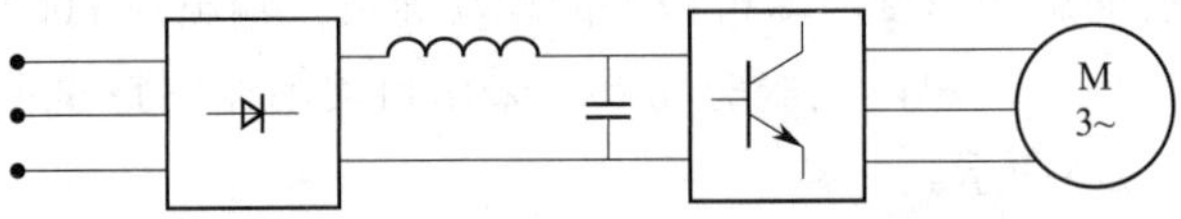

图2-52 交-直-交变压变频器的原理框图

什么是等效于正旋波的脉宽调制波？如图2-53所示，把正弦半波分成*n*等份，每一区间的面积用与其相等的等幅不等宽的矩形面积代替，则矩形脉冲所组成的波形就与正弦波等效。正弦的正负半周均如此处理。

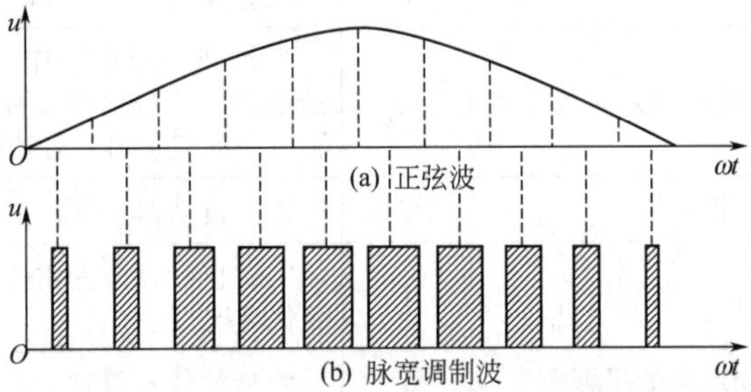

图2-53 等效于正旋波的脉宽调制波

那么怎样产生图2-54（b）所示脉宽调制波？ SPWM调制的控制信号为幅值和频率均可调的正旋波，载波信号为三角波，如图2-54（a）所示，该电路采用正弦波控制、三角波调制。当控制电压高于三角波电压时，比较器输出电压u_d为“高”电平，否则输出“低”电平。

以A相为例，只要正弦控制波的最大值低于三角波的幅值，就导通VT_1，封锁VT_4，这样就输出等幅不等宽的SPWM脉宽调制波。

SPWM调制波经功率放大才能驱动电动机。在图2-54（b）SPWM变频器功率放大主回路中，左侧的桥式整流器将工频交流电变成直流恒值电压，给图中右侧逆变器供电。等效正弦脉宽调制波u_a、u_b、u_c送入VT_1 ～ VT_6的基极，则逆变器输出脉宽按正弦规律变化的等效矩形电压波，经过滤波变成正弦交流电用来驱动交流伺服电动机。

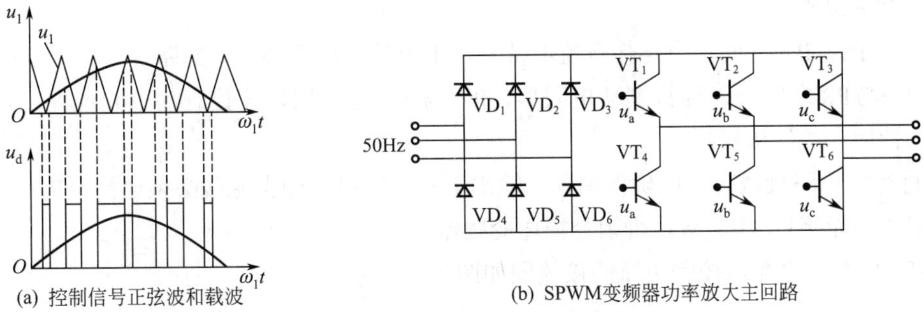

(a) 控制信号正弦波和载波　　(b) SPWM变频器功率放大主回路

图2-54　SPWM变频器工作原理及电气简图

2. 认识FR-E740变频器

（1）FR-E740变频器的安装和接线

在使用三菱PLC的YL-335B设备中，变频器选用三菱FR-E700系列变频器中的FR-E74-0.75K-CHT型变频器，该变频器额定电压等级为三相400V，适用容量0.75kW及以下的电动机。FR-E740变频器的外观和型号的定义如图2-55所示。

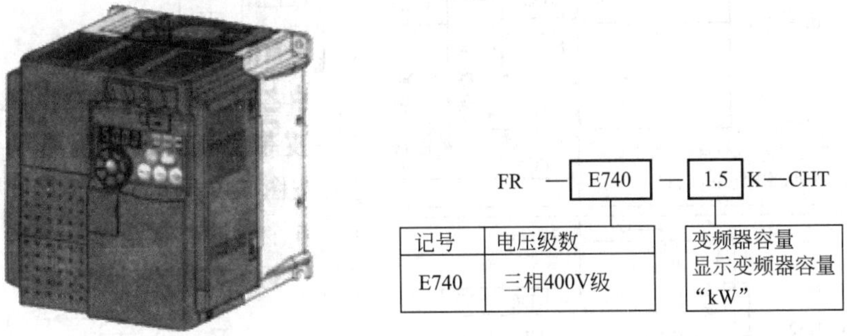

(a) FR-E740变频器外观　　(b) 变频器型号定义

图2-55　FR-E740变频器

FR-E740系列变频器主电路的通用接线如图2-56所示。

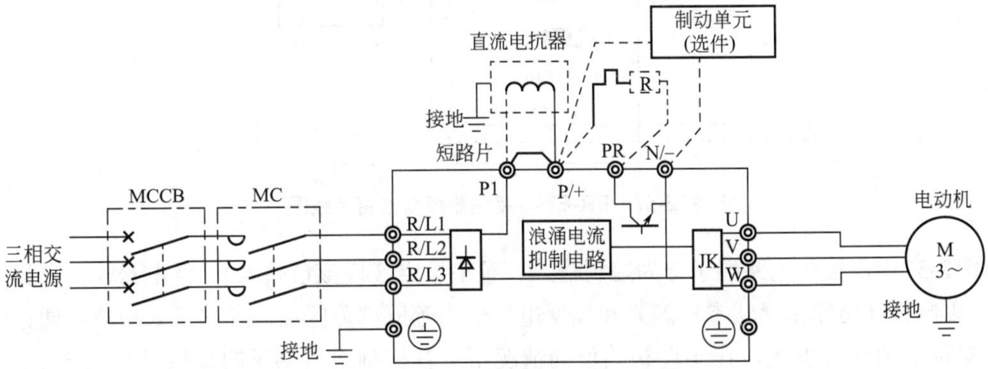

图2-56　FR-E740系列变频器主电路的通用接线

图中有关说明如下：

① 端子P1、P/+之间用以连接直流电抗器，不连接时，两端子间短路。

② P/+与PR之间用以连接制动电阻器，P/+与N/–之间用以连接制动单元选件。YL-335B设备均未使用，故用虚线画出。

③ 进行主电路接线时，应确保输入、输出端不能接错，即电源线必须连接至R/L1、S/L2、T/L3，绝对不能接U、V、W，否则会损坏变频器。

FR-E740系列变频器控制电路的接线图如图2-57所示。

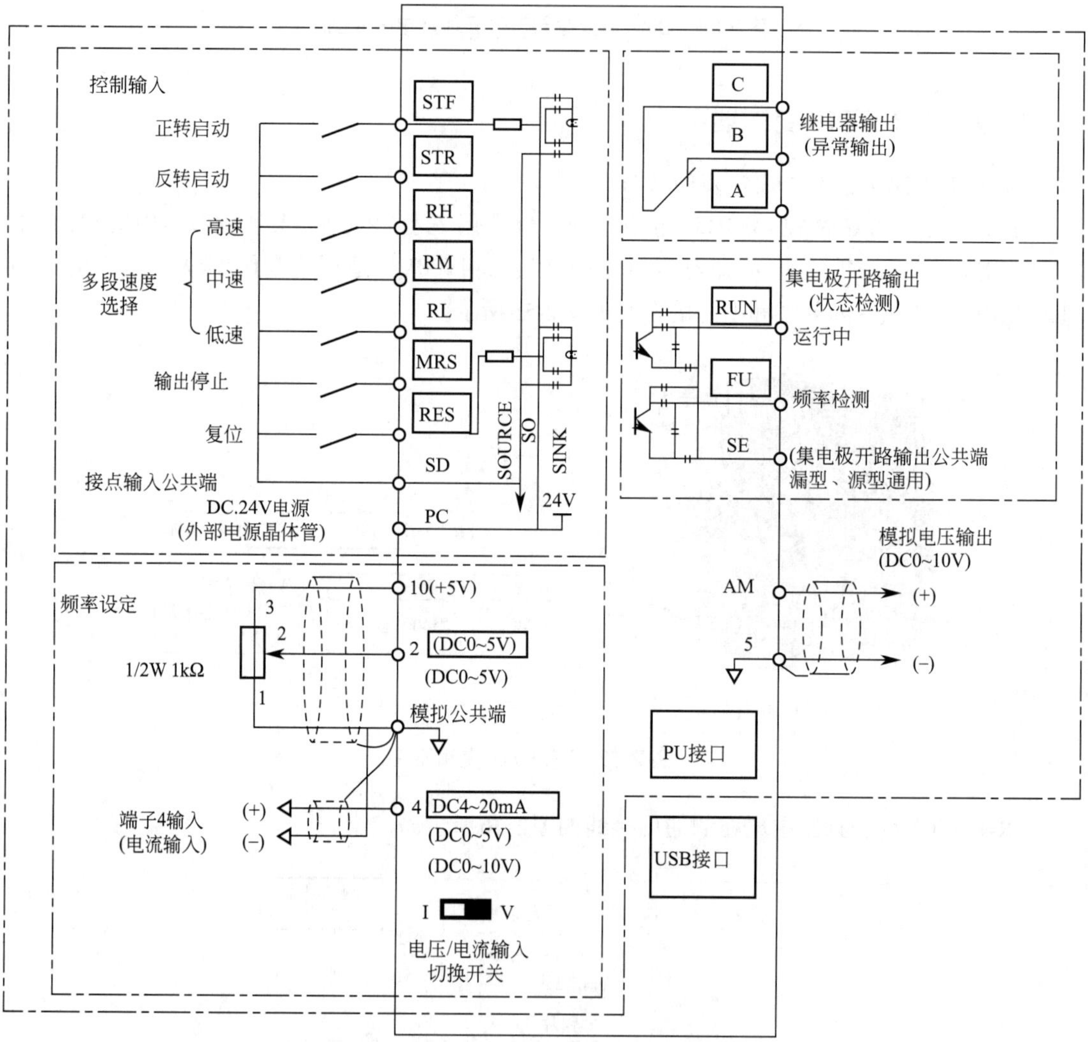

图2-57 FR-E740变频器控制电路接线图

图2-57中，控制电路端子分为控制输入、频率设定（模拟量输入）、继电器输出（异常输出）、集电极开路输出（状态检测）和模拟电压输出等五部分区域，各端子的功能可通过调整相关参数的值进行变更，在出厂初始值的情况下，各控制电路端子的功能说明如表2-7～表2-9所示。

表2-7　控制电路输入端子的功能说明

<table>
<tr><th>种类</th><th>端子编号</th><th>端子名称</th><th colspan="2">端子功能说明</th></tr>
<tr><td rowspan="12">控制输入</td><td>STF</td><td>正转启动</td><td>STF信号ON时为正转、OFF时为停</td><td rowspan="2">STF、STR信号同时ON时变成停止指令</td></tr>
<tr><td>STR</td><td>反转启动</td><td>STR信号ON时为反转、OFF时为停止指令</td></tr>
<tr><td>RH
RM
RL</td><td>多段速度选择</td><td colspan="2">用RH、RM和RL信号的组合可以选择多段速度，分别表示高速、中速和低速</td></tr>
<tr><td>MRS</td><td>输出停止</td><td colspan="2">MRS信号ON（20ms或以上）时，变频器输出停止</td></tr>
<tr><td>RES</td><td>复位</td><td colspan="2">用于解除保护电路动作时的报警输出。应使RES信号处于ON状态0.1s或以上，然后断开；初始设定为始终可进行复位，但进行了Pr.75的设定后，仅在变频器报警发生时可进行复位。复位时间约为1s</td></tr>
<tr><td rowspan="3">SD</td><td>接点输入公共端（漏型）（初始设定）</td><td colspan="2">接点输入端子（漏型逻辑）的公共端子</td></tr>
<tr><td>外部晶体管公共端（源型）</td><td colspan="2">晶体管输出采用源型逻辑，如连接可编程控制器（PLC）时，可将晶体管输出用的外部电源公共端接到该端子，可以防止因漏电引起的误动作</td></tr>
<tr><td>DC 24V电源公共端</td><td colspan="2">DC 24V、0.1A电源（端子PC）的公共输出端子，与端子5及端子SE绝缘</td></tr>
<tr><td rowspan="3">PC</td><td>外部晶体管公共端（漏型）（初始设定）</td><td colspan="2">晶体管输出采用漏型逻辑，如连接可编程控制器（PLC）时，可将晶体管输出用的外部电源公共端接到该端子，可以防止因漏电引起的误动作</td></tr>
<tr><td>接点输入公共端（源型）</td><td colspan="2">接点输入端子（源型逻辑）的公共端子</td></tr>
<tr><td>DC 24V电源</td><td colspan="2">可作为DC 24V、0.1A的电源使用</td></tr>
<tr><td colspan="4" style="display:none"></td></tr>
<tr><td rowspan="4">频率设定</td><td>10</td><td>频率设定用电源</td><td colspan="2">作为外接频率设定（速度设定）用电位器时的电源使用（按照Pr.73模拟量输入选择）</td></tr>
<tr><td>2</td><td>频率设定（电压）</td><td colspan="2">如果输入DC 0～5V（或0～10V），在5V（10V）时为最大输出频率，输入、输出成正比。通过Pr.73进行DC 0～5V（初始设定）和DC 0～10V输入的切换操作</td></tr>
<tr><td>4</td><td>频率设定（电流）</td><td colspan="2">若输入DC 4～20mA（或0～5V，0～10V），在20mA时为最大输出频率，输入输出成正比。只有Au信号为ON时端子4的输信号才会有效（端子2的输入将无效）。通过Pr.267进行4～20mA（初始设定）和DC 0～5V、DC 0～10V输入的切换操作
电压输入（0～5V/0～10V）时，应将电压/电流输入切换开关切换至“V”</td></tr>
<tr><td>5</td><td>频率设定公共端</td><td colspan="2">频率设定信号（端子2或4）及端子AM的公共端子。请勿接大地</td></tr>
</table>

表2-8 控制电路接点输出端子的功能说明

种类	端子记号	端子名称	端子功能说明
继电器输出	A、B、C	继电器输出（异常输出）	指示变频器因保护功能动作时输出停止的1c接点输出。异常时：B-C间不导通（A-C间导通），正常时：B-C间导通（A-C间不导通）
集电极开路输出	RUN	变频器正在运行	变频器输出频率大于或等于启动频率（初始值0.5Hz）时为低电平，已停止或正在直流制动时为高电平
	FU	频率检测	输出频率大于或等于任意设定的检测频率时为低电平，未达到为高电平
	SE	集电极开路输出公共端	端子RUN、FU的公共端子
模拟电压输出	AM	模拟电压输出	可以从多种监示项目中选一种作为输出。变频器复位中不被输出。输出信号与监示项目的大小成比例 输出项目：输出频率（初始设定）

表2-9 控制电路网络接口的功能说明

种类	端子记号	端子名称	端子功能说明
RS-485	×	PU接口	通过PU接口，可进行RS-485通信 ·标准规格：EIA-485（RS-485） ·传输方式：多站点通信 ·通信速率：4800～38400bit/s ·总长距离：500m
USB	×	USB接口	与个人计算机通过USB连接后，可以实现FRConfigurator的操作 ·接口：USB 1.1标准 ·传输速度：12Mbit/s ·连接器：USB迷你-B连接器（插座：迷你-B型）

（2）变频器操作面板的操作训练

① FR-E700系列的操作面板 使用变频器前，首先要熟悉其面板显示和键盘操作单元（或称控制单元），并且按使用现场的要求合理设置参数。FR-E700系列变频器的参数设置通常利用固定在其上的操作面板（不能拆下）实现，也可以使用连接到变频器PU接口的参数单元（FR-PU07）实现。使用操作面板可以进行运行方式、频率的设定，运行指令监视，参数设定，错误表示等。操作面板如图2-58所示，其上半部分为面板显示器，下半部为M旋钮和各种按键。它们的具体功能分别如表2-10和表2-11所示。

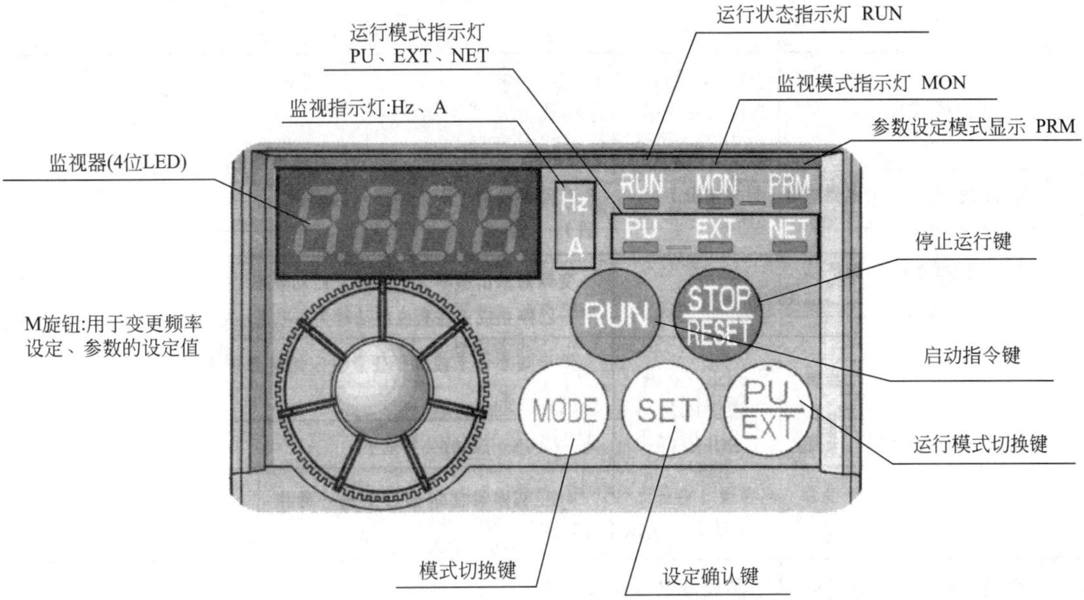

图2-58　FR-E700的操作面板

表2-10　旋钮、按键功能

旋钮和按键	功能
M旋钮（三菱变频器旋钮）	旋动该旋钮用于变更频率设定、参数的设定值。按下该旋钮可显示以下内容：① 监视模式时的设定频率；② 校正时的当前设定值；③ 报警历史模式时的顺序
模式切换键 MODE	用于切换各设定模式。与运行模式切换键同时按下也可以用来切换运行模式。长按此键（2s）可以锁定操作
设定确定键 SET	各设定的确认键 此外，当运行中按此键则监视器出现以下显示： 运行频率 → 输出电流 → 输出电压 →（返回运行频率）
运行模式切换键 PU/EXT	用于切换PU/外部运行模式 使用外部运行模式（通过另接的频率设定电位器和启动信号启动的运行）时请按此键，则表示运行模式的EXT处于亮灯状态；切换至组合模式时，可同时按MODE键0.5s，或者变更参数Pr.79
启动指令键 RUN	在PU模式下，按此键启动运行 通过Pr.40的设定，可以选择旋转方向
停止/复位键 STOP/RESET	在PU模式下，按此键停止运转 保护功能（严重故障）生效时，也可以进行报警复位

表2-11 运行状态显示

显示	功能
运行模式显示	PU：PU运行模式时亮灯 EXT：外部运行模式时亮灯 NET：网络运行模式时亮灯
监视器（4位LED）	显示频率、参数编号等
监视数据单位显示	Hz：显示频率时亮灯；A：显示电流时亮灯 （显示电压时熄灯，显示设定频率监视时闪烁）
运行状态显示 RUN	当变频器动作中亮灯或者闪烁，其中： 亮灯：表示正转运行中 缓慢闪烁（1.4s循环）：表示反转运行中 下列情况下出现快速闪烁（0.2s循环） · 按键或输入启动指令都无法运行时 · 有启动指令，但频率指令在启动频率以下时 · 输入了MRS信号时
参数设定模式显示 PRM	参数设定模式时亮灯
监视器显示 MON	监视模式时亮灯

② 变频器的运行模式　由表2-10和表2-11可见，在变频器不同的运行模式下，各种按键、M旋钮的功能各异。所谓运行模式是指对输入到变频器的启动指令和设定频率的命令来源的指定。

一般来说，使用控制电路端子、在外部设置电位器和开关来进行操作的是“外部运行模式”，使用操作面板或参数单元输入启动指令、设定频率的是“PU运行模式”，通过PU接口进行RS-485通信或使用通信选件的是“网络运行模式（NET运行模式）”。在进行变频器操作以前，必须了解其各种运行模式，才能进行各项操作。

FR-E700系列变频器通过参数Pr.9的值来指定变频器的运行模式，设定值范围为0、1、2、3、4、6、7，这7种运行模式的内容以及相关LED指示灯的状态如表2-12所示。

表2-12 运行模式选择（Pr.79）

设定值	内容	LED显示状态
0	外部/PU切换模式：通过 PU/EXT 键可切换外部与PU运行模式 注意：接通电源时为外部运行模式	外部运行模式： PU运行模式：
1	固定为PU运行模式	
2	固定为外部运行模式；可以在外部、网络运行模式间切换运行	外部运行模式： 网络运行模式：

续表

<table>
<tr><th>设定值</th><th colspan="2">内容</th><th>LED显示状态</th></tr>
<tr><td rowspan="3">3</td><td colspan="2">外部/PU组合运行模式1</td><td rowspan="6"></td></tr>
<tr><td>频率指令</td><td>启动指令</td></tr>
<tr><td>用操作面板设定或用参数单元设定，或外部信号输入［多段速设定，端子4-5间（AU信号ON时有效］</td><td>外部信号输入（端子STF、STR）</td></tr>
<tr><td rowspan="3">4</td><td colspan="2">外部/PU组合运行模式2</td></tr>
<tr><td>频率指令</td><td>启动指令</td></tr>
<tr><td>外部信号输入（端子2、4、JOG、多段速选择等）</td><td>通过操作面板的RUN键或通过参数单元的FWD、REV键来输入</td></tr>
<tr><td>6</td><td colspan="2">切换模式；可以在保持运行状态的同时，进行PU运行、外部运行、网络运行的切换</td><td>PU运行模式：
外部运行模式：
网络运行模式：</td></tr>
<tr><td>7</td><td colspan="2">外部运行模式（PU运行互锁）
X12信号ON时，可切换到PU运行模式（外部运行中输出停止）
X12信号OFF时，禁止切换到PU运行模式</td><td>PU运行模式：
外部运行模式：</td></tr>
</table>

变频器出厂时，参数Pr.79设定值为0。当停止运行时，用户可以根据实际需要修改其设定值。

修改Pr.79设定值的一种方法是，同时按住 MODE 键和 PU/EXT 键0.5s，然后旋动M旋钮，选择合适的Pr.79参数值，再用 SET 键确定。图2-59所示是把Pr.79设定为4（组合模式2）的例子。

如果分拣单元的机械部分已经装配好，在完成主电路接线后，即可用变频器直接驱动电动机试运行。当Pr.79=4时，把调速电位器的3个引出端分别连接到变频器的⑩、②、⑤端子（滑动臂引出端连接端子②），接通电源后，按启动指令键RUN，即可启动电动机，旋动调速电位器即可连续调节电动机转速。

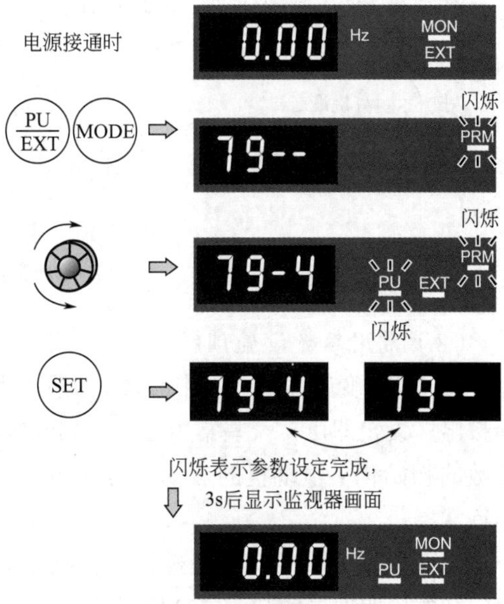

图2-59 修改变频器的运行模式参数示例

在分拣单元的机械部分装配完成后，进行电动机试运行是必要的，这可以检查机械装配的质量，以便做进一步的调整。

③ 设定参数的操作方法　变频器参数的出厂设定值被设置为完成简单的变速运行。如需按照负载和操作要求设定参数，则应进入参数设定模式，先选定参数号，然后设置其参数值。设定参数分两种情况：一种是停机STOP方式下重新设定参数，这时可设定所有参数；另一种是在运行时设定，这时只允许设定部分参数，但是可以核对所有参数号及参数。图2-60所示是参数设定过程的一个例子，所完成的操作是把参数Pr.1（上限频率）从出厂设定值120.0Hz变更为50.0Hz，假定当前运行模式为外部/PU切换模式（Pr.79=0）。

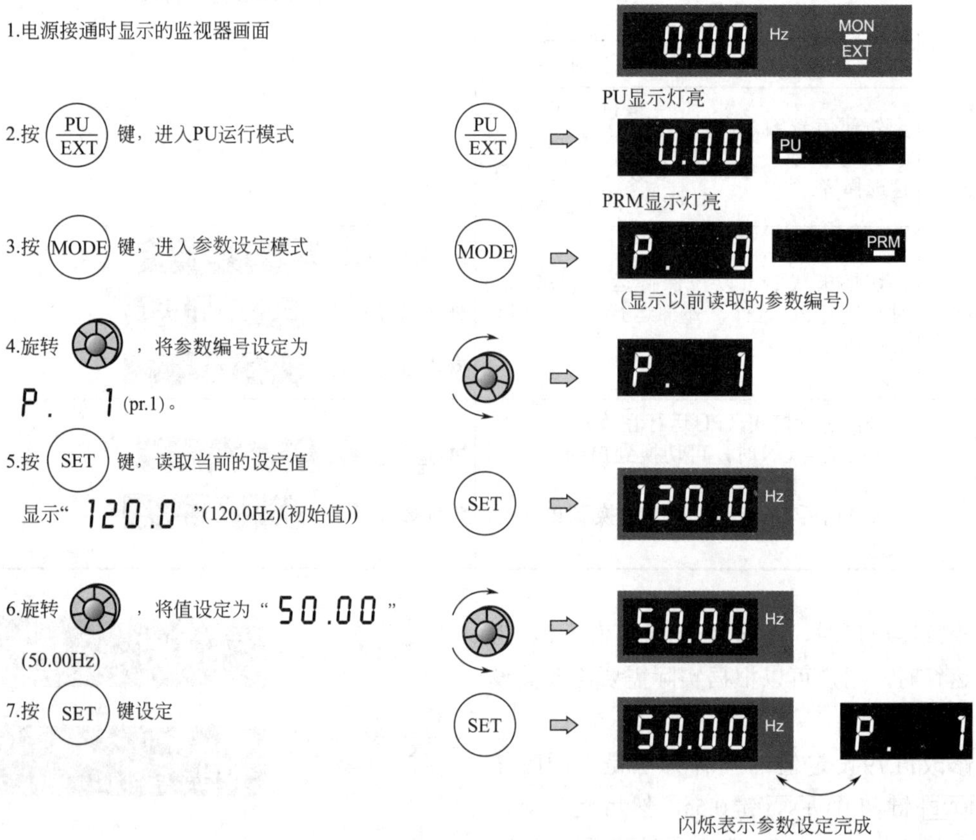

图2-60　变更参数的设定值示例

（3）常用参数设置训练

FR-E700变频器有几百个参数，实际使用时，只需根据使用现场的要求设定部分参数，其余按出厂设定即可。一些常用参数，如变频器的运行环境：驱动电动机的规格、运行的限制；参数的初始化；电动机的启动、运行和调速、制动等命令的来源、频率的设置等方面，应该熟练掌握。

下面根据分拣单元工艺过程对变频器的要求，介绍一些常用参数的设定。关于参数设定更详细的说明请参阅FR-E700使用手册。

① 输出频率的限制（Pr.1、Pr.2、Pr.18）　为了限制电动机的速度，应对变频器的输出频

率加以限制。用Pr.1“上限频率”和Pr.2“下限频率”来设定，可将输出频率的上、下限钳位。

当在120Hz以上运行时，用参数Pr.18“高速上限频率”设定高速输出频率的上限。

Pr.1与Pr.2出厂设定范围为0 ~ 120Hz，出厂设定值分别为120Hz和0Hz。Pr.18出厂设定范围为120 ~ 400Hz。输出频率和设定值的关系如图2-61所示。

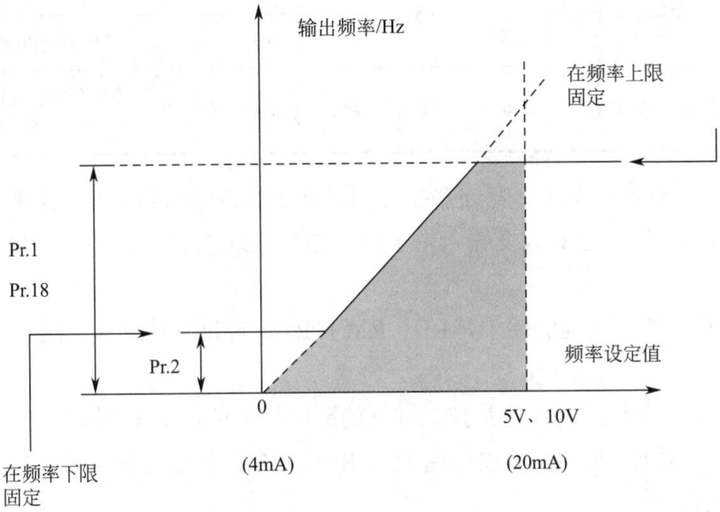

图2-61 输出频率与设定频率关系

② 加减速时间（Pr.7、Pr.8、Pr.20、Pr.21） 各参数的意义及设定范围如表2-13所示。

表2-13 加减速时间相关参数的意义及设定范围

参数号	参数意义	出厂设定	设定范围	备注
Pr.7	加速时间	5s	0 ~ 3600/360s	根据Pr.21加减速时间单位的设定值进行设定。初始值的设定范围为“0 ~ 3600”、设定单位为“0.1s”
Pr.8	减速时间	5s	0 ~ 3600/360s	
Pr.20	加、减速基准频率	50Hz	1 ~ 400Hz	
Pr.21	加、减速时间单位	0	0，1	0：0 ~ 3600s；单位0.1s 1：0 ~ 360s；单位0.01s

设定说明：

a.用Pr.20为加/减速的基准频率，在我国选为50Hz。

b.Pr.7加速时间用于设定从停止到Pr.20加减速基准频率的加速时间。

c.Pr.8减速时间用于设定从Pr.20加减速基准频率到停止的减速时间。

③ 直流制动（Pr.10 ~ Pr.12） 在分拣过程中，若工作任务要求减速时间不能太小，且在工件高速移动下准确定位停车，以便把工件推出，这时常常需要使用直流制动方式。

直流制动是通过向电动机施加直流电压来使电动机轴不转动的。其参数包括：动作频率的设定（Pr10）；动作时间的设定（Pr.11）；动作电压（转矩）的设定（Pr.12）等3个参数。

各参数的意义及设定范围如表2-14所示。

表2-14　直流制动参数的意义及设定范围

参数编号	名称	初始值		设定范围	内容
10	直流制动动作频率	3Hz		0 ～ 120Hz	直流制动的动作频率
11	直流制动动作时间	0.5s		0	无直流制动
				0.1 ～ 10s	直流制动的动作时间
12	直流制动动作电压	0.4 ～ 7.5kV	4%	0 ～ 30%	直流制动电压（转矩） 设定为“0”时，无直流制动

④ 多段速运行模式的操作　变频器在外部操作模式或组合操作模式2下，变频器可以通过外接的开关器件的组合通断改变输入端子的状态来实现调速。这种控制频率的方式称为多段速控制功能。

FR-E740变频器的速度控制端子是RH、RM和RL。通过这些开关的组合可以实现3段、7段的控制。

转速的切换：由于转速的挡次是按二进制的顺序排列的，故3个输入端可以组合成3挡至7挡（0状态不计）转速。其中，3段速由RH、RM、RL单个通断来实现。7段速由RH、RM、RL通断的组合来实现。

7段速的各自运行频率则由参数Pr.4 ～ Pr.6（设置前3段速的频率）、Pr.24 ～ Pr.27（设置第4段速至第7段速的频率）实现。对应的控制端状态及参数关系如图2-62所示。

参数编号	初始值	设定范围	备注
4	50Hz	0～400Hz	
5	30Hz	0～400Hz	
6	10Hz	0～400Hz	
24～27	9999	0～400Hz、9999	9999　　未选择

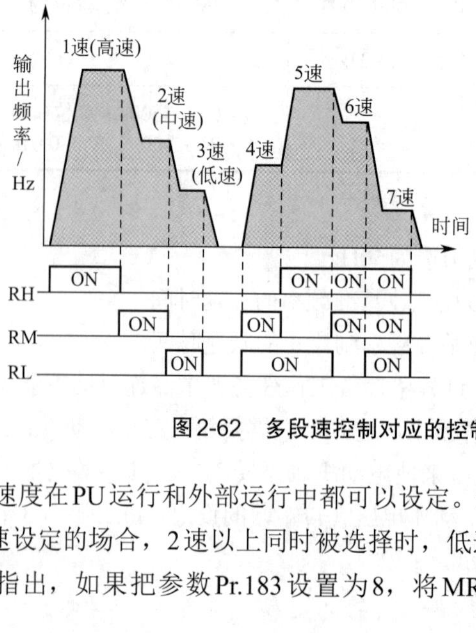

1速：RH单独接通，Pr.4设定频率

2速：RM单独接通，Pr.5设定频率

3速：RL单独接通，Pr.6设定频率

4速：RM、RL同时接通，Pr.24设定频率

5速：RH、RL同时接通，Pr.25设定频率

6速：RH、RM同时接通，Pr.26设定频率

7速：RH、RM、RL全通，Pr.27设定频率

图2-62　多段速控制对应的控制端状态及参数关系

多段速度在PU运行和外部运行中都可以设定。运行期间参数值也能被改变。

在3速设定的场合，2速以上同时被选择时，低速信号的设定频率优先。

最后指出，如果把参数Pr.183设置为8，将MRS端子的功能转换成多速段控制端REX，就可以用RH、RM、RL和REX通断的组合来实现15段速。详细的说明可参阅FR-E700使用手册。

⑤ 通过模拟量输入（端子2、4）设定频率　分拣单元变频器的频率设定，除了用PLC输出端子控制多段速度设定外，也有连续设定频率的需求。例如，在变频器安装和接线完成进行运行试验时，常用调速电位器连接到变频器的模拟量输入信号端，进行连续调速试验。此外，在触摸屏上指定变频器的频率，则此频率也应该是连续可调的。需要注意的是，如果要用模拟量输入（端子2、4）设定频率，则RH、RM、RL端子应断开，否则多段速度设定优先。

a. 模拟量输入信号端子的选择。

FR-E700系列变频器提供两个模拟量输入信号端子（端子2、4），用做连续变化的频率设定。在出厂设定情况下，只能使用端子2，端子4无效。

要使端子4有效，需要在各接点输入端子STF、STR、…、RES之中选择一个，将其功能定义为AU信号输入，则当这个端子与SD端短接时，AU信号为ON，端子4变为有效，端子2变为无效。

例：RES端子用做Au信号输入，则设置参数Pr.184=“4”，在RES端子与SD端之间连接一个开关，当此开关断开时，AU信号为OFF，端子2有效；反之，当此开关接通时，AU信号为ON，端子4有效。

b. 模拟量信号的输入规格。

如果使用端子2，模拟量信号可为0～5V或0～10V的电压信号，用参数Pr.73指定，其出厂设定值为1，指定为0～5V的输入规格，并且不能可逆运行。参数Pr.73参数的取值范围为0、1、10、11，具体内容如表2-15所示。

表2-15　模拟量输入选择（Pr.73）

参数编号	名称	初始值	设定范围	内容	
73	模拟量输入选择	1	0	端子2输入0～10V	无可逆运行
			1	端子2输入0～5V	
			10	端子2输入0～10V	有可逆运行
			11	端子2输入0～5V	

如果使用端子4，模拟量信号可为电压输入（0～5V、0～10V）或电流输入（4～20mA初始值），用参数Pr.267和电压、电流输入切换开关设定，并且要输入与设定相符的模拟量信号。Pr.267取值范围为0、1、2，具体内容如表2-16所示。

必须注意，若发生切换开关与输入信号不匹配的错误（如开关设定为电流输入，但端子输入却为电压信号）时，则会导致外部输入设备或变频器故障。

对于频率设定信号（DC 0～5V、0～10V或4～20mA）的相应输出频率的大小可用参数Pr.125（对端子2）或Pr.126（对端子4）设定，用于确定输入增益（最大）的频率。它们的出厂设定值均为50Hz，设定范围为0～400Hz。

表2-16 模拟量输入选择（Pr.267）

参数编号	名称	初始值	设定范围	电压/电流输入切换开关	内容
267	端子4输入选择	0	0		端子4输入4～20mA
			1		端子4输入0～5V
			2		端子4输入0～10V

注：电压输入时，输入电阻10kΩ±1kΩ、最大容许电压DC 20V；电流输入时，输入电阻233Ω±5Ω、最大容许电流30mA。

⑥ 参数清除　如果用户在参数调试过程中遇到问题，并且希望重新开始调试，可用参数清除操作实现，即在PU运行模式下，设定Pr.CL参数清除、ALLC参数全部清除均为1，可使参数恢复为初始值，但如果设定Pr.77参数写入选择1，则无法清除。

参数清除操作需要在参数设定模式下，用M旋钮选择参数编号为Pr.CL和ALLC，并将它们的值均置为1，操作步骤如图2-63所示。

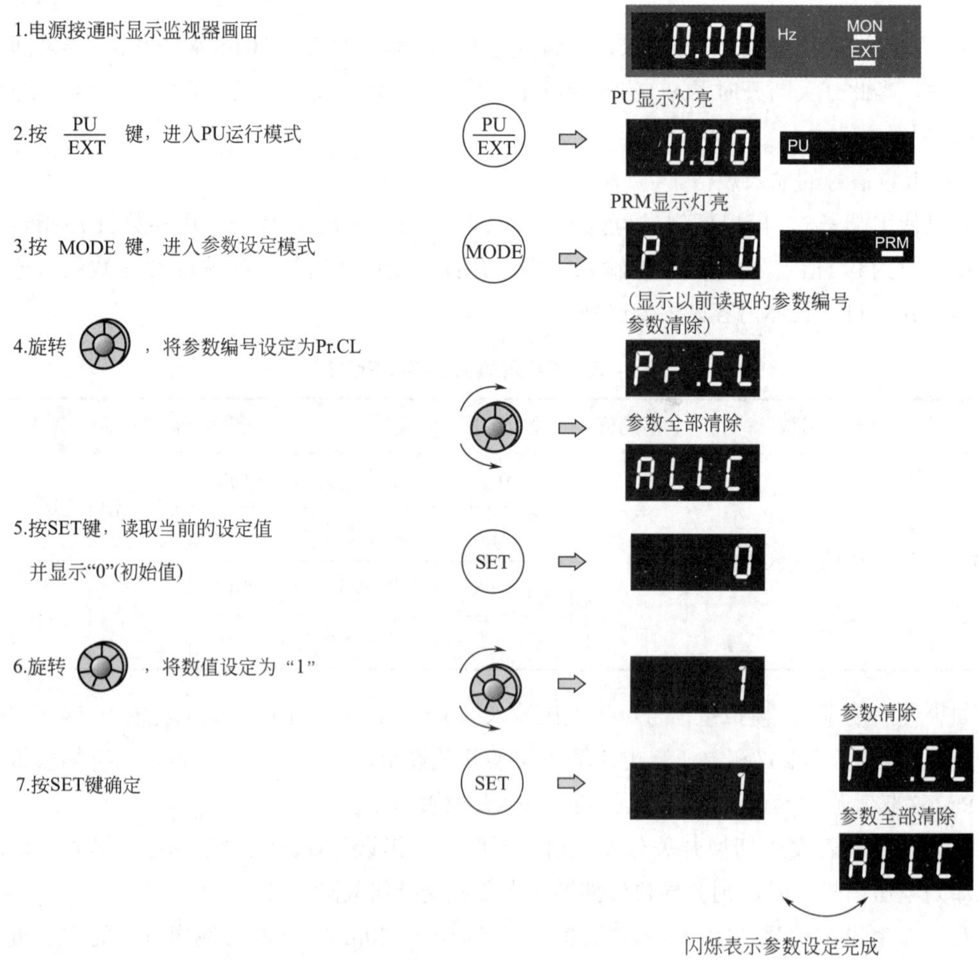

图2-63 参数全部清除的操作示意图

3. 认识西门子MM420变频器

（1）MM420变频器的主要结构

西门子MM420变频器用于控制三相交流电动机调速。它由微处理器控制，并采用具有先进技术水平的绝缘栅双击型晶体管（IGBT）作为功率输出器件，其结构框图如图2-64所示。包含：数字输入点，DN1（端子5）、DN2（端子6）、DN3（端子7）；内部电源+24V（端子8）、内部电源0V（端子9）；模拟输入点，AIN+（端子3）、内部电源+10V（端子1）、内部电源（端子2）；继电器输出，RL1-B（端子10）、RL1-C（端子11）；模拟量输出，AOUT+（端子12）、AOUT-（端子13）；RS-485串行通信接口，P+（端子14），N-（端子15）等输入输出接口。同

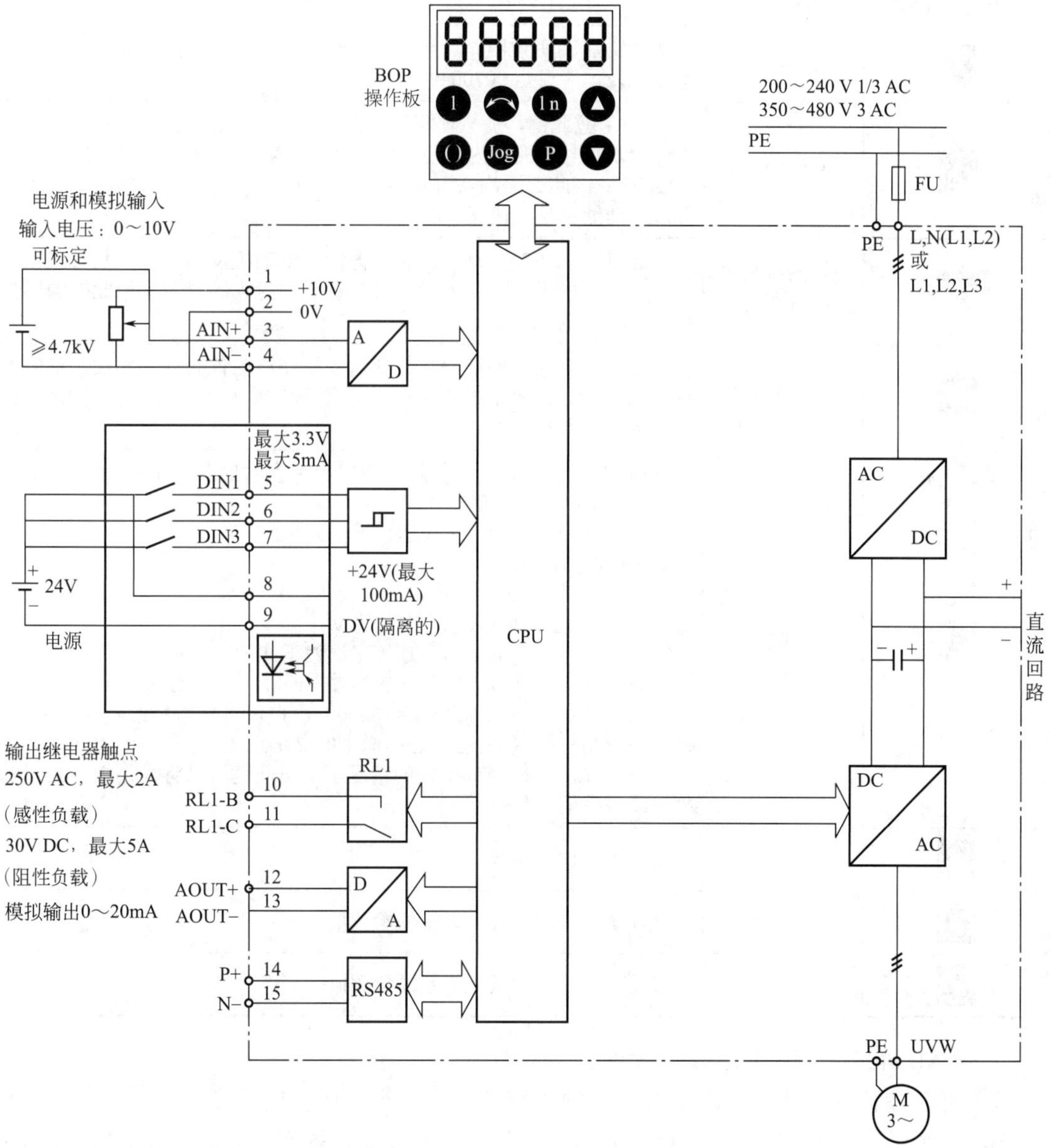

图2-64　MM420变频器的结构框图

时带有人机交互接口基本操作板（BOP）。其核心部件为CPU单元，根据设定的参数，经过运算输出控制正旋波信号，经过SPWM调制，放大输出三相交流电压驱动三相交流电动机运转。

（2）MM420变频器的操作面板

MM420变频器的基本操作面板（BOP）具有7段码显示的五位数字，可以显示参数的序号和数值、报警和故障信息及设定值和实际值。BOP有8个按钮，其功能如表2-17所示。

表2-17　基本操作面板（BOP）上的按钮及其功能

显示/按钮	功能	功能说明
	状态显示	LCD显示变频器当前的设定值
	启动变频器	按此键启动变频器。默认值运行时此键是被封锁的。为了使此键的操作有效，应设定P0700=1
	停止变频器	OFF1：按此键，变频器将按设定的斜率下降速率停车。默认值运行时此键是被封锁的。为了使此键的操作有效，应设定P0700=1 OFF2：按此键两次（或长按一次），电动机将在惯性作用下自由停车，此功能总是“使能”的
	改变电动机的转动方向	按此键可以改变电动机的转动方向。电动机反向时，用负号或用闪烁的小数点表示。默认值运行时此键是被封锁的。为了使此键的操作有效，应设定P0700=1
	电动机点动	在变频器无输出的情况下按此键，将使电动机启动，并按预设定的点动频率运行。释放此键，变频器停车。如果变频器/电动机正在运行，按此键不起作用
	功能	变频器运行过程中，在显示任何一个参数时按下此键并保持不动2s，将显示以下参数值 ① 直流回路电压（用d表示，单位为V） ② 输出电流（A） ③ 输出频率（Hz） ④ 输出电压（用o表示，单位为V） ⑤ 由P0005选定的数值。连续多次按下此键，将轮流显示以上参数 跳转功能：在显示任何一个参数（r××××或P××××）时短时间按下此键，将立即跳转到r0000，用户可以接着修改其他的参数。跳转到r0000后，按此键将返回原来的显示点 复位：在出现故障或报警的情况下，按此键可以将操作板上显示的故障或报警信息复位
	访问参数	按此键可访问参数
	增加数值	按此键可增加面板上显示的参数值
	减少数值	按此键可减少面板上显示的参数值

（3）MM420变频器的运行参数设置

① 更改参数的方法　更改参数数值的步骤可分为：查找所选定的参数号；进入参数访问级，修改参数值；确认并存储修改好的参数值。下面以图2-65说明如何更改参数P0004的数值。

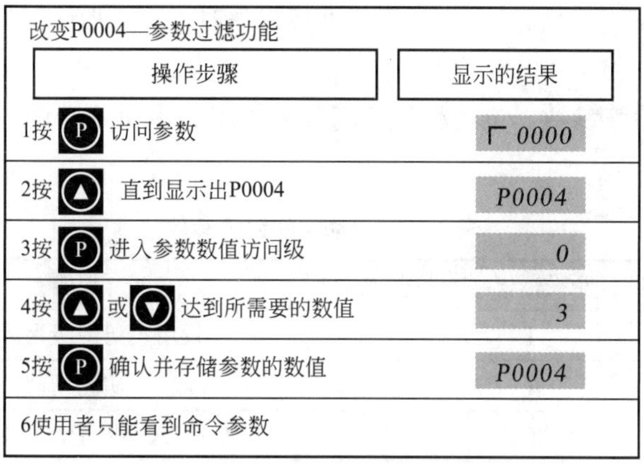

图2-65　P0004参数设置过程

MM420变频器有上千个参数，为了能够快速访问指定的参数，MM420变频器采用把参数分类，过滤不需要访问的类别的方法实现。参数P0004的作用是根据所选定的一组功能，对参数进行过滤，并集中对过滤的一组参数进行访问，从而可以更方便地进行调试。P0004可能的设定值如表2-18所示，默认值为0。

表2-18　参数P0004的设定值

设定值	表示意义	设定值	表示意义
0	全部参数	12	驱动装置的特征
2	变频器参数	13	电动机的控制
3	电动机参数	20	通信
7	命令，二进制I/O	21	报警/警告/监控
8	模-数转换和数-模转换	22	工艺参量控制器（如PID）
10	设定值通道/RFG（斜坡函数发生器）		

② 恢复出厂设置　变频器出厂时，每个参数都有默认值。如果变频器经过使用，在设定新的运行参数前，最好进行参数复位（恢复到出厂状态），具体操作步骤如图2-66所示。

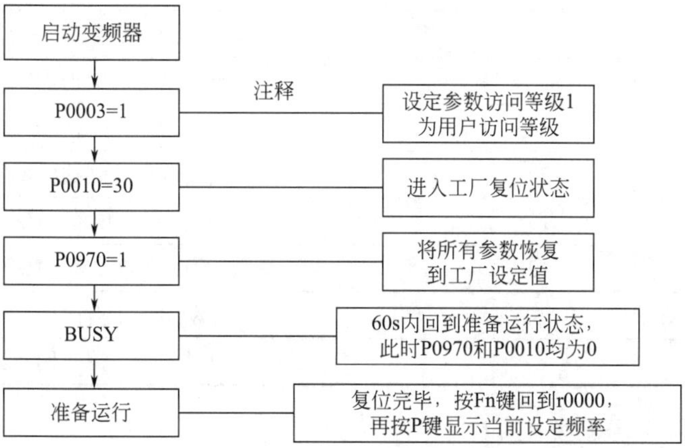

图2-66　MM420变频器参数恢复出厂设置操作流程

③ 参数的快速设置 MM420变频器进行面板操作时，可采取快速调试方式进行相应参数的设置。

a.输入电动机的铭牌参数。电动机的铭牌参数如表2-19所示。这些设置会因使用的电动机不同而不同。

表2-19 电动机的铭牌参数

步骤	参数号	设置值	说明
1	P0003	1	设用户访问级为标准级
2	P0010	1	快速调试
3	P0100	0	功率以kW表示，频率为50Hz
4	P0304	380	电动机额定电压（V）
5	P0305	2.6	电动机额定电流（A）
6	P0307	0.9	电动机额定功率（kW）
7	P0310	50	电动机额定频率（Hz）
8	P0311	1420	电动机额定转速（r/min）
9	P0010	0	变频器处于准备状态

b.输入快速调试参数。MM420变频器快速调试参数如表2-20所示。

表2-20 MM420变频器快速调试参数

步骤	参数号	设置值	说明
1	P0003	1	设用户访问级为标准级
2	P0004	7	命令，二进制I/O
3	P0700	0	由键盘输入设定值
4	P0003	1	设用户访问级为标准级
5	P0004	10	设定值通道/RFG（斜坡函数发生器）
6	P1000	1	由键盘输入设定值
7	P1080	0	电动机运行的最低频率（Hz）
8	P1082	50	电动机运行的最高频率（Hz）
9	P0003	2	设用户访问级为扩展级
10	P0004	10	设定值通道/RFG（斜坡函数发生器）
11	P1040	20	设定键盘控制的频率值
12	P1058	10	正向点动频率（Hz）
13	P1059	10	反向点动频率（Hz）
14	P1060	5	点动斜坡上升时间（s）
15	P1061	5	点动斜坡下降时间（s）

c.操作面板控制变频器运行。

a）在变频器的前操作面板上按运行键，变频器将驱动电动机升速，并运行在由P1040所设定的20Hz频率对应的560r/min的转速上。

b）如果需要，则电动机的转速级旋转方向可直接通过按前操作面板上的增加键及减少键来改变。当设置P1031=1时，由增加键/减少键改变了的频率设定值被保存在内存中。

c）如果需要，用户可根据情况改变所设置的最高运行频率P1082的设置值。

d）在变频器的前操作面板上按停止键，则变频器将驱动电动机降速至零。

e）点动运行。按下变频器前操作面板上的点动键，则变频器将驱动电动机升速，并运行在由P1058所设定的正向点动10Hz频率上。当松开变频器前操作面板上的点动键，则变频器将驱动电动机降速至零。这时，如果按一下变频器前操作面板上的换向键，再重复上述的点动运行操作，电动机可在变频器的驱动下反向点动运行。

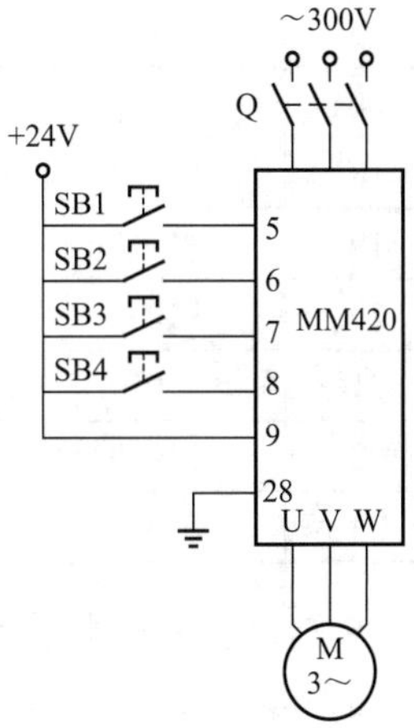

图2-67　MM420变频器端口数字开关量控制接线

④ MM420变频器端口数字开关量控制　MM420变频器实施端口数字开关量控制时，可通过端口连接的外部开关量变化情况控制变频器的运行。MM420变频器端口数字开关量控制接线如图2-67所示。

a.端口数字开关量参数。MM420变频器端口数字开关量参数见表2-21。

表2-21　MM420变频器端口数字开关量参数

步骤	参数号	设置值	说明
1	P0003	1	设用户访问级为标准级
2	P0004	7	命令，二进制I/O
3	P0700	2	命令源选择“有端子排输入”
4	P0003	2	设用户访问级为扩展级
5	P0004	7	命令，二进制I/O
6	P0701	1	ON接通正转，OFF停止
7	P0702	2	ON接通反转，OFF停止
8	P0703	10	正向点动
9	P0704	11	反向点动
10	P0003	1	设用户访问级为标准级
11	P0004	10	设定值通道/RFG（斜坡函数发生器）
12	P1000	1	由键盘输入设定值
13	P1080	0	电动机运行的最低频率（Hz）
14	P1082	50	电动机运行的最高频率（Hz）
15	P1120	5	斜坡上升时间（s）
16	P1121	5	斜坡下降时间（s）
17	P0003	2	设用户访问级为扩展级

续表

步骤	参数号	设置值	说明
18	P0004	10	设定值通道/RFG（斜坡函数发生器）
19	P1040	20	设定键盘控制的频率值
20	P1058	10	正向点动频率（Hz）
21	P1059	10	反向点动频率（Hz）
22	P1060	5	点动斜坡上升时间（s）
23	P1061	5	点动斜坡下降时间（s）

b.端口数字开关量控制变频器运行。

a）电动机正向运行。当按下按钮SB1时，变频器数字输入端口5为ON，电动机按P1120所设置的5s斜坡上升时间正向启动，经5s后稳定正向运行在由P1040所设定的20Hz频率对应的560r/min的转速上。

b）电动机反向运行。当按下按钮SB2时，变频器数字输入端口6为ON，电动机按P1120所设置的5s斜坡上升时间反向启动，经5s后稳定反向运行在由P1040所设定的20Hz频率对应的560r/min的转速上。

c）电动机正向点动运行。当按下按钮SB3时，变频器数字输入端口7为ON，电动机按P1060所设置的5s斜坡上升时间正向点动运行，经5s后稳定正向运行在由P1058所设定的10Hz频率对应的280r/min的转速上。

d）电动机反向点动运行。当按下按钮SB4时，变频器数字输入端口8为ON，电动机按P1060所设置的5s斜坡上升时间反向点动运行，经5s后稳定反向运行在由P1058所设定的10Hz频率对应的280r/min的转速上。

⑤ MM420变频器模拟量控制　MM420变频器实施模拟量控制时，可通过外部电位器输入0～10V电压信号，控制变频器的频率在0～50Hz运行。MM420变频器模拟量参数见表2-22，MM420变频器模拟量控制接线图如图2-68所示。

表2-22　MM420变频器模拟量参数

步骤	参数号	设置值	说明
1	P0003	1	设用户访问级为标准级
2	P0004	7	命令，二进制I/O
3	P0700	2	命令源选择“有端子排输入”
4	P0003	2	设用户访问级为扩展级
5	P0004	7	命令，二进制I/O
6	P0701	1	ON接通正转，OFF停止
7	P0702	2	ON接通反转，OFF停止
8	P0003	2	设用户访问级为扩展级
9	P0004	10	设定值通道/RFG（斜坡函数发生器）
10	P1000	2	频率设定值选择为“模拟输入”

续表

步骤	参数号	设置值	说明
11	P1080	0	电动机运行的最低频率（Hz）
12	P1082	50	电动机运行的最高频率（Hz）
13	P1120	5	斜坡上升时间（s）
14	P1121	5	斜坡下降时间（s）

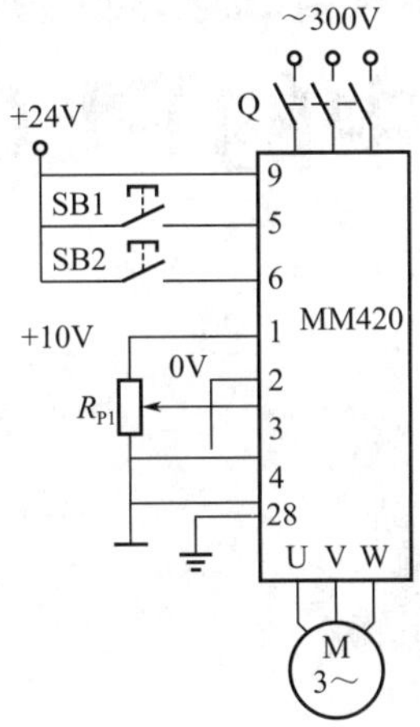

图2-68　MM420变频器模拟量控制接线图

a.电动机正转。当按下按钮SB1时，变频器数字输入端口5为ON，电动机正转运行。转速由外接电位器R_{P1}控制，模拟电压信号在0～+10V变化，对应变频器的频率在0～50Hz变化，对应电动机的转速在0～1400r/min变化。通过调节电位器R_{P1}改变MM420变频器3端口模拟输入电压信号的大小，可平滑无级地调节电动机转速的大小。

b.电动机反转。当按下按钮SB2时，变频器数字输入端口6为ON，电动机反转运行。转速由外接电位器R_{P1}控制，模拟电压信号在0～+10V变化，对应变频器的频率在0～50Hz变化，对应电动机的转速在0～1400r/min变化。通过调节电位器R_{P1}改变MM420变频器3端口模拟输入电压信号的大小，可平滑无级地调节电动机转速的大小。

问题与思考

1.步进电动机分为哪几种控制方式？如何改变其转速和方向？

2.伺服控制器主接线图中包括哪几个部分？

3.FR-E700变频器控制面板可以实施哪些操作？如何实现电动机的正反转？

4.MM420变频器控制面板可以实施哪些操作？如何实现电动机的无级调速？

项目四

自动化生产线中的PLC知识

项目学习目标

① 掌握三菱FX系列PLC的输入/输出接线。
② 掌握西门子S7-200PLC的输入/输出接线。

学习单元一　认知三菱FX系列PLC

1.FX系列PLC简介

FX系列PLC是三菱公司的产品。FX系列PLC型号命名的基本格式如下：

FX□-□□□-□

FX□	- □	□	□	- □
↓	↓	↓	↓	↓
系列名	I/O点数	单元类型	输出方式	特殊品种

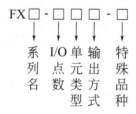

系列名：如0、2、0S、0N、2C、1S、1N、2N、2NC等。

I/O点数：4 ～ 128点。

单元类型：M代表基本单元；E代表输入输出混合扩展单元；EX代表扩展输入模块；EY代表扩展输出模块。

输出方式：R代表继电器输出；S代表晶闸管输出；T代表晶体管输出。

特殊品种：D代表DC电源，DC输出；A代表AC电源，AC（AC100 ～ 120V）输入或AC输出模块；H代表大电流输出扩展模块；V代表立式端子排的扩展模块；C代表接插口输入输出方式；F代表输入滤波时间常数为1ms的扩展模块。如果特殊品种一项无符号，为AC电源、DC输入、横式端子排、标准输出。

FX2N是FX系列中功能最强、运行速度最快的PLC。它采用整体式结构，其硬件由基本单元、扩展单元、扩展模块及特殊功能模块等外部设备组成。基本单元包括CPU、存储器、输入/输出、电源等，其规格型号如表2-23所示。扩展单元用于扩展I/O的点数，内部设有电源。扩展模块用于增加I/O的点数，内部无电源，由基本单元或扩展单元供给。扩展单元和扩展模块内无CPU，必须与基本单元一起使用。FX2N系列PLC扩展单元和扩展模块的规格型号如表2-24和表2-25所示。

表2-23　FX2N系列PLC基本单元的规格型号

型号	输入点数	输出点数	电源类型
FX2N-16MR（S、T）	8	8	AC 100 ～ 240V或DC 24V
FX2N-32MR（S、T）	16	16	
FX2N-48MR（S、T）	24	24	
FX2N-64MR（S、T）	32	32	
FX2N-80MR（S、T）	40	40	
FX2N-128MR（T）	64	64	

表2-24　FX2N系列PLC扩展单元的规格型号

型号	输入点数	输出点数	电源类型
FX2N-32ER（S、T）	16	16	AC 100 ～ 240V或DC 24V
FX2N-48ER（T）	24	24	

表2-25　FX2N系列PLC扩展模块的规格型号

型号	输入点数	输出点数	电源类型
FX2N-16EX	16	—	不需要单独供电
FX2N-16EX-C	16	—	
FX2N-16EXL-C	16	—	
FX2N-16EYR	—	16	
FX2N-16EYS	—	16	

特殊功能模块是一些专门用途的装置，如进行模拟量控制的A/D、D/A转换模块，定位模块，高速计数模块和通信模块等，其规格型号如表2-26所示。

表2-26　FX2N系列PLC特殊功能模块的规格型号

型号	功能说明
FX2N-4AD	4通道12位模拟量输入模块
FX2N-4AD-PT	供PT-100温度传感器用的4通道12位模拟量输入

续表

型号	功能说明
FX2N-4AD-TC	供热电偶温度传感器用的4通道12位模拟量输入
FX2N-4DA	4通道12位模拟量输出模块
FX2N-1HC	2相50Hz的1通道高速计数器
FX2N-1PG	脉冲输出模块
FX2N-232-BD	RS-232C通信用功能扩展板
FX2N-232IF	RS-232C通信用功能模块
FX2N-422-BD	RS-422通信用功能扩展板
FX-485PC-IF-SET	RS-232C/485变换接口
FX2N-485-BD	RS-485C通信用功能扩展板

2.输入输出接口

输入输出接口是PLC与工业控制现场各类信号连接的部分。输入接口用来接受生产过程的各种参数（输入信号）。输出接口用来送出可编程控制器运算后得出的控制信息（输出信号），并通过机外的执行机构完成工业现场的各类控制。

为了适应可编程控制器在工业生产现场的工作，对输入输出接口有两个主要的要求：①良好的抗干扰能力；②能满足工业现场各类信号的匹配要求。

（1）开关量输入/输出接口

① 输入接口　输入接口电路用来接收和采集现场输入信号，PLC输入回路的接线如图2-69所示。输入回路中公共点COM通过输入元件（如按钮、开关、继电器的触点、传感器等）连接到对应的输入点上，再通过输入继电器将输入元件的状态转换成CPU能够识别和处理的信号，并存储到输入映像寄存器中。

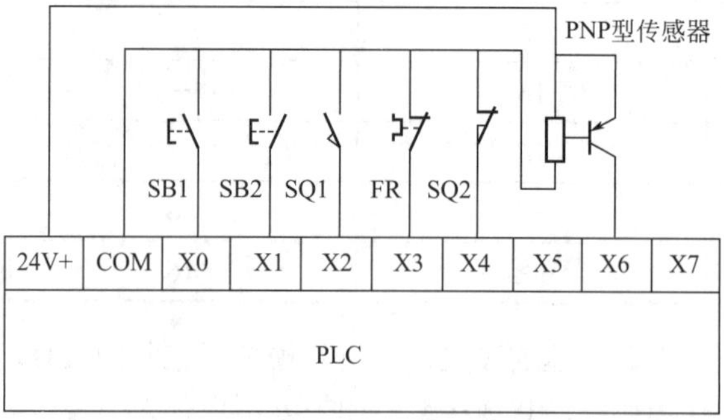

图2-69　PLC输入回路的接线

② 输出接口　输出接口电路就是PLC的负载驱动回路，PLC输出回路的接线如图2-70所示。通过输出接口，将负载和负载电源连接成一个回路，这样负载就由PLC输出接口的ON/OFF进行控制，输出接口为ON时，负载得到驱动。

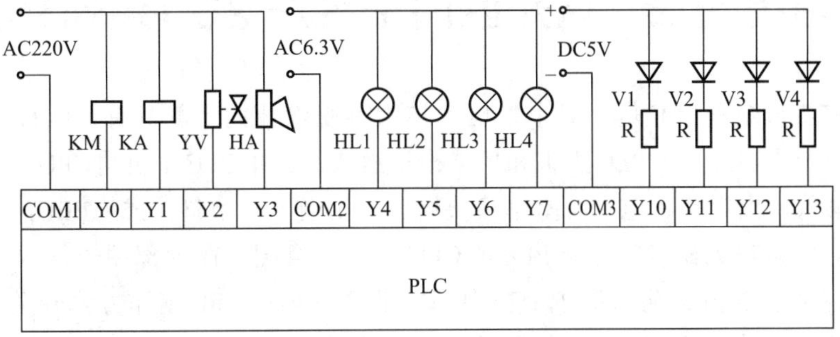

图2-70 PLC输出回路的接线

考虑负载的驱动电源时，还需选择输出器件的类型。继电器型的输出接口，可用于交流及直流两种电源，接通和断开的频率低，带负载能力强；晶体管型的输出接口有较高的接通断开频率，但只适用于直流驱动的场合；可控硅型的输出接口仅用于交流驱动的场合，适用快速、频繁动作和大电流的场合。

（2）模拟量输入/输出接口

① 模拟量输入接口　模拟量输入接口把现场连续变化的模拟量信号转换成适合可编程控制器内部处理的二进制数字信号。模拟量信号输入后一般经运算放大器放大后进行A/D转换，再经光电耦合后为可编程控制器提供一定位数的数字量信号。其模拟量输入单元框图如图2-71所示。

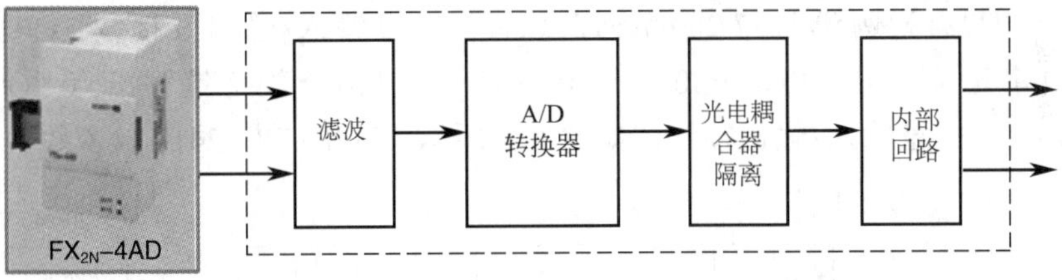

图2-71 模拟量输入单元框图

② 模拟量输出接口　模拟量输出接口将PLC运算处理后的数字信号转换为相应的模拟量信号输出，以满足生产过程现场连续控制信号的需求。模拟量输出接口一般由光电隔离、D/A转换和信号驱动等环节组成。其模拟量输出单元框图如图2-72所示。

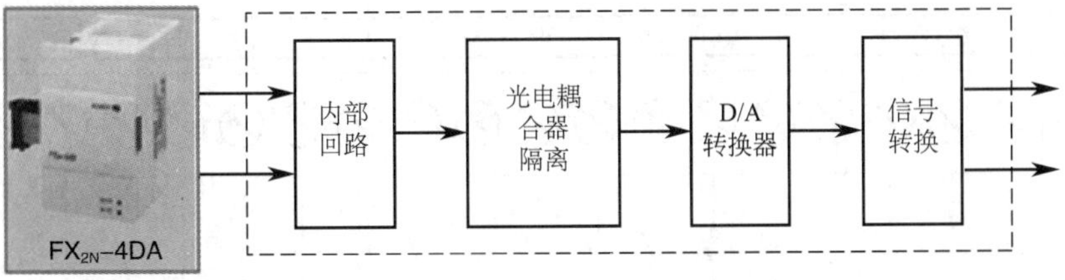

图2-72 模拟量输出单元框图

学习单元二　认知西门子S7-200系列PLC

西门子S7-200系列PLC是针对小型自动控制系统设计的一款具有可编程控制功能的控制器，属于混合式PLC，由PLC主机和扩展模块组成。其中PLC主机由CPU、存储器、通信电路、基本输入输出电路、电源等基本模块组成，相当于一个整体式的PLC，可以单独地完成控制功能。图2-73为S7-200系列PLC的CPU模块示意图。在顶部端子盖内有电源及输出端子；在底部端子盖内有输入端子；在中部右前侧盖内有CPU工作方式开关（RUN/STOP/MERS）、模拟量调节电位器和I/O扩展端口；在模块的左侧有状态指示灯、存储卡和通信接口。

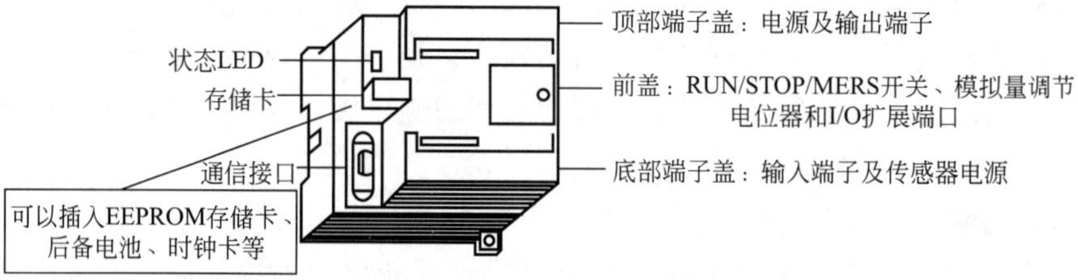

图2-73　S7-200系列PLC的CPU模块示意图

1.开关量输入/输出及接线

下面以CPU224为例说明S7-200系列PLC的开关量输入/输出及接线。CPU224的主机共有14个数字量输入点（I0.0～I0.7、I1.0～I1.5）和10个数字量输出点（Q0.0～Q0.7、Q1.0～I1.1）。开关量输入/输出接线图如图2-74所示。其中CPU224的14个数字量输入点分

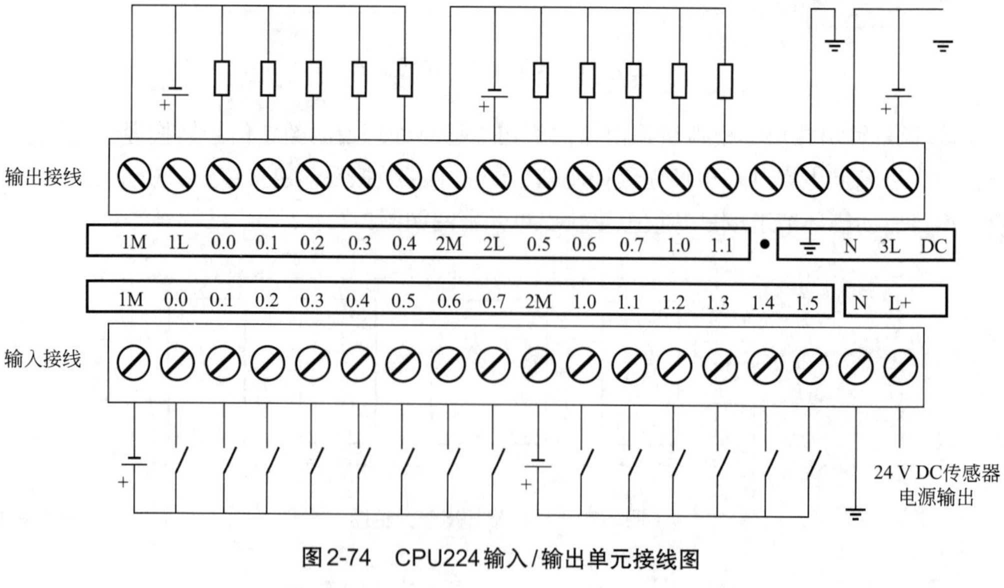

图2-74　CPU224输入/输出单元接线图

为两组，每个外部输入的开关信号由各输入端子接入，经一个直流电源至公共端（1M或2M）。M、L+两个端子提供DC24V/280mA直流电源。CPU224的输出电路有继电器输出和晶体管输出两种类型。当PLC由220V交流电源供电时，输出点为继电器输出，此时既可以选用直流又可以选用交流为负载供电，型号为CPU224 AC/DC/RLY。继电器输出的数字量输出分为3组，Q0.0～Q0.3公用2L，Q0.4～Q0.6公用1L，Q0.7～Q1.1公用3L。当PLC由24V直流电源供电时，输出点为晶体管输出，采用功率器件（MOSFET）驱动负载，只能用直流为负载供电，类型为CPU224 DC/DC/DC。各组之间可接入不同电压等级、不同电压性质的负载电源。输出端子排右端的N、L1端子是供电电源AC120/240V输入端。

2. 模拟量输入/输出及接线

要实现模拟量的数据采集，或者通过输出模拟量实现位置等控制，必须要有A/D和D/A模块。A/D模块把模拟量如电压、电流转换成数字量，而D/A则正好相反，把数字量转换成模拟量，如电压、电流信号。在分拣单元的CPU224XP上，有两路A/D，一路D/A。接口电路如图2-75所示，A+、B+为模拟量输入单端，M为公共端；输入电压范围为±10V；分辨率为11位，加1个符号位；数据字格式对应的满量程范围为-32000～+32000，对应的模拟量输入映像寄存器为AIW0、AIW2。在图2-75中，有一路单极性模拟量输出，可以选择是电流输出或电压输出，I为电流负载输出端，V是电压负载输出端；输出电流的范围为0～20mA，输出电压的范围为0～10V，分辨率为12位，数据格式对应的量程范围为0～32767，对应的模拟量输出映像分别为AQW0。

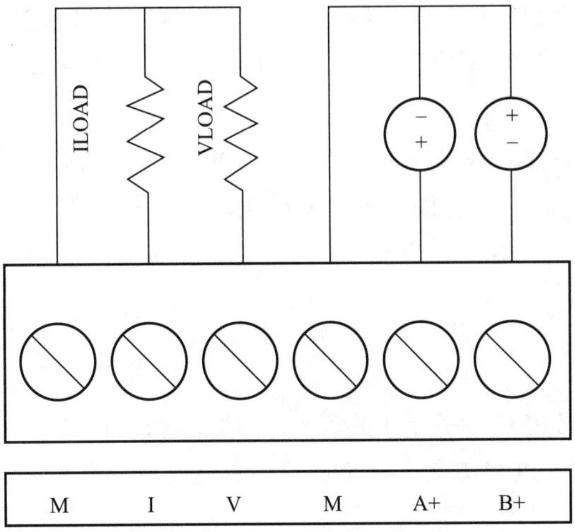

图2-75 CPU224XP模拟量通道接线图

3. 通信接口

S7-200系列PLC整合了一个或两个RS-485通信接口，既可以作为编程接口，也可以作为操作终端接口，如连接一些人机接口设备。支持自由通信协议及PPI（点对点主站模式）通信协议。

4. 电源

S7-200系列PLC有一个内部电源，为本机单元、扩展模块提供5V DC和24V DC电源，如图2-76所示。

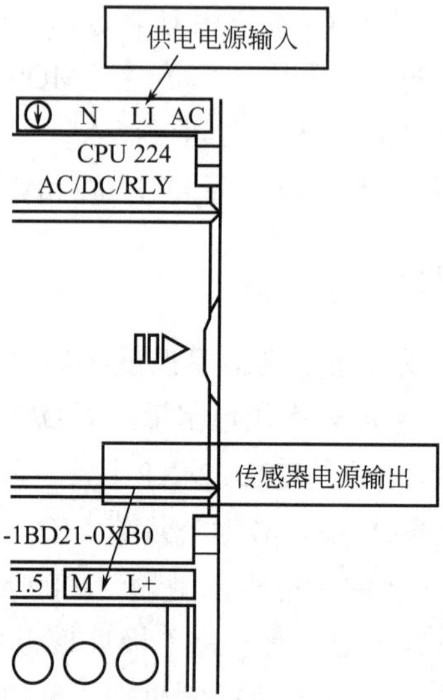

图2-76　PLC电源图

在接线时需注意：

① CPU模块都有一个24V DC传感器电源，为本机输入点和扩展模块继电器线圈提供24V DC。如果电源要求超出了CPU模块24V DC电源的定额，可以增加一个外部24V DC电源供给扩展模块。

② 当有扩展模块连接时，CPU模块也提供5V DC电源。如果扩展模块的5V DC电源需求超出了CPU模块的电源定额，就必须卸下扩展模块，直到需求在电源预定值范围之内。

问题与思考

1. 请画出三菱FX系列PLC与磁性开关和光电编码器的接线图。
2. 请画出西门子S7-200PLC与交流异步电动机和指示灯的接线图。

项目五

自动化生产线中的通信技术知识

项目学习目标

① 掌握FX系列PLC N ： N通信协议，能进行N ： N通信网络的安装、编程与调试。

② 掌握PLC的PPI通信协议，能进行PPI通信网络的安装、编程与调试。

YL-335B系统的控制方式采用每一工作单元由一台PLC承担其控制任务，各PLC之间通过RS-485串行通信实现互连的分布式控制方式。组建成网络后，系统中每一个工作单元也称为工作站。

PLC网络的具体通信模式取决于所选厂家的PLC类型。YL-335B的标准配置为：若PLC选用FX系列，通信方式则采用N ： N网络通信；若PLC选用西门子S7-200系列，通信方式则采用PPI网络通信。

学习单元一　认知三菱FX系列PLC N ： N通信

1. 三菱FX系列PLC N ： N通信网络的特性

FX系列PLC支持以下5种类型的通信。

① N ： N网络：用FX2N、FX2NC、FX1N、FX0N等PLC进行的数据传输可建立在N ： N的基础上。使用这种网络能链接小规模系统中的数据。它适合于数量不超过8个的PLC（FX2N、FX2NC、FX1N、FX0N）之间的互连。

② 并行链接：这种网络采用100个辅助继电器和10个数据寄存器在1 ： 1的基础上来完成数据传输。

③ 计算机链接（用专用协议进行数据传输）：用RS-485（422）单元进行的数据传输在

1：*n*（16）的基础上完成。

④ 无协议通信（用RS指令进行数据传输）：用各种RS-232单元，包括个人计算机、条形码阅读器和打印机来进行数据通信，可通过无协议通信完成，这种通信使用RS指令或者一个FX2N-232IF特殊功能模块。

⑤ 可选编程端口：对于FX2N、FX2NC、FX1N、FX1S系列的PLC，当该端口连接在FX1N-232BD、FX0N-232ADP、FX1N-232BD、FX2N-422BD上时，可以与外围设备（编程工具、数据访问单元、电气操作终端等）互连。

N：N网络建立在RS-485传输标准上，网络中必须有一台PLC为主站，其他PLC为从站，网络中站点的总数不超过8个。图2-77所示是YL-335B的N：N网络配置。

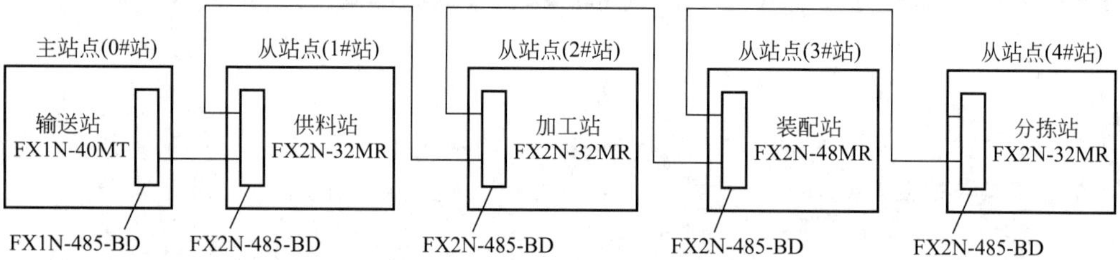

图2-77 YL-335B系统中N：N通信网络的配置

系统中使用的RS-485通信接口板为FX2N-485-BD和FX1N-485-BD，最大延伸距离为50m，网络的站点数为5个。

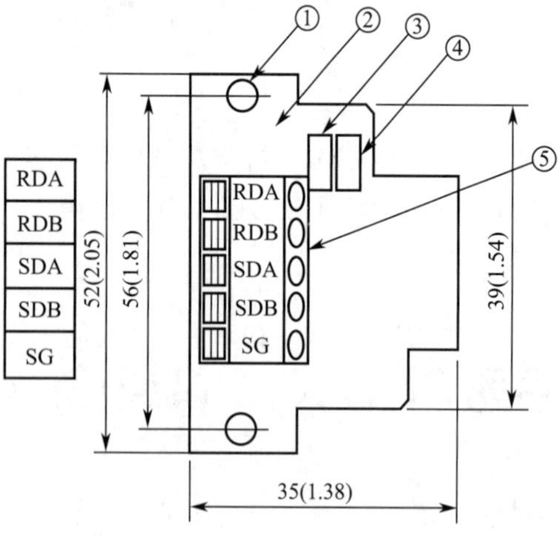

图2-78 485-BD板显示/端子排列

① 安装孔。
② 可编程控制器连接器。
③ SD LED：发送时高速闪烁。
④ RD LED：接收时高速闪烁。
⑤ 连接RS485单元的端子。
端子模块的上表面高于可编程控制器面板盖子的上表面，高出大约7mm
尺寸单位：mm（in）

N：N网络的通信协议是固定的，通信方式采用半双工通信，波特率固定为38400bit/s；数据长度、奇偶检验、停止位、标题字符、终结字符以及和检验等也均是固定的。

N：N网络是采用广播方式进行通信的，网络中每一站点都指定一个用特殊辅助继电器和特殊数据寄存器组成的链接存储区，各个站点链接存储区地址编号都是相同的。各站点向自己站点链接存储区中规定的数据发送区写入数据。网络上任何1台PLC中的发送区的状态会反映到网络中的其他PLC，因此，数据可供通过PLC链接而连接起来的所有PLC共享，且所有单元的数据都能同时完成更新。

2. 安装和连接N：N通信网络

网络安装前，应断开电源。各站PLC应插上485-BD通信板。它的LED显示/端子排列如图2-78所示。

YL-335系统的N：N链接网络，各站点间用屏蔽双绞线相连，如图2-79所示，接线时须注意终端站要接上110 Ω的终端电阻（485-BD板附件）。

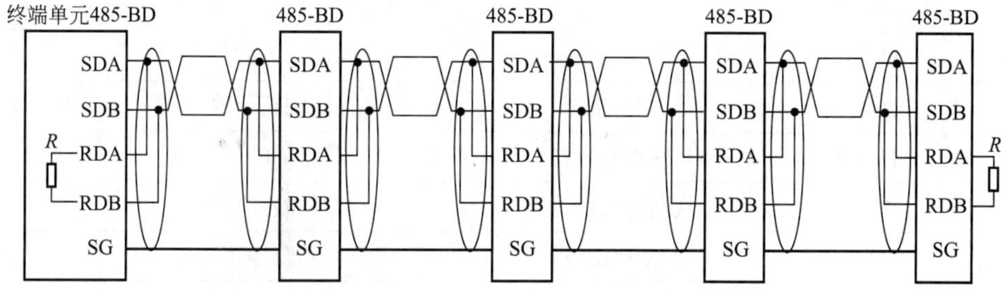

图2-79 YL-335 PLC链接网络连接

进行网络连接时应注意：

① 图2-79中，*R*为终端电阻。在端子RDA和RDB之间连接终端电阻（110Ω）。

② 将端子SG连接到可编程控制器主体的每个端子，而主体用100Ω或更小的电阻接地。

③ 屏蔽双绞线的线径应在0.4～1.29mm之间，否则由于端子可能接触不良，不能确保正常的通信。连线时宜用压接工具把电缆插入端子，如果连接不稳定，则通信会出现错误。

如果网络上各站点PLC已完成网络参数的设置，则在完成网络连接后，再接通各PLC工作电源，可以看到，各站通信板上的SD LED和RD LED指示灯均出现点亮/熄灭交替闪烁的状态，说明N：N网络已经组建成功。

如果RD LED指示灯处于点亮/熄灭的闪烁状态，而SD LED没有（根本不亮），这时须检查站点编号的设置、传输速率（波特率）和从站的总数目。

3. 组建N：N通信网络

（1）网络组建的基本概念和过程

FX系列PLC N：N通信网络的组建主要是对各站点PLC用编程方式设置网络参数实现的。

FX系列PLC规定了与N：N网络相关的标志位（特殊辅助继电器）和存储网络参数与网络状态的特殊数据寄存器。当PLC为FX1N或FX2N（C）时，N：N网络的相关标志（特殊辅助继电器）如表2-27所示，相关特殊数据寄存器如表2-28所示。

表2-27 特殊辅助继电器

特性	辅助继电器	名称	描述	响应类型
R	M8038	N：N网络参数设置	用来设置N：N网络参数	M，L
R	M8183	主站点的通信错误	当主站点产生通信错误时ON	L
R	M8184～M8190	从站点的通信错误	当从站点产生通信错误时ON	M，L
R	M8191	数据通信	当与其他站点通信时ON	M，L

注：R表示只读；W表示只写；M表示主站点；L表示从站点（下同）。

表2-28 特殊数据寄存器

特性	数据寄存器	名称	描述	响应类型
R	D8173	站点号	存储其自己的站点号	M，L
R	D8174	从站点总数	存储从站点的总数	M，L
R	D8175	刷新范围	存储刷新范围	M，L
W	D8176	站点号设置	设置其自己的站点号	M，L
W	D8177	从站点总数设置	设置从站点总数	M
W	D8178	刷新范围设置	设置刷新范围模式号	M
W/R	D8179	重试次数设置	设置重试次数	M
W/R	D8180	通信超时设置	设置通信超时	M
R	D8201	当前网络扫描时间	存储当前网络扫描时间	M，L
R	D8202	最大网络扫描时间	存储最大网络扫描时间	M，L
R	D8203	主站点通信错误数目	存储主站点通信错误数目	L
R	D8204 ~ D8210	从站点通信错误数目	存储从站点通信错误数目	M，L
R	D8211	主站点通信错误代码	存储主站点通信错误代码	L
R	D8201 ~ D8218	从站点通信错误代码	存储从站点通信错误代码	M，L

在表2-27中，特殊辅助继电器M8038（N ：N网络参数设置继电器，只读）用来设置N ：N网络参数。

对于主站点，用编程方法设置网络参数，就是在程序开始的第0步（LD M8038），向特殊数据寄存器D8176 ~ D8180写入相应的参数，仅此而已。对于从站点，则更为简单，只须在第0步（LD M8038）向D8176写入站点号即可。

例如，图2-80给出了设置输送站（主站）网络参数的程序。

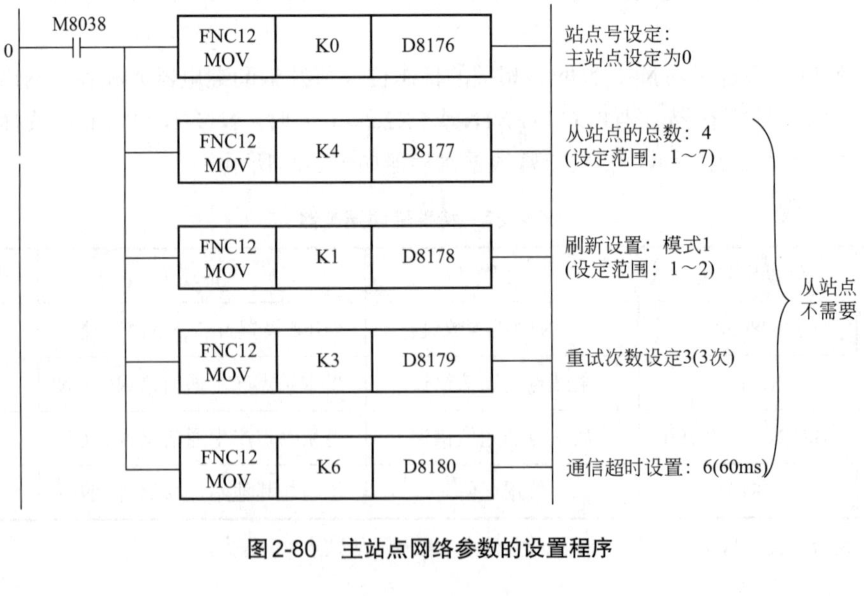

图2-80 主站点网络参数的设置程序

上述程序说明如下：

① 编程时注意，必须确保把以上程序作为N：N网络参数设定程序从第0步开始写入，在不属于上述程序的任何指令或设备执行时结束。这程序段不需要执行，只须把其编入此位置时，它自动变为有效。

② 特殊数据寄存器D8178用做设置刷新范围，刷新范围指各站点的链接存储区。对于从站点，此设定不需要。根据网络中信息交换的数据量的不同，可选择表2-29（模式0）、表2-30（模式1）和表2-31（模式2）3种刷新模式。在每种模式下使用的元件被N：N网络所有站点所占用。

表2-29　模式0　站号与字元件对应表

站点号	元件	
	位软元件（M）	字软元件（D）
	0点	4点
第0号		D0～D3
第1号		D10～D13
第2号		D20～D23
第3号		D30～D33
第4号		D40～D43
第5号		D50～D53
第6号		D60～D63
第7号		D70～D73

表2-30　模式1　站号与位、字元件对应表

站点号	元件	
	位软元件（M）	字软元件（D）
	32点	4点
第0号	M1000～M1031	D0～D3
第1号	M1064～M1095	D10～D13
第2号	M1128～M1159	D20～D23
第3号	M1192～M1223	D30～D33
第4号	M1256～M1287	D40～D43
第5号	M1320～M1351	D50～D53
第6号	M1384～M1415	D60～D63
第7号	M1448～M1479	D70～D73

表2-31 模式2 站号与位、字元件对应表

站点号	元件	
	位软元件（M）	字软元件（D）
	64点	4点
第0号	M1000 ～ M1063	D0 ～ D3
第1号	M1064 ～ M1127	D10 ～ D13
第2号	M1128 ～ M1191	D20 ～ D23
第3号	M1192 ～ M1255	D30 ～ D33
第4号	M1256 ～ M1319	D40 ～ D43
第5号	M1320 ～ M1383	D50 ～ D53
第6号	M1384 ～ M1447	D60 ～ D63
第7号	M1448 ～ M1511	D70 ～ D73

在图2-80的程序里，刷新范围设定为模式1。这时每一站点占用32×8个位软元件，4×8个字软元件作为链接存储区。在运行中，对于第0号站（主站），希望发送到网络的开关量数据应写入位软元件M1000 ～ M1063中，而希望发送到网络的数字量数据应写入字软元件D0 ～ D3中，对其他各站点依此类推。

③ 特殊数据寄存器D8179设定重试次数，设定范围为0 ～ 10（默认值为3），对于从站点，此设定不需要。如果一个主站点试图以此重试次数（或更高）与从站通信后仍无反应，则判断此站点发生通信错误。

④ 特殊数据寄存器D8180设定通信超时值，设定范围为5 ～ 255（默认值为5），此值乘以10ms就是通信超时的持续驻留时间。

⑤ 对于从站点，网络参数设置只需设定站点号即可，如供料站（1号站）的设置，如图2-81所示。

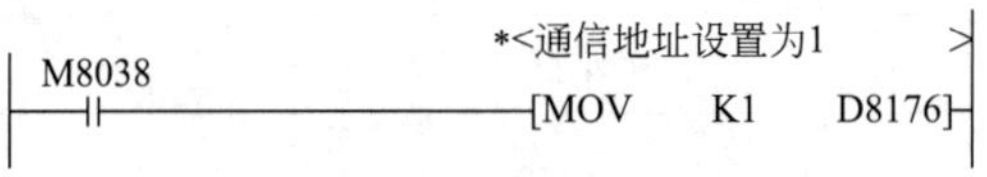

图2-81 从站点网络参数设置程序示例

如果按上述对主站和各从站编程，完成网络连接后，再接通各PLC工作电源，即使在STOP状态下，通信也将进行。

（2）N ：N网络调试与运行练习

① 任务要求 供料站、加工站、装配站、分拣站、输送站的PLC（共5台）用Fx2N-485-BD通信板连接，以输送站作为主站，站号为0，供料站、加工站、装配站、分拣站作为从站，站号分别为：供料站1号、加工站2号、装配站3号、分拣站4号，功能如下。

a.0号站的X1 ～ X4分别对应1号站～ 4号站的Y0（注：即当网络工作正常时，按下0号站X1，则1号站的Y0输出，依此类推）。

b.1号站～ 4号站的D200的值为50时，对应0号站的Y1、Y2、Y3、Y4输出。

c.从1号站读取4号站的D220的值，保存到1号站的D220中。

② 连接网络和编写、调试程序　连接好通信口，编写主站程序和从站程序，在编程软件中进行监控，改变相关输入点和数据寄存器的状态，观察不同站的相关量的变化，看现象是否符合任务要求。如果符合，说明完成任务，如果不符合，则要检查硬件和软件是否正确，修改后重新调试，直到满足要求为止。

图2-82和图2-83分别给出了供料站和输送站的参考程序。程序中使用了站点通信错误标志位（特殊辅助继电器M8183～M8187，见表2-27）。例如，当某从站发生通信故障时，不允许主站从该从站的网络元件读取数据。使用站点通信错误标志位编程，对于确保通信数据的可靠性是有益的，但应注意，站点不能识别自身的错误，为每一站点编写错误程序是不必要的。其余各工作站的程序，请读者自行编写。

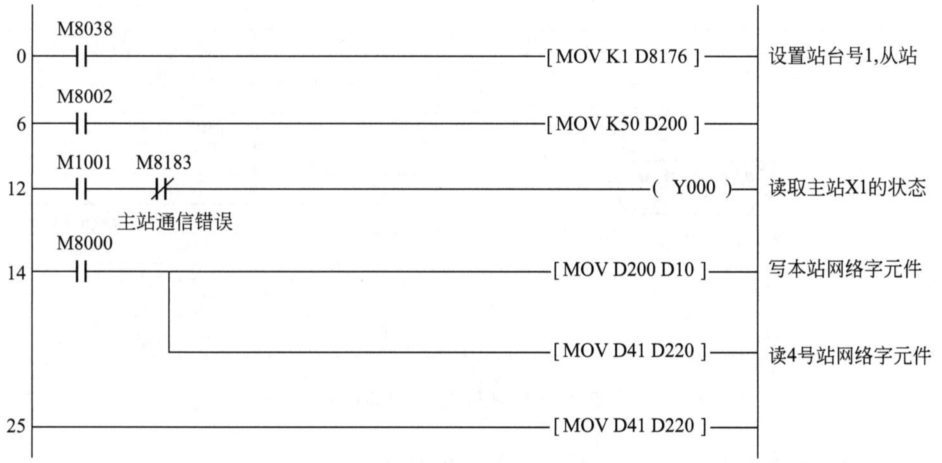

图2-82　供料站网络读/写例程

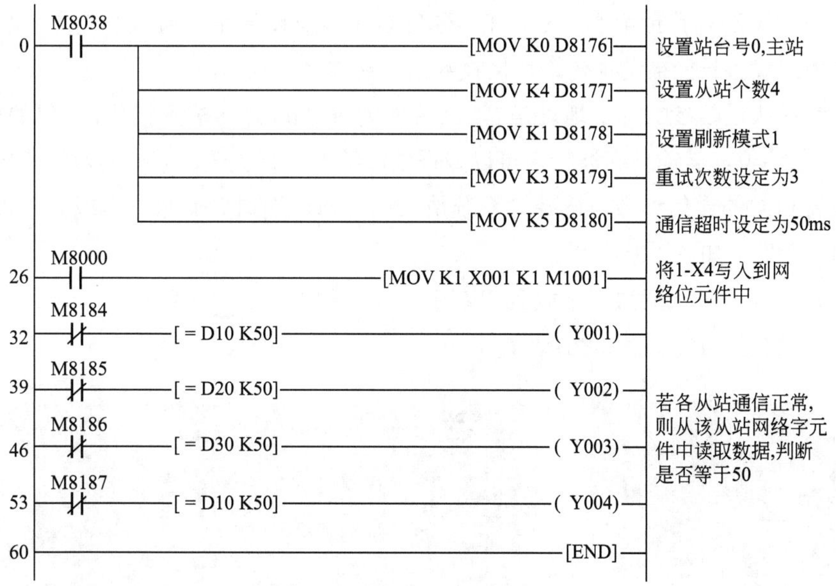

图2-83　输送站网络读/写例程

学习单元二 认知PPI通信

1.PPI通信协议介绍

PPI（point to point）是点对点的串行通信，串行通信是指每次只传送1位二进制数。因而其传输的速度较慢，但是其接线少，可以长距离传输数据。

S7-200的接口定义如图2-84所示，S7-200在通信时连接RS-485信号B和RS-485信号A，多个PLC可以组成网络。

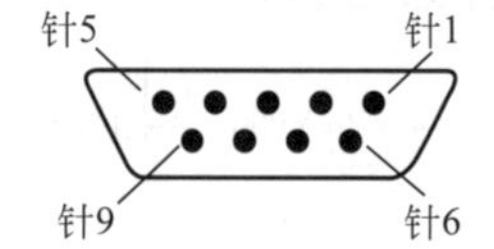

针	端口0/1
1	逻辑地
2	逻辑地
3	RS-485信号B
4	RTS(TTL)
5	逻辑地
6	+5V, 100Ω串联电阻
7	+24V
8	RS-485信号A
9	10-位，协议选择(输入)
连接器外壳	机壳接地

图2-84 S7-200通信接口定义

S7-200的通信接口为RS-485，通信协议可以使用PLC自带标准的PPI协议或Modbus协议。也可以通过S7-200的通信指令使用自定义的通信协议进行数据通信。

在使用PPI协议进行通信时，只能有一台PLC或其他设备作为通信发起方，被称之为主站，其他的PLC设备只能被动地传输或接收数据，被称之为从站。

S7-200的默认通信参数为：地址是2，波特率为9600bit/s，8位数据位，1位偶校验，1位停止位，1位起始位。其地址和波特率可以根据实际情况进行更改，其他的数据格式是不能更改的。要设置PLC的通信参数，选择“系统块”的“通信端口”命令，出现如下提示窗口后设置地址和波特率，如图2-85所示。

参数设置完成后必须把数据下载到PLC中，在下载时选中“系统块”选项，否则设置的参数在PLC中没有生效，如图2-86所示。

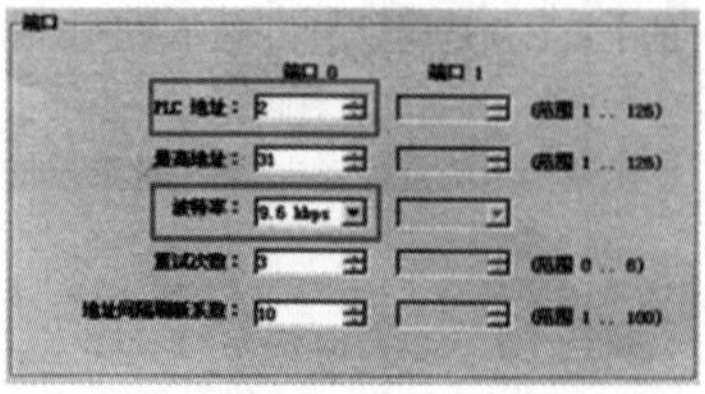

图2-85 PLC地址和波特率设置

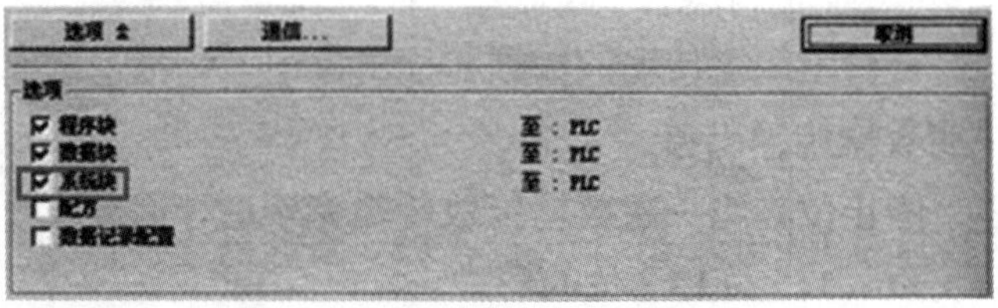

图2-86 通信数据下载

2.PPI通信应用

S7-200型PLC组网通信时，从机不需要编写程序，读写数据的程序是放在主机上的，从机收到主机的读写请求后会自动响应回送数据。S7-200主机使用NETR和NETW指令来读写从机的数据。一段完整的程序包含以下三个步骤。

（1）通信口初始化

强制通信口工作在PPI主站下，设定通信速率、数据位长度和校验。

（2）装载从站信息

指定对方的：地址，数据区，读写的数据长度。

（3）读数/写数

网络读指令（NETR）如图2-87所示，网络写指令（NETW）如图2-88所示。

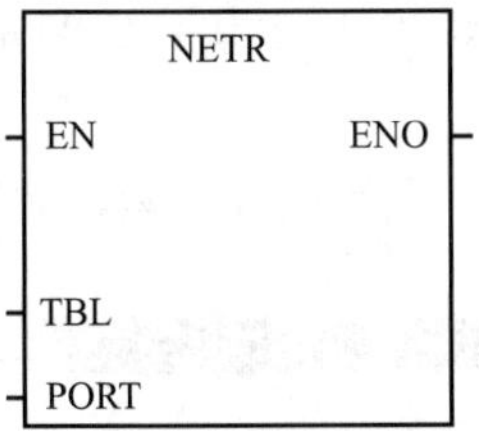

图2-87　网络读指令（NETR）

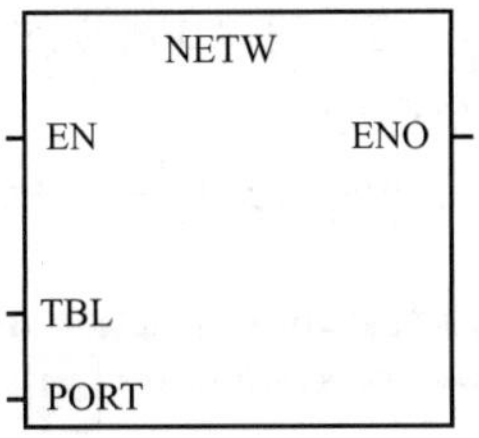

图2-88　网络写指令（NETW）

读写指令区是一个长度为8～23字节的区域，具体内容如图2-89所示。

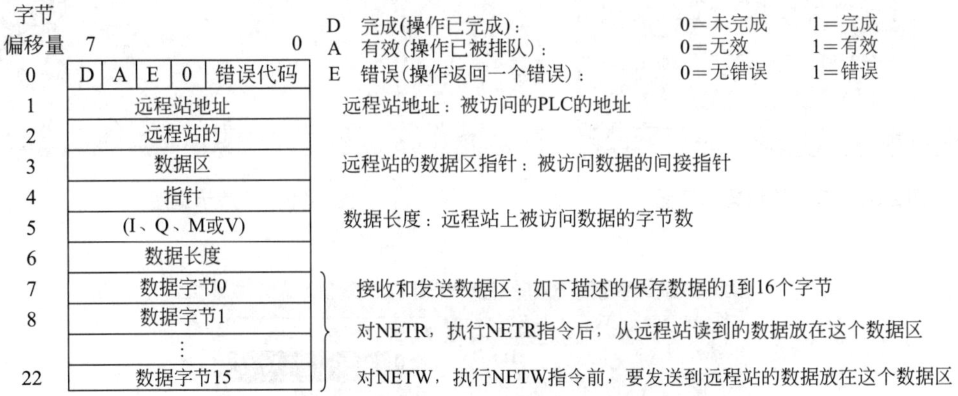

图2-89　读写指令区具体内容

3.应用实例

系统将完成用甲机的I0.0～I0.7控制乙机的Q0.0～Q0.7，用乙机的I0.0～I0.7控制甲机的Q0.0～Q0.7。甲机为主站，站地址为2；乙机为从站，站地址为3，编程用的计算机站地址为0。

端口设置：

打开编程软件，选中“系统块”，打开“通讯端口”（见图2-90）。

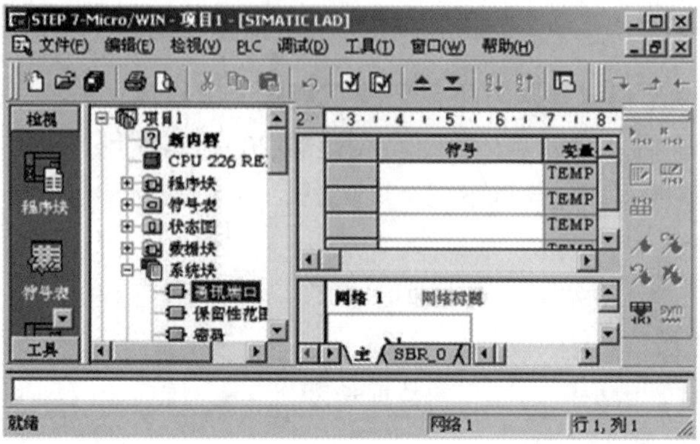

图2-90 操作界面

如图2-91所示，设置端口0站号为3，选择9.6kbit/s，然后下载到CPU中（见图2-92），同样的方法设置另一个CPU。

利用网络连接器和网络线把甲机和乙机端口0连接，利用软件搜索，如图2-93所示。

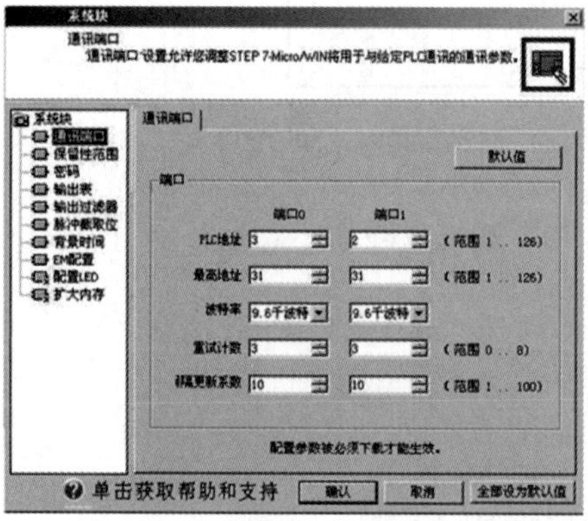

图2-91 系统块设置示意图

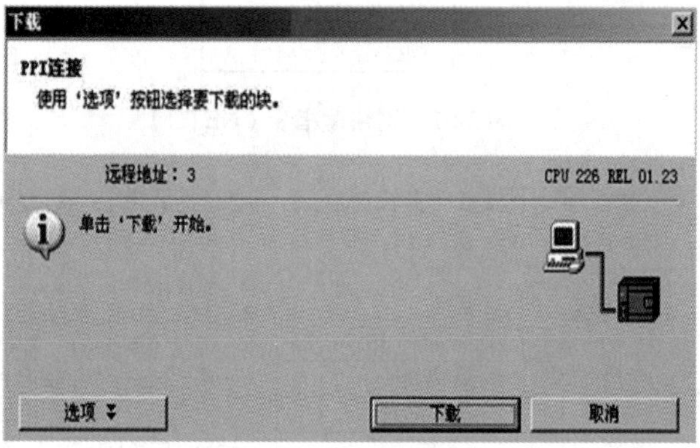

图2-92 下载示意图

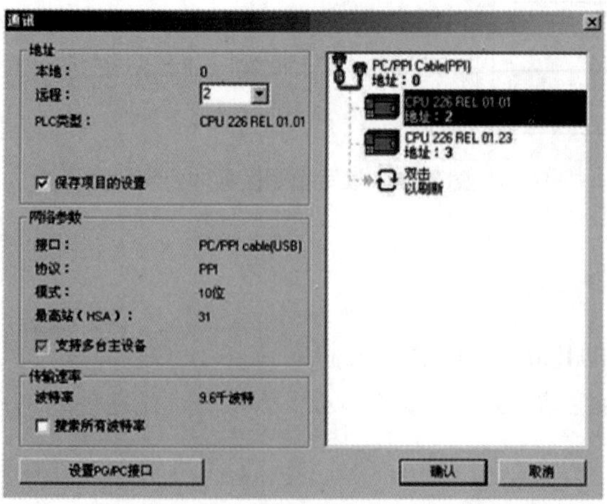

图2-93 网络连接示意图

梯形图程序如图2-94所示。

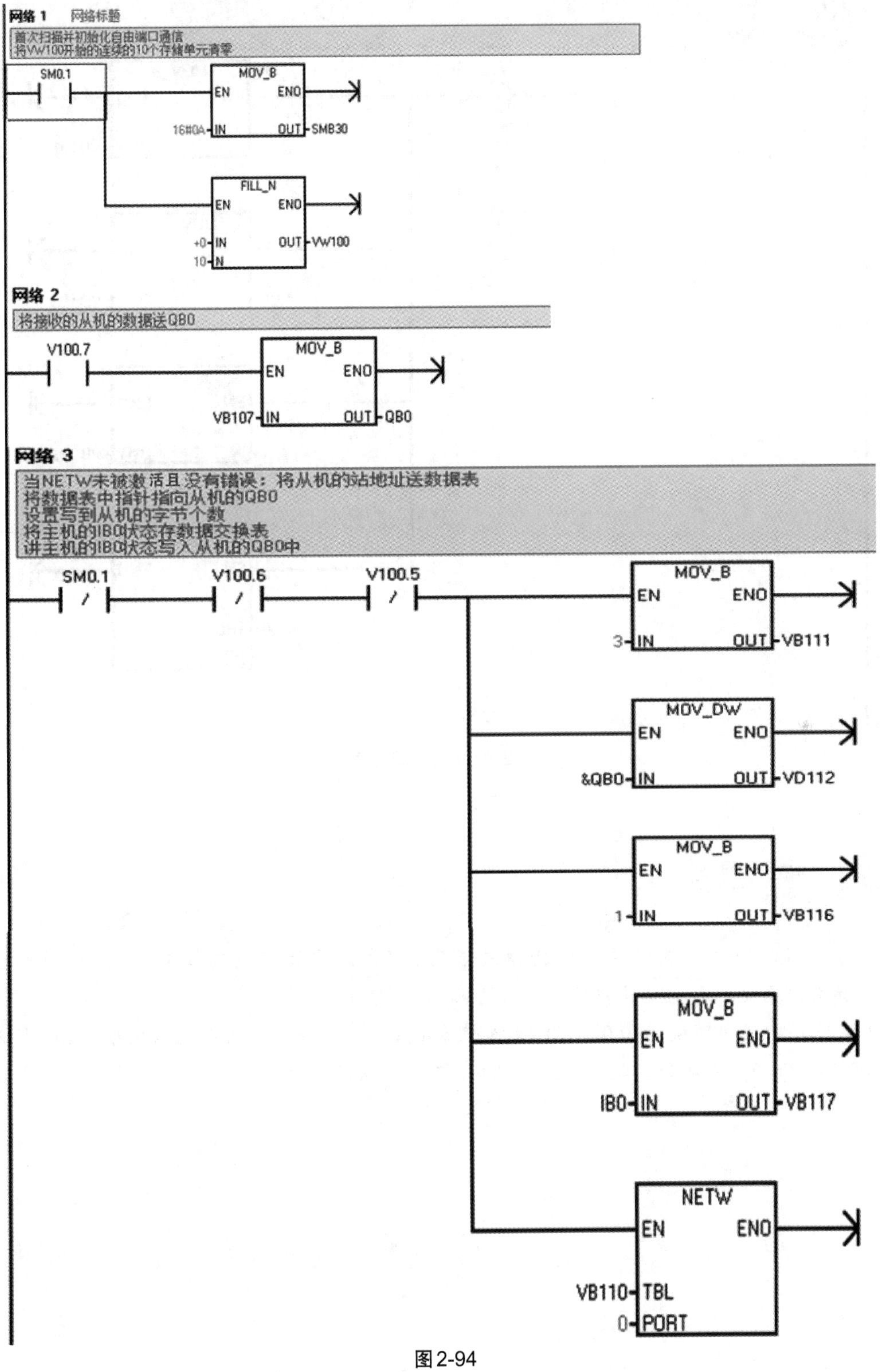

图2-94

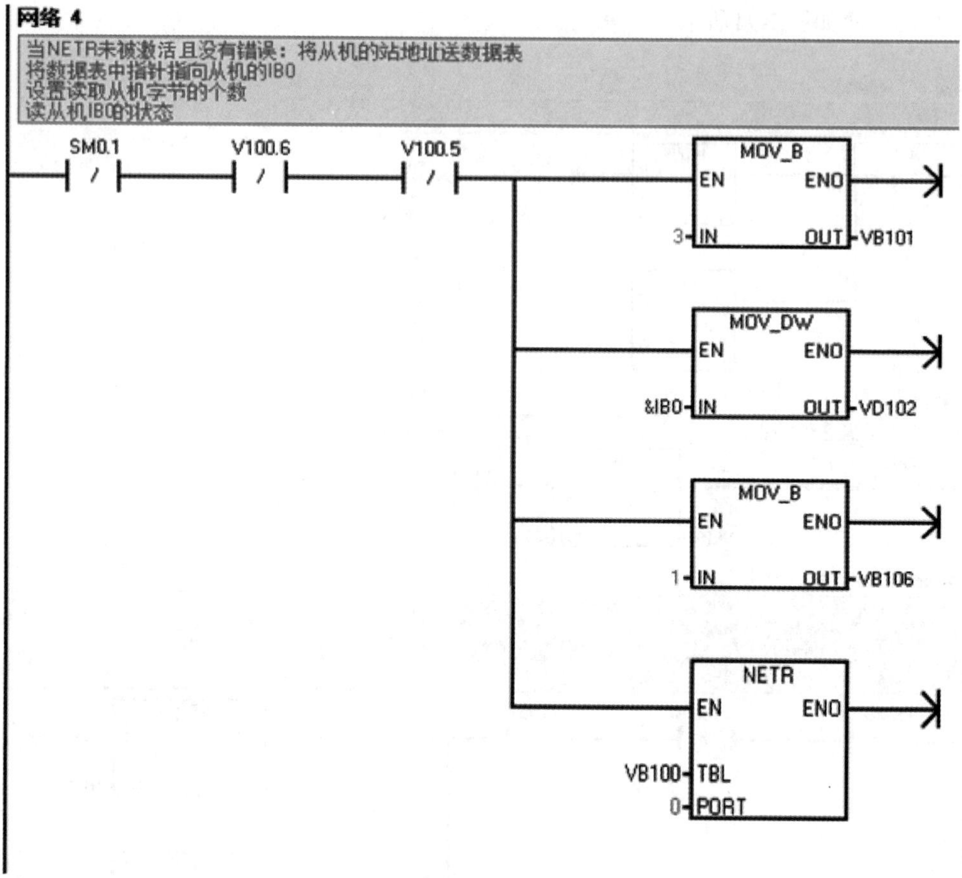

图2-94　梯形图程序

问题与思考

1. 两台PLC做N：N通信，刷新模式采用1模式，重试次数选择3次，通信时间设置50ms，请分别写主站和从站的程序。

2. 系统将完成用甲机的I0.0～I0.7控制乙机的Q0.0～Q0.7，用乙机的I0.0～I0.7控制甲机的Q0.0～Q0.7。甲机为主站，站地址为2；乙机为从站，站地址为3，编程用的计算机站地址为0。

项目六

自动化生产线中的人机界面及其组态技术知识

项目学习目标

① 掌握人机界面的概念及特点，人机界面的组态方法，能编制人机交互的组态程序，并进行安装、调试。

② 会编制用人机界面控制自动化生产线各个单元运行的程序，并解决调试与运行过程中出现的问题。

PLC具有很强的功能，能够完成各种控制任务。但是同时也注意到这样一个问题：PLC无法显示数据，没有漂亮的界面。不能像计算机控制系统一样，能够以图形方式显示数据，操作设备也很简单方便。

借助智能终端设备，即人机界面（human-machine interface，HMI），通过人机界面设备提供的组态软件，能够很方便地设计出用户所要求的界面，也可以直接在人机界面设备上操作设备。

人机界面设备提供了人机交换的方式，就像一面窗口，是操作人员与PLC之间进行对话的接口设备。人机界面设备以图形形式，显示所连接PLC的状态、当前过程数据以及故障信息。用户可使用HMI设备方便地操作和观测正在监控的设备或系统。工业触摸屏已经成为现代工业控制系统中不可缺少的人机界面设备之一。图2-95所示为一些工业触摸屏。

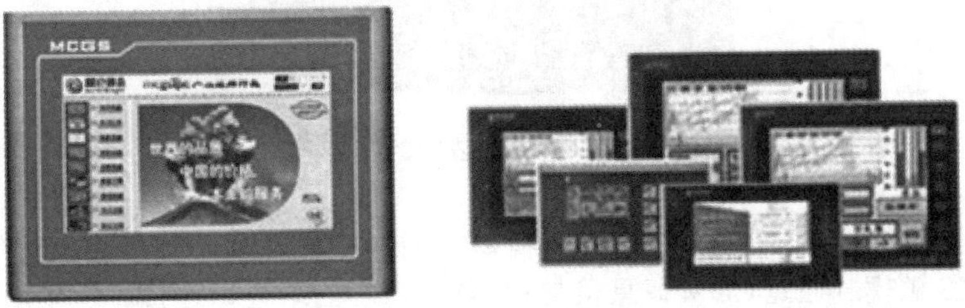

图2-95　触摸屏

YL-335B采用了昆仑通态研发的人机界面TPC7062K，在YL-335B自动生产线中，通过触摸屏这扇窗口，我们可以观察、掌握和控制自动化生产线以及PLC的工作状况，如图2-96所示。

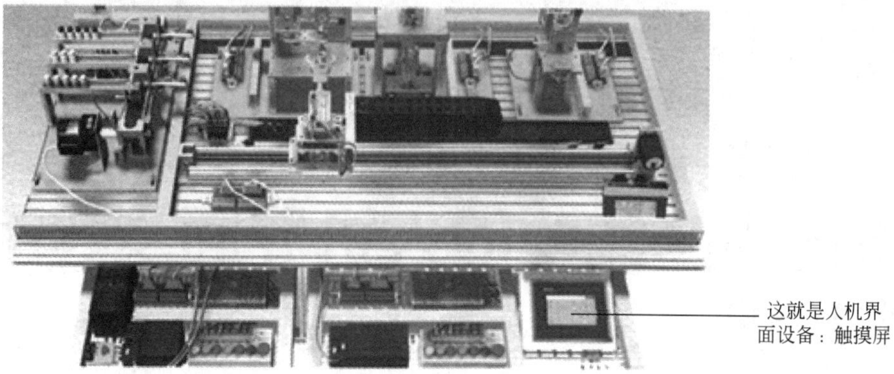

图2-96 YL-335B自动生产线

学习单元一 认知TPC7062KS人机界面

TFPC7062KS是一款在实时多任务嵌入式操作系统Windows CE环境中运行、采用MCGS嵌入式组态软件的产品。该产品设计采用了7英寸高亮度TFT液晶显示屏（分辨率为800×480），四线电阻式触摸屏（分辨率4096×4096），色彩达64K（行业用语，指64×2^{10}种颜色）彩色。

TPC7062KS人机界面的电源进线、各种通信接口均在其背面进行，如图2-97所示。其中，USB1接口用来连接鼠标和U盘等，USB2接口用作工程项目下载，COM（RS232）端口用来连接PLC。

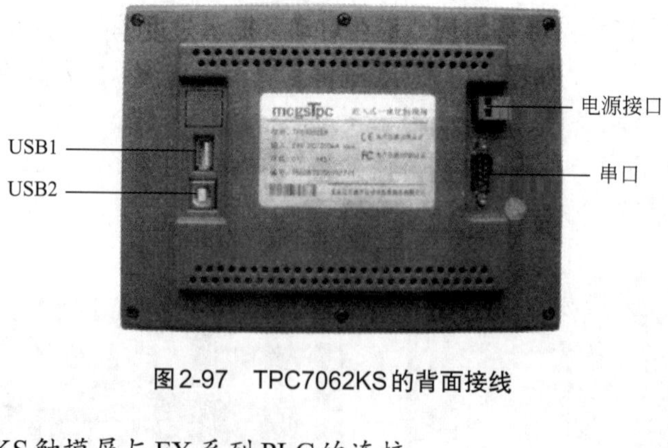

图2-97 TPC7062KS的背面接线

（1）TPC7062KS触摸屏与FX系列PLC的连接

TPC7062KS触摸屏通过COM口直接与FX系列PLC的编程口连接，所使用的通信线带有RS232/RS422转换器。为了实现正常通信，除了正确进行硬件连接，还须对触摸屏的串行口0

属性进行设置，这将在设备窗口组态中实现，设置方法将在后面的工作任务中详细说明。

（2）TPC7062KS触摸屏与个人计算机的连接

在YL-335B上，TPC7062KS触摸屏是通过USB2口与个人计算机连接的，连接以前，个人计算机应先安装MCGS组态软件。

当需要在MCGS组态软件上把资料下载到HMI时，在快捷菜单中选择“下载配置”命令，然后在“下载配置”对话框里单击“连机运行”按钮，单击“工程下载”按钮即可进行下载，如图2-98所示。如果工程项目要在计算机中模拟测试，则单击“模拟运行”按钮，然后下载工程。

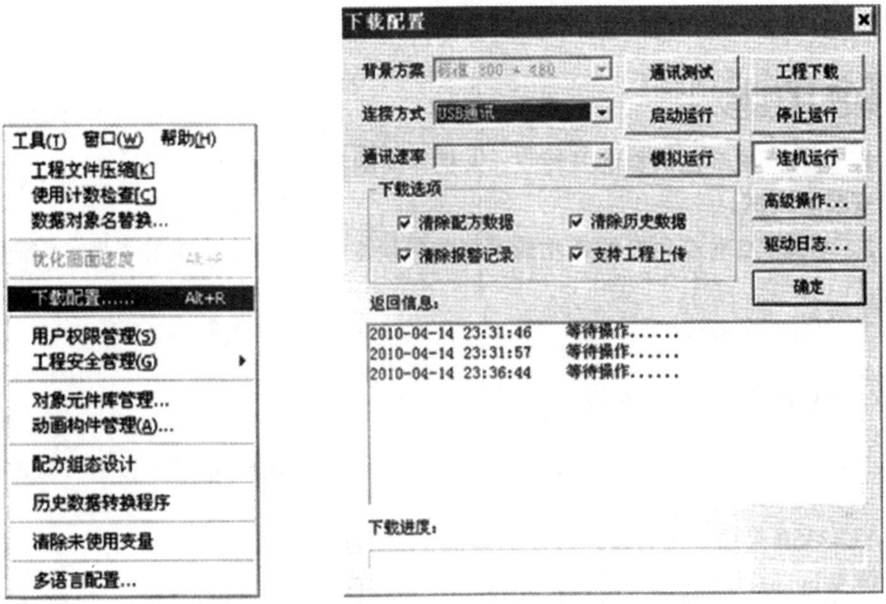

(a) 选择“下载配置”命令　　(b) “下载配置”对话框

图2-98　工程下载方法

（3）TPC7062KS触摸屏的启动

使用24V直流电源给TPC供电，开机启动后屏幕出现“正在启动”提示进度条，此时不需要任何操作，系统将自动进入工程运行界面，如图2-99所示。

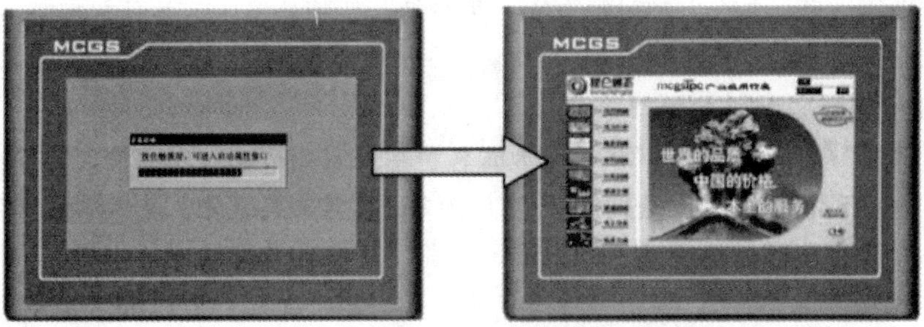

图2-99　TPC7062KS启动及运行界面

学习单元二　认知MCGS组态软件

1.MCGS组态软件的主要功能

① 简单灵活的可视化操作界面：采用全中文、可视化的开发界面，符合中国人的使用习惯和要求。

② 实时性强、有良好的并行处理性能：是真正的32位系统，以线程为单位对任务进行分时并行处理。

③ 丰富、生动的多媒体画面：以图像、图符、报表、曲线等多种形式为操作员及时提供相关信息。

④ 完善的安全机制：提供了良好的安全机制，可以为多个不同级别用户设定不同的操作权限。

⑤ 强大的网络功能：具有强大的网络通信功能。

⑥ 多样化的报警功能：提供多种不同的报警方式，具有丰富的报警类型，方便用户进行报警设置。

⑦ 支持多种硬件设备。

2.MCGS组态软件的组成

MCGS组态软件由主控窗口、设备窗口、用户窗口、实时数据库和运行策略5个部分构成。

（1）主控窗口

MCGS组态软件的主控窗口是组态工程的主窗口，是所有设备窗口和用户窗口的父窗口，它相当于一个大的容器，它可以放置一个设备窗口和多个用户窗口，负责这些窗口的管理和调度，并调度用户策略的运行。同时，主控窗口又是组态工程结构的主框架，可在主控窗口内设置系统运行流程及特征参数，从而方便用户的操作。

（2）设备窗口

设备窗口是MCGS嵌入版系统与作为测控对象的外部设备建立联系的后台作业环境，负责驱动外部设备，控制外部设备的工作状态。系统通过设备与数据之间的通道，把外部设备的运行数据采集进来，并送入实时数据库，供系统其他部分调用，并且把实时数据库中的数据输出到外部设备，从而实现对外部设备的操作与控制。

（3）用户窗口

用户窗口本身是一个“容器”，用来放置各种图形对象（图元、图符和动画构件），不同的图形对象对应不同的功能。通过对用户窗口内多个图形对象的组态，生成漂亮的图形界面，为实现动画显示效果做准备。

（4）实时数据库

在MCGS嵌入版中，用数据对象来描述系统中的实时数据，用对象变量代替传统意义上的值变量，把数据库技术管理的所有数据对象的集合称为实时数据库。

实时数据库是MCGS嵌入版系统的核心，是应用系统的数据处理中心。系统各个部分均以实时数据库为公用区交换数据，从而实现各个部分协调动作。

设备窗口通过设备构件驱动外部设备，将采集的数据送入实时数据库；由用户窗口组成的图形对象与实时数据库中的数据对象建立连接关系，以动画形式实现数据的可视化；运行策略通过策略构件，对数据进行操作和处理，如图2-100所示。

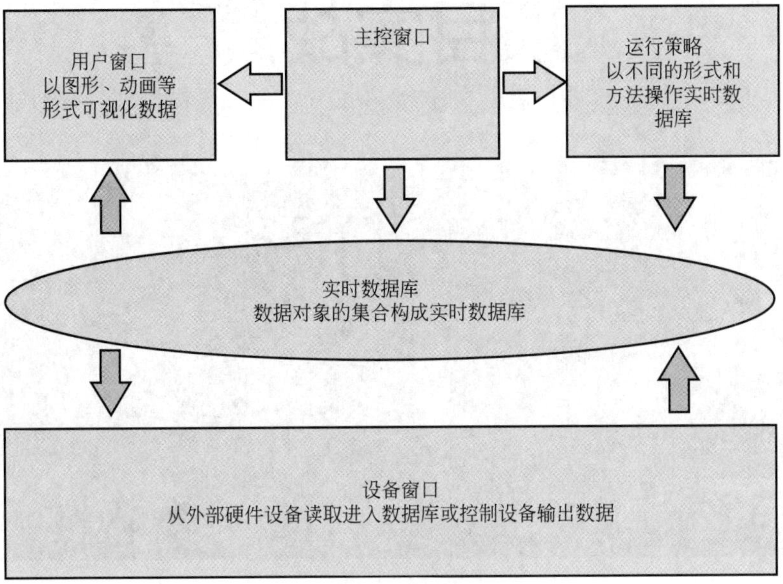

图2-100　实时数据库数据流图

(5)运行策略

对于复杂的工程，监控系统通常设计成多分支、多层循环的嵌套式结构，按照预定的条件对系统的运行流程及设备的运行状态进行有针对性的选择和精确的控制。为此，MCGS嵌入版引入运行策略的概念，用以解决上述问题。

所谓“运行策略”，是用户为实现对系统运行流程自由控制所组态生成的一系列功能块的总称。MCGS嵌入版为用户提供了进行策略组态的专用窗口和工具箱。运行策略的建立使系统能够按照设定的顺序和条件操作实时数据库，并控制用户窗口的打开、关闭以及设备构件的工作状态，从而实现对系统工作过程精确控制及有序调度管理的目的。

问题与思考

1.人机界面如何与PLC相连接？

2.MCGS组态软件如何与PLC相连接？

项目实战篇

项目一

供料单元的安装与调试

项目学习目标

① 掌握直线气缸、单电控电磁阀等基本气动元件的功能、特性，并能构成基本的气动系统、连接和调整气路。

② 掌握生产线中磁性开关、光电接近开关、电感式接近开关等传感器结构、特点及电气接口特性，能进行各传感器在自动化生产线中的安装和调试。

③ 掌握用步进指令编写单序列顺控程序的方法，掌握子程序调用等基本功能指令。

④ 能在规定时间内完成供料单元的安装和调整，进行控制程序设计和调试，并能解决安装与运行过程中出现的常见问题。

学习单元一　初步认识供料单元

1. 供料单元的功能

供料单元是YL-335B中的起始单元，在整个系统中，起着向系统中的其他单元提供原料的作用。具体的功能是：按照需要将放置在料仓中的待加工工件（原料）自动地推出到物料台上，以便输送单元的机械手将其抓取，输送到其他单元上。

2. 供料单元的结构

供料单元的主要结构组成为进料模块和物料台、电磁阀组、接线端口、PLC模块、急停按钮和启动/停止按钮、走线槽、底板等。结构组成如图3-1所示。

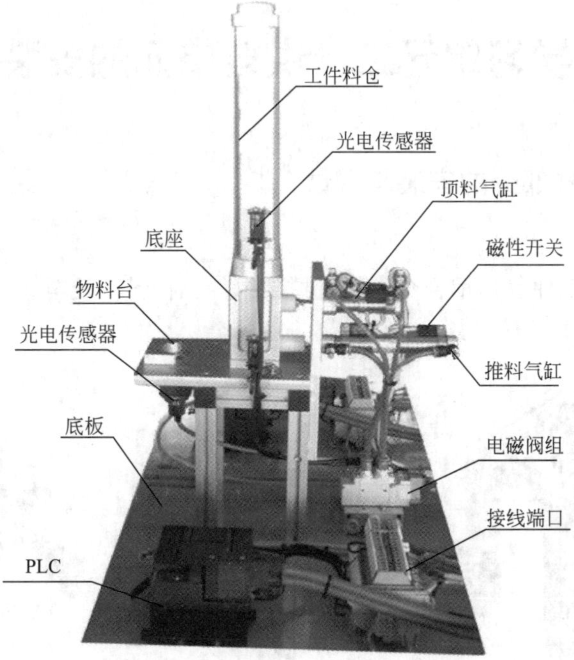

图3-1　供料单元的主要结构组成

其中，管形料仓和工件推出装置用于储存工件原料，并在需要时将料仓中最下层的工件推出到出料台上。它主要由管形料仓、推料气缸、顶料气缸、磁感应接近开关、漫射式光电传感器组成。

3. 供料单元的工作过程

工件垂直叠放在料仓中，推料缸处于料仓的底层并且其活塞杆可从料仓的底部通过。当活塞杆在退回位置时，它与最下层工件处于同一水平位置，而顶料气缸则与次下层工件处于同一水平位置。在需要将工件推出到物料台上时，首先使夹紧气缸的活塞杆推出，压住次下层工件；然后使推料气缸活塞杆推出，从而把最下层工件推到物料台上。在推料气缸返回并从料仓底部抽出后，再使夹紧气缸返回，松开次下层工件。这样，料仓中的工件在重力的作用下，就自动向下移动一个工件，为下一次推出工件做好准备。

在底座和管形料仓第4层工件位置，分别安装一个漫射式光电开关。它们的功能是检测料仓中有无储料或储料是否足够。若该部分机构内没有工件，则处于底层和第4层位置的两个漫射式光电接近开关均处于常态；若仅在底层起有3个工件，则底层处光电接近开关动作，而第4层处光电接近开关常态，表明工件已经快用完了。这样，料仓中有无储料或储料是否足够，即可用这两个光电接近开关的信号状态反映出来。

推料气缸把工件推出到出料台上。出料台面开有小孔，出料台下面设有一个圆柱形漫射式光电接近开关，工作时向上发出光线，从而透过小孔检测是否有工件存在，以便向系统提供本单元出料台有无工件的信号。在输送单元的控制程序中，即可利用该信号状态来判断是否需要驱动机械手装置来抓取此工件。

学习单元二　供料单元的安装

1. 供料单元机械部分的安装与调试

（1）机械组件的组成

供料单元的机械组件包括铝合金型材支撑架组件、物料台及料仓底座组件、推料机构组件，如图3-2所示。

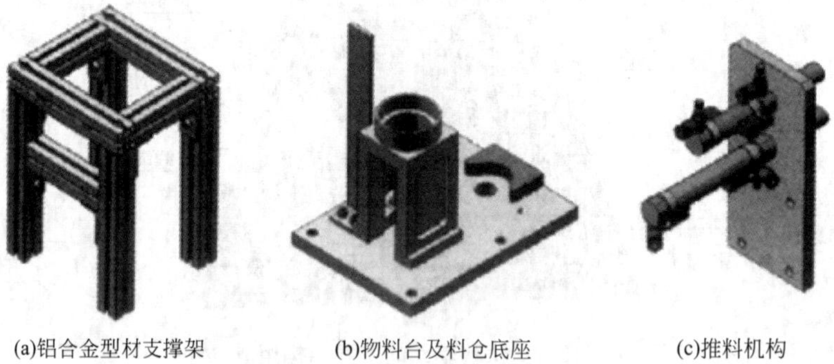

(a)铝合金型材支撑架　(b)物料台及料仓底座　(c)推料机构

图3-2　供料单元的机械组件

（2）机械组件的安装方法

机械组件的安装是供料单元的基础，在安装过程中应按照“零件—组件—组装”的顺序进行安装。用螺栓把装配好的组件连接为整体，再用橡胶锤把装料管敲入料仓底座中；然后在相应的位置上安装传感器（磁性开关、光电开关、光纤传感器和金属接近开关）；最后把电磁阀组件、PLC组件和电气接线端子排组件安装在底板上。

① 铝合金型材支撑架组件的安装方法　铝合金型材支撑架组件的安装示意图如图3-3所示。

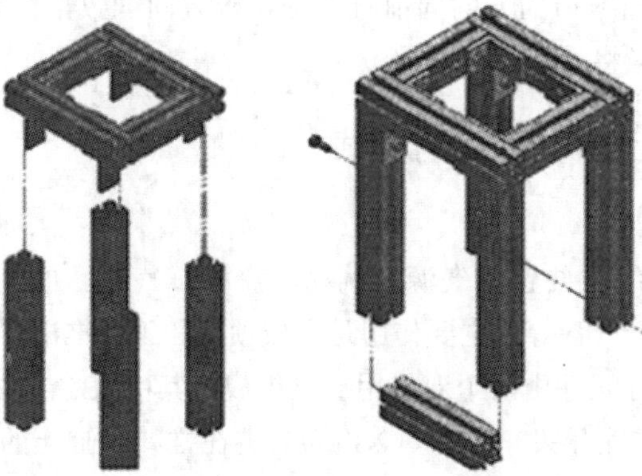

图3-3 铝合金型材支撑架组件的安装示意

a.注意安装的顺序，以免先安装部分对后安装部分产生机械干涉，导致无法安装，从而因返工耽误装配的时间。

b.一定要计算好铝合金型材支撑架各处所用螺母的个数，并在相应位置的T形槽内预先放置个数足够的螺母，否则将造成无法安装或安装不可靠。

c.装配铝合金型材支撑架时，注意调整好各条边的平行度及垂直度，然后再旋紧螺母。

d.铝合金型材支撑架上的螺栓一般是具有空间对称结构的成组螺栓，旋紧螺栓时一定要按照成组螺栓的“对角线”顺序进行装配，以免造成局部应力集中，时间长会影响铝合金型材的形状。

② 物料台及料仓底座组件的安装方法 物料台及料仓底座组件的安装示意图如图3-4所示。

安装时，需要注意出料口的方向向前且与挡料板方向一致，否则工作时物料无法推出甚至会破坏气缸；注意物料台及料仓底座的垂直度要求；注意连接螺栓的安装顺序。

③ 推料机构组件的安装方法 推料机构组件的安装示意图如图3-5所示。

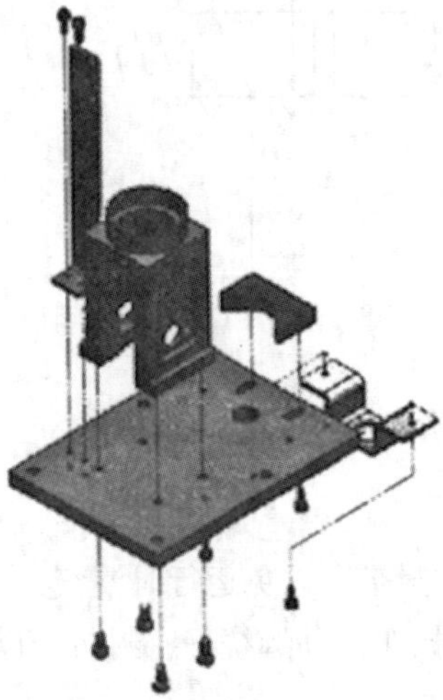

图3-4 物料台及料仓底座组件的安装示意

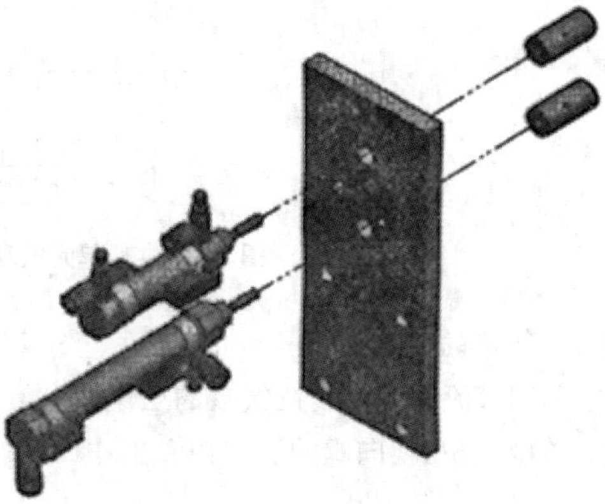

图3-5 推料机构组件的安装示意

安装时，需要注意出料口的方向向前且与挡料板方向一致，要手动调整推料气缸和挡料板位置螺栓，若位置不当将引起工件推偏。

2.供料单元气动元件的安装与调试

（1）气动系统的组成

供料单元的气动系统主要包括气源、气动汇流板、气缸、单电控5/2换向阀、单向节流阀、消声器、快插接头、气管等，主要作用是完成顶料和工件推出。

供料单元的气动执行元件由两个双作用气缸组成，其中1B1、1B2为安装在顶料气缸上的2个位置检测传感器（磁性开关）；2B1、2B2为安装在推料气缸上的2个位置检测传感器（磁性开关）。单向节流阀用于气缸调速，气动汇流板用于组装单电控5/2换向阀及其附件。

（2）气路控制原理图

供料单元的气路控制原理图如图3-6所示。图中，气源经汇流板分给2个换向阀的进气口，气缸1A、2A的两个工作口与电磁阀工作口之间均安装了单向节流阀，通过尾气节流阀来调整气缸伸出、缩回的速度。排气口安装的消声器可减小排气的噪声。

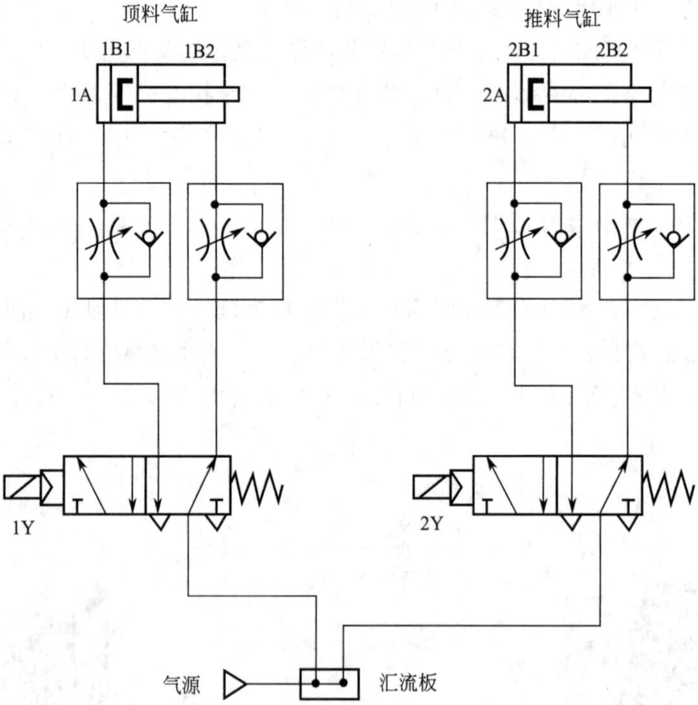

图3-6 供料单元气动控制回路工作原理图

（3）气路的连接方法

① 单向节流阀应安装在气缸的工作口上，并缠绕好密封带，以免运行时漏气。

② 单电控5/2换向阀的进气口和工作口应安装好快插接头，并缠绕好密封带，以免运行时漏气。

③ 气动汇流板的排气口应安装好消声器，并缠绕好密封带，以免运行时漏气。

④ 气动元件对应气口之间用塑料气管进行连接，做到安装美观、气管不交叉并保持气路畅通。

（4）气路系统的调试方法

供料单元气路系统的调试主要是针对气缸的运行情况进行的，其调试方法是通过手动控制单向换向阀，观察气缸的动作情况：气缸运行过程中检查各管路的连接处是否有漏气现象，是否存在气管不畅通现象。同时通过各单向节流阀的调整来获得稳定的气缸运行速度。

3. 供料单元传感器的安装与接线

（1）磁性开关的安装与接线

① 磁性开关的安装　供料单元中顶料气缸和推料气缸的非磁性体活塞上安装了一个永久磁铁的磁环，随着气缸的移动，在气缸的外壳上就提供了一个能反映气缸位置的磁场，安装在气缸外侧极限位置上的磁性开关可在气缸活塞移动时检测出其位置（磁性开关受到磁场的影响再输出闭合信号）。磁性开关安装时，先将其套在气缸上并定位在极限位置，然后再旋紧紧固螺钉。

② 磁性开关的接线　磁性开关的输出为2线（棕色+，蓝色−），连接时蓝色线与直流电源的负极相连，棕色线与PLC的输入点相连。

（2）光电开关的安装与接线

① 光电开关的安装　供料单元中的光电开关主要用于出料检测、物料不足或没有物料时。安装时应注意其机械位置，特别是出料检测传感器安装时，应注意与工件中心透孔的位置错开，避免因光的穿透无反射信号而导致信号错误。

② 光电开关的接线　光电开关的输出为3线（棕色+，蓝色−，黑色输出），连接时棕色线与直流电源的正极相连，蓝色线与直流电源的负极相连，黑色线与PLC的输入点相连。

（3）金属接近开关的安装与接线

① 金属接近开关的安装　供料单元中配有金属开关，安装在物料台上，当有金属工件推出时，便发出感应信号，安装时应注意传感器与工件的位置。

② 金属接近开关的接线　金属接近开关的接线与光电开关的接线相同。

4. 供料单元PLC的安装与调试

（1）供料单元装置侧接线

供料单元装置侧接线，一是把供料单元各个传感器、电源线、0V线按规定接至装置侧左边较宽的接线端子排；二是把供料单元电磁阀的信号线接至装置侧右边较窄的接线端子排。其信号线与端子排号的分配如表3-1所示。

（2）供料单元PLC侧接线

PLC侧接线包括电源接线、PLC输入/输出端子的接线。PLC侧接线端子排为双层两列端子，左边较窄的一列主要接PLC的输出接口，右边较宽的一列接PLC的输入接口。两列中的下层分别接24V电源端子和0V端子。供料单元PLC的I/O接线原理图如图3-7所示。

表3-1 供料单元装置侧的接线端口信号线与端子号的分配

输入端口			输出端口		
端子号	设备符号	信号线	端子号	设备符号	信号线
2	1B1	顶料到位	2	1Y	顶料电磁阀
3	1B2	顶料复位	3	2Y	推料电磁阀
4	2B1	推料到位			
5	2B2	推料复位			
6	BG1	出料台物料检测			
7	BG2	物料不够检测			
8	BG3	物料有无检测			
9	BG4	金属材料检测			

5. 安装过程中应注意的问题

① 要手动调整推料气缸或者挡料板位置，调整后，再固定螺栓。否则，位置不到位会引起工件推偏。

② 装配铝合金型材支撑架时，注意调整好各条边的平行度及垂直度，然后锁紧螺栓。

③ 机械机构固定在底板上的时候，需要将底板移动到操作台的边缘，螺栓从底板的反面拧入，将底板和机械机构部分的支撑型材连接起来。

④ 气缸安装板和铝合金型材支撑架的连接，是靠预先在特定位置的铝型材“T”形槽中放置预留与之相配的螺母，因此在对该部分的铝合金型材进行连接时，一定要在相应的位置放置相应的螺母。如果没有放置螺母或没有放置足够多的螺母，将无法安装或安装不可靠。

⑤ 磁性开关的安装位置可以调整，调整方法是松开磁性开关的紧定螺栓，让它顺着气缸滑动。到达指定位置后，再旋紧紧定螺栓。注意：夹料气缸只要把工件夹紧即可，因此行程很短，因此它上面的2个磁性开关几乎靠在一起。如果磁性开关安装位置不当，会影响控制过程。

⑥ 底座和装料管安装的光电开关，若该部分机构内没有工件，光电开关上的指示灯不亮；若在底层起有3个工件，底层处光电开关亮，而第4层处光电接近开关不亮；若在底层起有4个或者4个以上工件，2个光电开关都亮。否则调整光电开关位置或者光强度。

⑦ 物料台面开有小孔，物料台下面也设有一个光电开关，工作时向上发出光线，从而透过小孔检测是否有工件存在，以便向系统提供本单元物料台有无工件的信号。在输送单元的控制程序中，就可以利用该信号状态来判断是否需要驱动机械手装置来抓取此工件。该光电开关选用圆柱形的光电接近开关（MHT15-N2317型）。注意：所用工件中心也有个小孔，调整传感器位置时，防止传感器发出光线透过工件中心小孔而没有反射，从而引起误动作。

⑧ 所采用的电磁阀，带手动换向、加锁钮，有锁定（LOCK）和开启（PUSH）2个位置。用小螺丝刀把加锁钮旋到LOCK位置时，手控开关向下凹进去，不能进行手控操作。只有在PUSH位置，可用工具向下按，信号为1，等同于该侧的电磁信号为1；常态时，手控开关的信号为0。在进行设备调试时，可以使用手控开关对阀进行控制，从而实现对相应气路的控

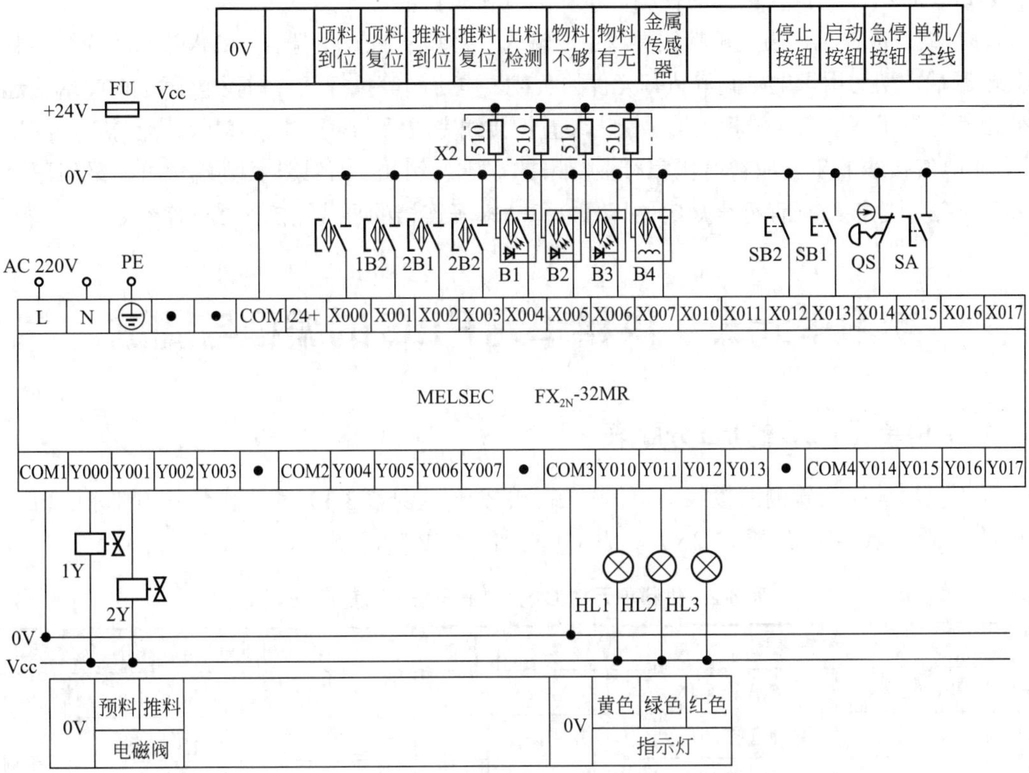

(a)三菱FX2N

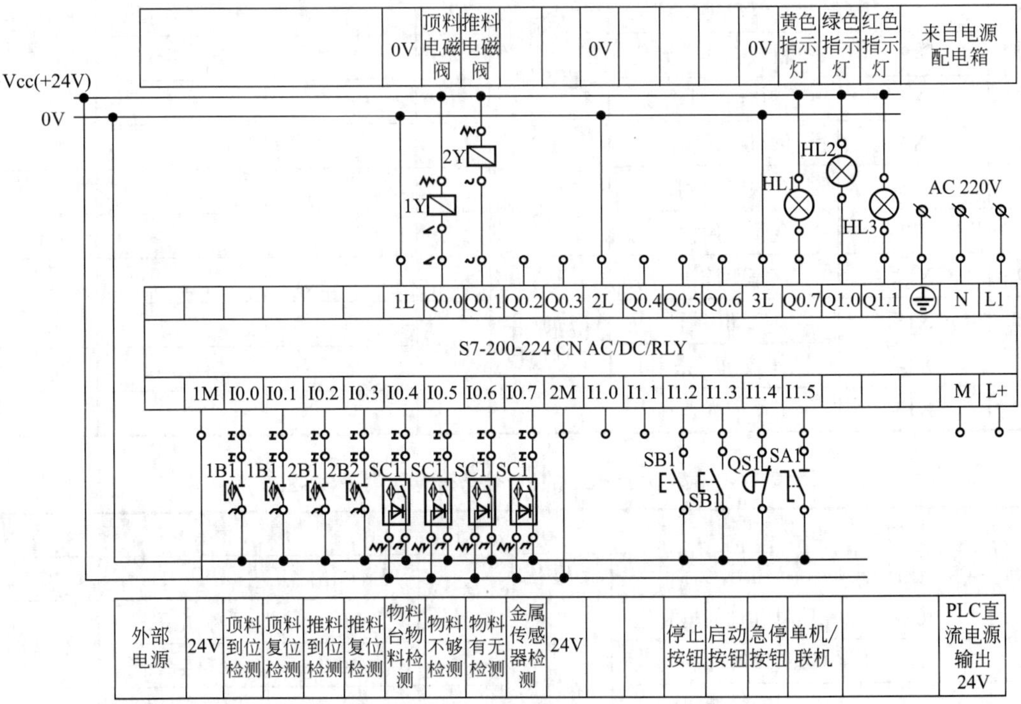

(b)西门子S7-200

图3-7 供料单元PLC的I/O接线原理图

制，以改变推料缸等执行机构的控制，从而达到调试目的。

⑨ 接线时应注意，装置侧接线端口中，输入信号端子的上层端子（+24V）只能作为传感器的正电源端，切勿用于电磁阀等执行元件的负载。电磁阀等执行元件的正电源端和0V端应连接到输出信号端子下层端子的相应端子上。装置侧接线完成后，应用扎带绑扎，力求整齐美观。

⑩ 电气接线的工艺应符合国家行业标准的规定。例如，导线连接到端子时，采用压紧端口压接方法；连接线须有符合规定的标号；每一端子连接的导线不超过2根等。

学习单元三　供料单元PLC的编程与调试

1. 供料单元PLC的I/O分配表

根据供料单元装置侧的接线端口信号端子的分配（见表3-1）和工作任务的要求，PLC的I/O信号分配如表3-2（三菱FX2N）和表3-3（西门子S7-200）所示。

表3-2　供料单元PLC的I/O信号表（三菱FX2N）

输入信号				输出信号			
序号	PLC输入点	信号名称	信号来源	序号	PLC输出点	信号名称	信号来源
1	X0	顶料气缸伸出到位	装置侧	1	Y0	顶料电磁阀	装置侧
2	X1	顶料气缸缩回到位		2	Y1	推料电磁阀	
3	X2	推料气缸伸出到位		3	Y7	正常工作指示	按钮/指示灯模块
4	X3	推料气缸缩回到位		4	Y10	运行指示	
5	X4	出料台物料检测					
6	X5	供料不足检测					
7	X6	缺料检测					
8	X7	金属工件检测					
9	X12	停止按钮	按钮/指示灯模块				
10	X13	启动按钮					
11	X14	急停按钮（未用）					
12	X15	工作方式选择					

表3-3　供料单元PLC的I/O信号表（西门子S7-200）

输入信号				输出信号			
序号	PLC输入点	信号名称	信号来源	序号	PLC输出点	信号名称	信号来源
1	I0.0	顶料气缸伸出到位	装置侧	1	Q0.0	顶料电磁阀	装置侧
2	I0.1	顶料气缸缩回到位		2	Q0.1	推料电磁阀	
3	I0.2	推料气缸伸出到位		3	Q1.0	正常工作指示	按钮/指示灯模块
4	I0.3	推料气缸缩回到位		4	Q1.1	运行指示	

续表

输入信号				输出信号			
序号	PLC输入点	信号名称	信号来源	序号	PLC输出点	信号名称	信号来源
5	I0.4	出料台物料检测	装置侧				
6	I0.5	供料不足检测					
7	I0.6	缺料检测					
8	I0.7	金属工件检测					
9	I1.2	停止按钮	按钮/指示灯模块				
10	I1.3	启动按钮					
11	I1.4	急停按钮（未用）					
12	I1.5	工作方式选择					

2.编程思路

① 程序结构：程序由两部分组成，一部分是系统状态显示，另一部分是供料控制。主程序在每一扫描周期都调用系统状态显示子程序，仅当在运行状态已经建立才可能进入供料控制过程。

② PLC上电后应首先进入初始状态检查阶段，确认系统已经准备就绪后，才允许投入运行，这样可及时发现存在问题，避免出现事故。例如，若两个气缸在上电和气源接入时不在初始位置，这是气路连接错误的缘故，显然在这种情况下不允许系统投入运行。

③ 供料单元运行的主要过程是供料控制，它是一个步进顺序控制过程。其控制流程如图3-8所示，其中图3-8（a）为三菱FX2N PLC，图3-8（b）为西门子S7-200 PLC。

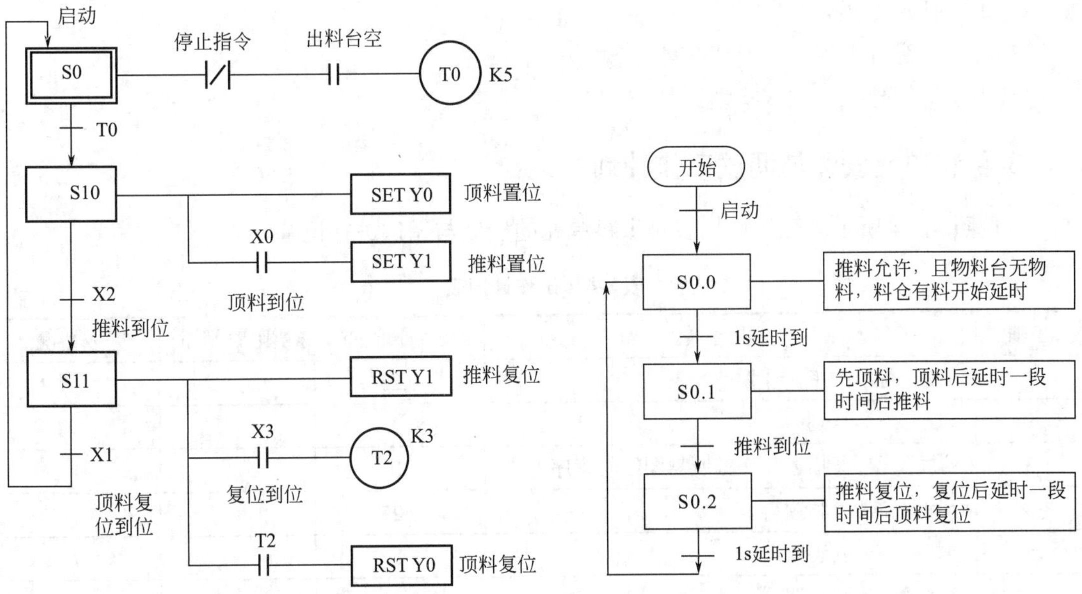

(a)三菱FX2N　　(b) 西门子S7-200

图3-8　供料单元控制程序流程图

④ 如果没有停止要求，顺序控制过程将周而复始地不断循环。常见的顺序控制系统正常停止要求是，接收到停止指令后，系统在完成本工作周期任务即返回到初始步后才复位运行状态停止下来。

⑤ 当料仓中最后一个工件被推出后，将发生缺料报警。推料气缸复位到位，亦即完成本工作周期任务返回到初始步后，也应退出运行状态而停止下来。与正常停止不同的是，发生缺料报警而退出运行状态后，必须向供料料仓加入足够的工件，才能再按启动按钮使系统重新启动。

⑥ 系统的工作状态可通过在每一扫描周期调用“工作状态显示”子程序实现，工作状态包括：是否准备就绪、运行/停止状态、工件不足预报警、缺料报警等状态。

学习单元四　任务实施

1. 训练要求

① 熟悉供料单元的功能及结构组成。
② 能够根据控制要求设计气动控制回路原理图，安装执行器件并进行调试。
③ 安装所使用的传感器并能调试。
④ 查明PLC各端口地址，根据要求编写程序和调试。
⑤ 能够进行供料单元的人机界面设计和调试。

2. 小组领取任务并展开讨论

① 确定任务方案。
② 各小组进行汇报。
③ 小组进行分工并领取实训工具。

3. 供料单元安装与调试工作计划

可按照表3-4所示的工作计划表对供料单元的安装与调试进行记录。

表3-4　工作计划表

步骤	内容	计划时间/h	实际时间/h	完成情况
1	整个练习的工作计划	0.25		
2	制订安装计划	0.25		
3	本单元任务描述和任务所需图纸与程序	1		
4	写材料清单和领料单	0.25		
5	机械部分安装与调试	1		
6	传感器安装与调试	0.25		
7	按照图纸进行电路安装	0.5		

续表

步骤	内容	计划时间/h	实际时间/h	完成情况
8	气路安装	0.25		
9	气源与电源连接	0.25		
10	PLC控制编程	1		
11	供料单元的人机界面设计	2		
12	按质量要求检查整个设备	0.25		
13	本单元各部分设备的通电、通气测试	0.25		
14	对老师发现和提出的问题进行回答	0.25		
15	输入程序，进行整个装置的功能调试	0.5		
16	如果必要，则排除故障	0.25		
17	该任务成绩的评估	0.5		

4. 实施

任务一：单元设计

按照工作单元功能要求，设计电气原理图、气动原理图。

任务二：安装

（1）机械组装

参照供料工作单元实物全貌图进行安装。

（2）导线连接

参照供料单元的I/O接线原理图进行电气接线，整理并捆绑好导线。

（3）气动连接

按气动控制回路图进行气路连接。并将气泵与过滤调压组件连接，在过滤调压组件上设定压力为6bar（600 kPa）。

任务三：编程

① 根据工作单元功能要求、动作顺序要求，编写PLC程序。并将程序下载至PLC。

② 程序结构。

主程序：实现在每一个扫描周期调用启动/停止子程序和送料控制子程序。

2个子程序：一是启动/停止子程序，如何响应系统的启动、停止指令和状态信息的返回；二是送料子程序，完成送料工艺控制功能。

任务四：调试

（1）传感器调试（见表3-5）

表3-5 传感器调试

调试对象	调试方法	调试目的
夹紧气缸、推出气缸上的磁性开关	松开磁性开关的紧定螺栓，让它顺着气缸滑动，到达指定位置后，再旋紧紧定螺栓	传感器动作时，输出信号“1”，LED亮；传感器不动作时，输出信号“0”，LED不亮

续表

调试对象	调试方法	调试目的
进料模块料仓的底层和第4层工件位置漫射式光电接近开关	① 调整安装位置、角度 ② 调整传感器上距离设定旋钮	进料模块料仓内没有工件，则处于底层和第4层位置的两个漫射式光电接近开关均处于常态；若料仓内仅在底层起有3个工件，则底层处光电接近开关动作而次底层处光电接近开关常态，表明工件已经快用完了
物料台下面漫射式光电接近开关	① 调整安装距离 ② 调整传感器上灵敏度设定旋钮	可靠检测出本单元物料台有无工件的信号

（2）气动调试（见表3-6）

表3-6　气动调试

调试对象	调试方法	调试目的
夹紧气缸、推出气缸上两个节流阀	旋紧或旋松节流螺钉	分别调整气缸伸出、缩回速度，使气缸动作平稳可靠

（3）PLC程序

① 程序监视　程序编辑器都可以在PLC运行时监视程序执行的过程和各元件的状态及数据。

梯形图监视功能：拉开调试菜单，选中程序状态，这时闭合触点和通电线圈内部颜色变蓝（呈阴影状态）。在PLC的运行（RUN）工作状态，随输入条件的改变、定时及计数过程的运行，每个扫描周期的输出处理阶段将各个器件的状态刷新，可以动态显示各个定时、计数器的当前值，并用阴影表示触点和线圈通电状态，以便在线动态观察程序的运行。

② 动态调试　结合程序监视运行的动态显示，分析程序运行的结果，以及影响程序运行的因素，然后，退出程序运行和监视状态，在STOP状态下对程序进行修改编辑，重新编译、下载、监视运行，如此反复修改调试，直至得出正确运行结果。

5.检查与评估

根据现场各小组的讨论汇报情况、具体实施情况以及最后的结果按照表3-7对本次任务给出客观评价并记录。

表3-7　评分表

评分表		工作形式 □个人　□小组分工　□小组	实际工作时间 ______	
训练项目	训练内容	训练要求	学生自评	教师评分
供料单元	1.工作计划与图纸（20分） 工作计划 材料清单 气路图 电路图 程序清单	电路绘制有错误，每处扣0.5分；机械手装置运动的限位保护没有设置或绘制有错误，扣1.5分；主电路绘制有错误，每处扣0.5分；电路图符号不规范，每处扣0.5分，最多扣2分		

续表

评分表		工作形式 □个人 □小组分工 □小组	实际工作时间	
训练项目	训练内容	训练要求	学生自评	教师评分
供料单元	2.部件安装与连接（20分）	装配未能完成，扣2.5分；装配完成，但有紧固件松动现象，扣1分		
	3.连接工艺（20分） 电路连接工艺 气路连接及工艺 机械安装及装配工艺	端子连接，插针压接不牢或超过2根导线，每处扣0.5分，端子连接处没有线号，每处扣0.5分，两项最多扣3分；电路接线没有绑扎或电路接线凌乱，扣2分；机械手装置运动的限位保护未接线或接线错误，扣1.5分；气路连接未完成或有错，每处扣2分；气路连接有漏气现象，每处扣1分；气缸节流阀调整不当，每处扣1分；气管没有绑扎或气路连接凌乱，扣2分		
	4.测试与功能（30分） 夹料功能 送料功能 整个装置全面检测	启动/停止方式不按控制要求，扣1分；运行测试不满足要求，每处扣0.5分；工件送料测试，但推出位置明显偏差，每处扣0.5分		
	5.职业素养与安全意识（10分）	现场操作安全保护符合安全操作规程；工具摆放、包装物品、导线线头等的处理符合职业岗位的要求；团队合作有分工有合作，配合紧密；遵守纪律，尊重教师，爱惜设备和器材，保持工位的整洁		

问题与思考

1. 如果气缸活塞杆伸出或缩回的速度过于缓慢，是什么原因？该如何处理？
2. 当料仓中工件少于4个时，此时程序该如何处理？
3. 当物料台上的工件未取走，此时程序该如何处理？

项目二

加工单元的安装与调试

项目学习目标

① 掌握薄型气缸、气动手指功能和特点，进一步训练气路连接和调整的能力。

② 掌握用条件跳转指令和主控指令处理顺序控制过程中紧急停止的方法。

③ 能在规定时间内完成加工单元的安装和调整，进行控制程序设计和调试，并能解决安装与运行过程出现的常见问题。

学习单元一　初步认识加工单元

1.加工单元的功能

加工单元是完成把待加工工件在加工台夹紧，并移送到加工区域冲压气缸的正下方；完成对工件的冲压加工，然后把加工好的工件重新送出的过程。

2.加工单元的结构

加工单元装置主要结构组成为：加工台及滑动机构、加工（冲压）机构、电磁阀组、接线端口、底板等。加工单元结构如图3-9所示。

（1）加工台及滑动机构

加工台及滑动机构如图3-10所示。加工台用于固定被加工件，并把工件移到加工（冲压）机构正下方进行冲压加工。它主要由气爪（气动手指）、加工台伸缩气缸、直线导轨及滑块、感应接近开关、漫射式光电传感器组成。

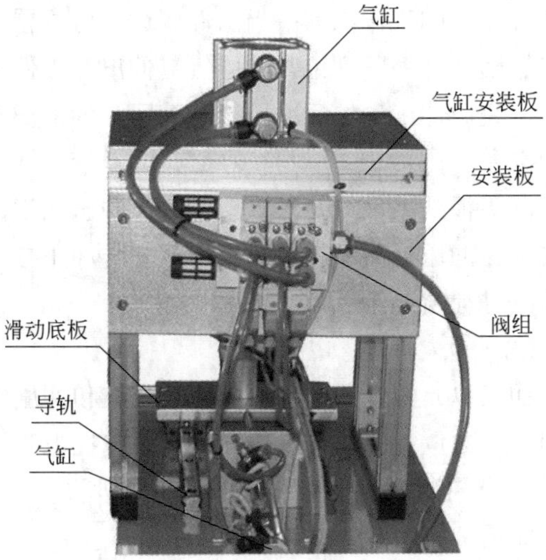

(a) 左视图

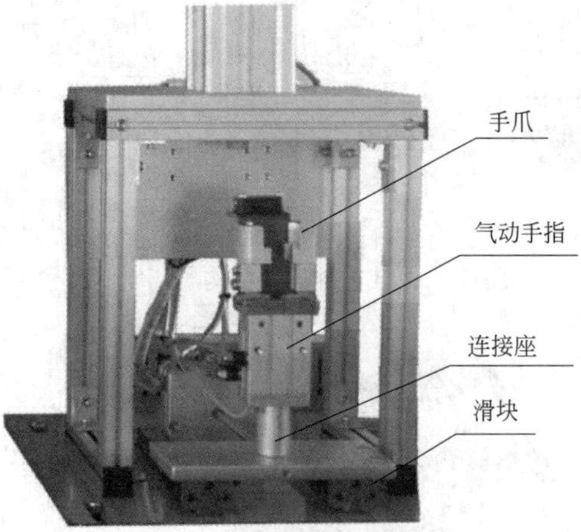

(b) 正视图

图3-9 加工单元结构

滑动加工台的工作原理：滑动加工台在系统正常工作后的初始状态为伸缩气缸伸出、工台气动手指张开的状态，当输送机构把物料送到料台上，物料检测传感器检测到工件后，PLC控制程序按驱动气动手指将工件夹紧—加工台回到加工区域冲压气缸下方—冲压气缸活塞杆向下伸出冲压工件—完成冲压动作后向上缩回—加工台重新伸出—到位后气动手指松的顺序完成工件加工，并向系统发出加工完成信号，为下一次工件到来加工做准备。

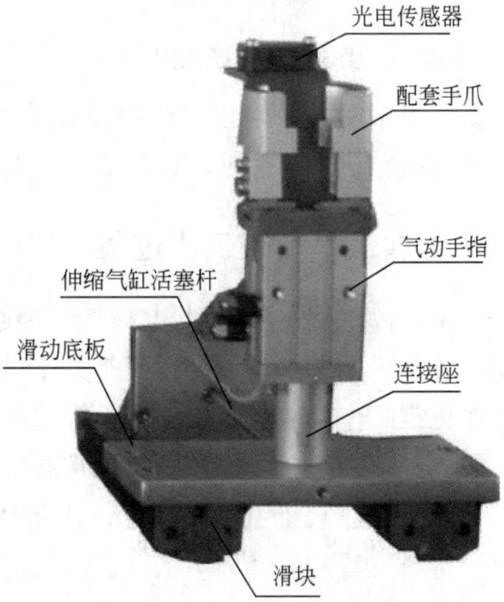

图3-10 加工台及滑动机构

在移动料台上安装一个漫射式光电开关传感器。若加工台上没有工件，则漫射式光电开关均处于常态；若加工台上有工件，则光电接近开关动作，表明加工台上已有工件。该光电传感器的输出信号送到加工单元PLC的输入端，用以判别加工台上是否有工件需进行加工；当加工过程结束，加工台伸出到初始位置。同时，PLC通过通信网络，把加工完成信号回馈给系统，以协调控制。

移动料台上的漫射式光电开关选用CX-441型光电开关。移动料台伸出和返回到位的位置是通过调整伸缩气缸上两个磁感应接近开关（电磁阀组）位置来定位的。要求缩回位置位于加工冲头正下方；伸出位置应与输送单元的抓取机械手装置配合，确保输送单元的抓取机械手能顺利地把待加工工件放到料台上。

（2）加工（冲压）机构

加工（冲压）机构如图3-11所示。加工机构用于对工件进行冲压加工。它主要由冲压气缸、冲头、安装板等组成。

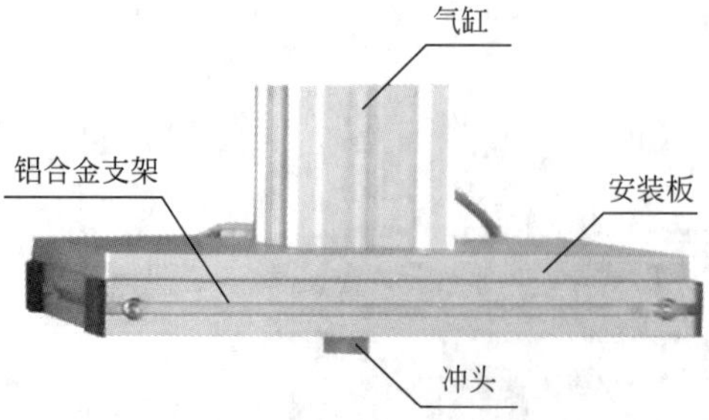

图3-11 加工（冲压）机构

冲压台的工作原理：当工件到达冲压位置，伸缩气缸活塞杆缩回到位，冲压气缸伸出对工件进行加工，完成加工动作后冲压气缸缩回，为下一次冲压做准备。

冲头根据工件的要求对工件进行冲压加工，冲头安装在冲压缸头部。安装板用于安装冲压缸，对冲压缸进行固定。

（3）电磁阀组

加工单元的气爪、物料台伸缩气缸和冲压气缸均用三个二位五通的带手控开关的单电控电磁阀控制，三个控制阀集中安装在装有消声器的汇流板上，如图3-12所示。

图3-12 电磁阀组

这三个阀分别对冲压气缸、物料台手爪气缸和物料台伸缩气缸的气路进行控制，以改变各自的动作状态。

电磁阀所带手控开关有锁定（LOCK）和开启（PUSH）两种位置。在进行设备调试时，使手控开关处于开启位置，可以使用手控开关对阀进行控制，从而实现对相应气路的控制，以改变冲压缸等执行机构的控制，达到调试目的。

3. 加工单元的工作过程

① 初始状态：设备上电和气源接通后，滑动加工台伸缩气缸处于伸出位置，加工台气动手爪处于松开的状态，冲压气缸处于缩回位置，急停按钮没有按下。若设备在上述初始状态，则“正常工作”，指示灯HL1常亮，表示设备准备好。否则，该指示灯以1Hz频率闪烁。

② 若设备准备好，按下启动按钮，设备启动，“设备运行”，指示灯HL2常亮。当待加工工件送到加工台上并被检出后，设备执行将工件夹紧，送往加工区域冲压，完成冲压动作后返回待料位置的工件加工工序。如果没有停止信号输入，当再有待加工工件送到加工台上时，加工单元又开始下一周期工作。

③ 在工作过程中，若按下停止按钮，加工单元在完成本周期的动作后停止工作。HL2指示灯熄灭。当急停按钮被按下时，本单元所有机构应立即停止运行，HL2指示灯以1Hz频率闪烁。急停解除后，从急停前的断点开始继续运行，HL2恢复常亮。

学习单元二 加工单元的安装

1. 加工单元机械部分的安装与调试

（1）机械组件的组成

加工单元的机械组件包括加工台及滑动机构（如图3-7所示）、加工（冲压）机构（如图

3-8所示）和底板等。加工单元的整体结构除了机械组件之外，还有一些配合机械动作的气动元件和传感器。

（2）机械组件的安装方法

加工单元的机械部分安装装配过程包括两部分，一是加工机构组件装配，二是滑动加工台组件装配。然后进行总装。

① 加工机构组件的安装方法　加工机构组件的装配图如图3-13所示。

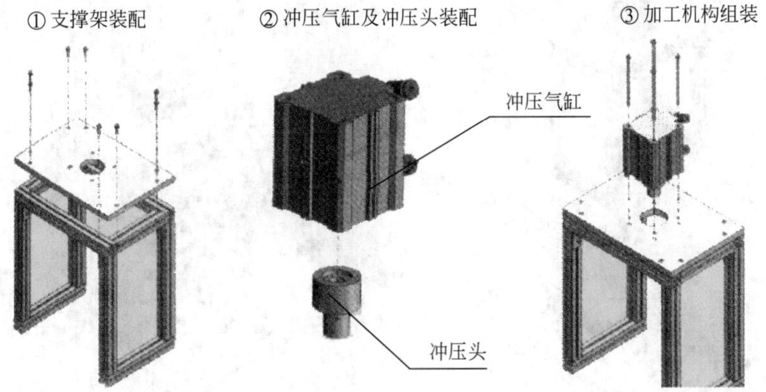

图3-13　加工机构组件装配图

② 滑动加工台组件的安装方法　滑动加工台组件装配图如图3-14所示。

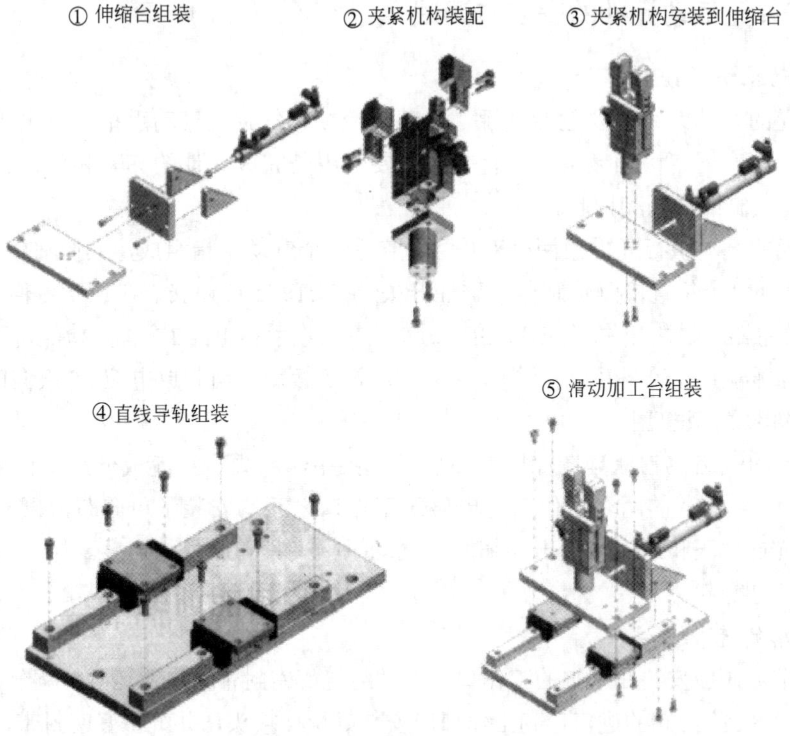

图3-14　滑动加工台组件装配图

③ 加工单元的安装方法　在完成以上两部分组件的装配后，首先将物料夹紧，然后将运动送料部分和整个安板连接固定，再将铝合金支撑架安装在大底板上，最后将加工组件部分固定在铝合金支撑架上，进而完成加工单元的装配。如图3-15所示。

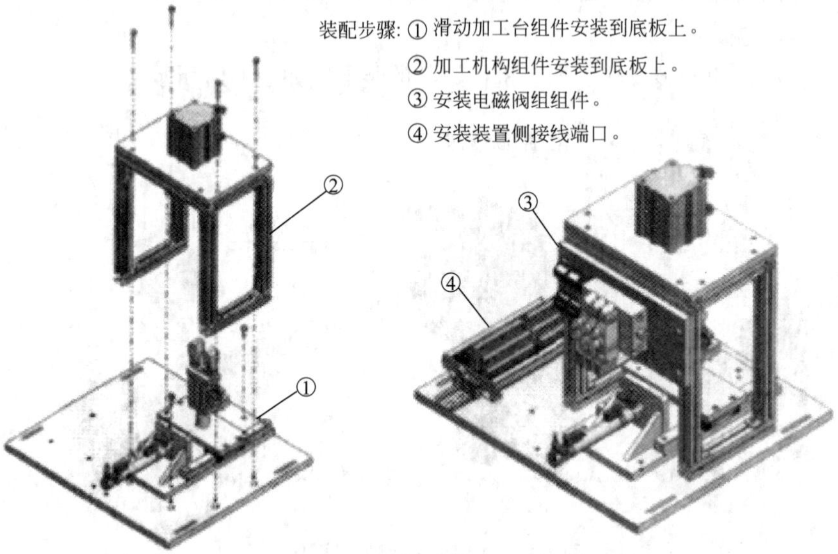
装配步骤: ① 滑动加工台组件安装到底板上。
② 加工机构组件安装到底板上。
③ 安装电磁阀组组件。
④ 安装装置侧接线端口。
①
②
③
④

图3-15　加工单元组装图

2.加工单元气动元件的安装与调试

（1）气动系统的组成

加工单元的气动系统主要包括气源、气动汇流板、气缸、气动手指、单电控5/2换向阀、单向节流阀、消声器、快插接头、气管等，主要作用是完成工件的夹紧和放松、加工台伸出和缩回与冲压气缸的冲压和抬起。

加工单元的气动执行元件由两个双作用气缸和1个气动手指组成，其中1B1、1B2为安装在冲压气缸上的2个位置检测传感器（磁性开关）；2B1、2B2为安装在加工台伸缩气缸上的2个位置检测传感器（磁性开关）；3B1、3B2为安装在气动手指上的2个位置检测传感器（磁性开关）。单向节流阀用于气缸和气动手指调速，气动汇流板用于组装单电控5/2换向阀及其附件。

（2）气路控制原理图

加工单元的气路控制原理图如图3-16所示。图中，气源经汇流板分给3个换向阀的进气口，气缸1A、2A、3A的两个工作口与电磁阀工作口之间均安装了单向节流阀，通过尾气节流阀来调整气缸冲压和返回、伸出和缩回、气动手指夹紧和放松的速度。排气口安装的消声器可减小排气的噪声。

（3）气路的连接方法

① 单向节流阀应安装在气缸的工作口上，并缠绕好密封带，以免运行时漏气。

② 单电控5/2换向阀的进气口和工作口应安装好快插接头，并缠绕好密封带，以免运行时漏气。

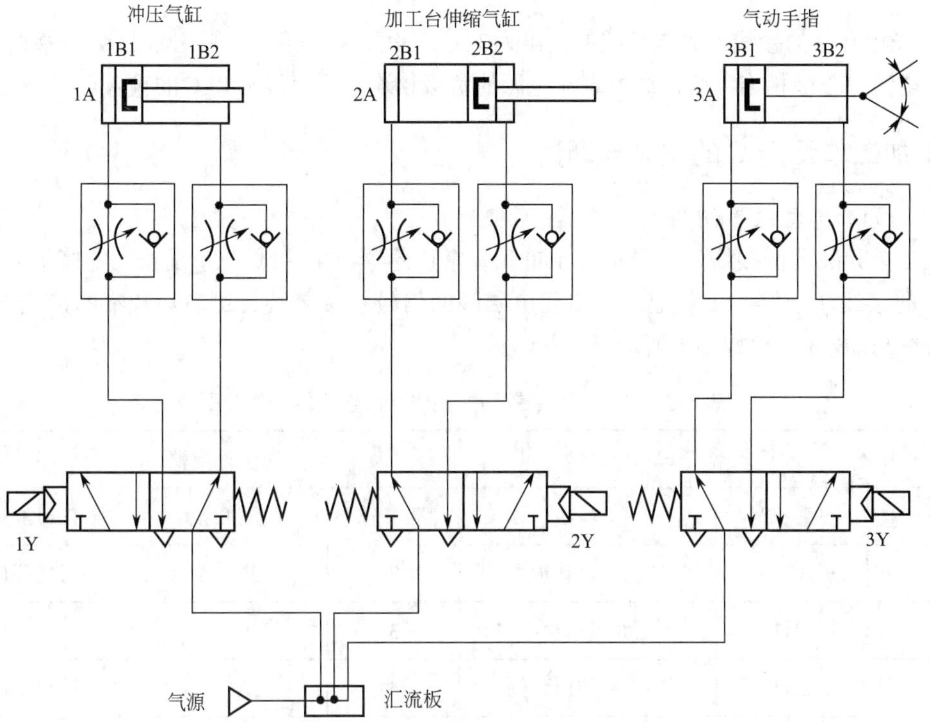

图3-16　加工单元气动控制回路工作原理图

③ 气动汇流板的排气口应安装好消声器，并缠绕好密封带，以免运行时漏气。

④ 气动元件对应气口之间用塑料气管进行连接，做到安装美观、气管不交叉并保持气路畅通。

（4）气路系统的调试方法

加工单元气路系统的调试主要是针对气动执行元件的运行情况进行的，其调试方法是通过手动控制单向换向阀，观察气动执行元件的动作情况：气动执行元件运行过程中检查各管路的连接处是否有漏气现象，是否存在气管不畅通现象。同时通过各单向节流阀的调整来获得稳定的气动执行元件运行速度。

3. 加工单元传感器的安装与接线

（1）磁性开关的安装与接线

① 磁性开关的安装　加工单元设计3个气动执行元件，即冲压气缸、加工台伸缩气缸和气动手指，分别由5个磁性开关作为气动执行元件的极限位置检测元件。磁性开关的安装方法与供料单元中磁性开关的安装方法相同。

② 磁性开关的接线　磁性开关的输出为2线（棕色+，蓝色−），连接时蓝色线与直流电源的负极相连，棕色线与PLC的输入点相连。

（2）光电开关的安装与接线

① 光电开关的安装　加工单元中的光电开关主要用于加工台物料检测，光电开关的安装与供料单元中光电开关的安装方法相同。

② 光电开关的接线　光电开关的输出为3线（棕色+，蓝色−，黑色输出），连接时棕色线与直流电源的正极相连，蓝色线与直流电源的负极相连，黑色线与PLC的输入点相连。

4. 加工单元PLC的安装与调试

（1）加工单元装置侧接线

加工单元装置侧接线，一是把加工单元各个传感器、电源线、0V线按规定接至装置侧左边较宽的接线端子排；二是把加工单元电磁阀的信号线接至装置侧右边较窄的接线端子排。其信号线与端子排号如表3-8所示。

表3-8　加工单元装置侧的接线端口信号端子的分配

输入端口			输出端口		
端子号	设备符号	信号线	端子号	设备符号	信号线
2	BG1	加工台物料检测	2	3Y	夹紧电磁阀
3	1B2	工件夹紧检测	3		
4	2B2	加工台伸出到位	4	2Y	伸缩电磁阀
5	2B1	加工台缩回到位	5	1Y	冲压电磁阀
6	3B1	加工压头上限			
7	3B2	加工压头下限			

（2）加工单元PLC侧接线

PLC侧接线包括电源接线、PLC输入/输出端子的接线。PLC侧接线端子排为双层两列端子，左边较窄的一列主要接PLC的输出接口，右边较宽的一列接PLC的输入接口。两列中的下层分别接24V电源端子和0V端子。加工单元PLC的I/O接线原理图如图3-17所示。

5. 安装过程中应注意的问题

① 调整两直线导轨的平行度时，要一边移动安装在两导轨上的安装板，一边拧紧固定导轨的螺栓。

② 如果加工组件部分的冲头和加工台上的工件中心没有对正，可以通过调整推料气缸旋入两导轨连接板的深度来进行对正。

③ 注意电磁阀工作口与执行元件工作口的连接要正确，以免产生相反的动作而影响正常操作。

④ 气管与快插接头插拔时，按压快插接头伸缩件用力要均匀，避免硬拉而造成接头损坏。

⑤ 气路系统安装完毕后应注意气缸和气动手指的初始位置，位置不对时应按照气路图进行调整。

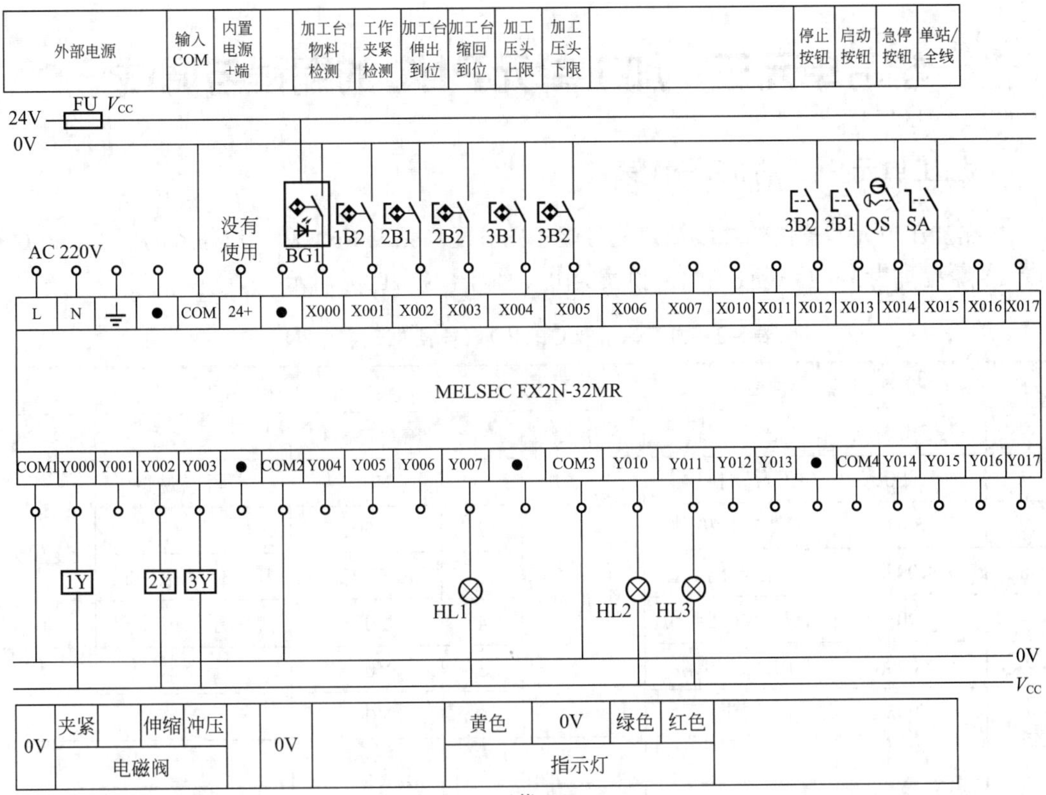

(a) 三菱FX2N

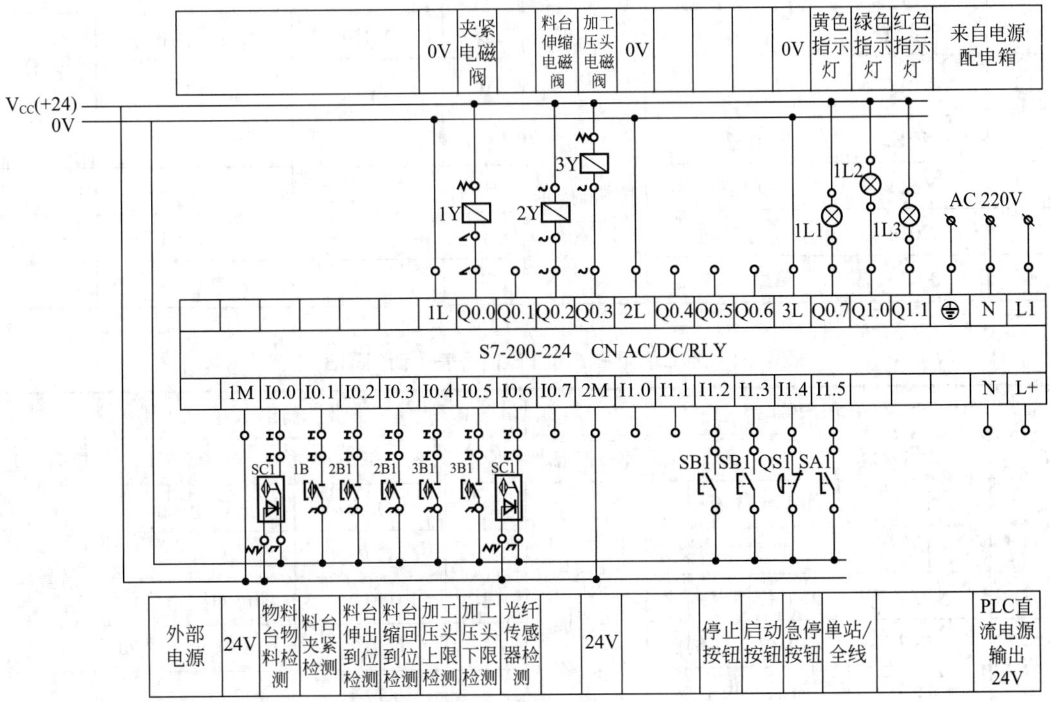

(b) 西门子S7-200

图3-17 加工单元PLC的I/O接线原理图

学习单元三　加工单元PLC的编程与调试

1.加工单元PLC的I/O分配表

根据加工单元装置侧的接线端口信号端子的分配（见表3-6）和工作任务的要求，PLC的I/O信号分配如表3-9（三菱FX2N）和表3-10（西门子S7-200）所示。

表3-9　加工单元PLC的I/O信号表（三菱FX2N）

输入信号				输出信号			
序号	PLC输入点	信号名称	信号来源	序号	PLC输出点	信号名称	信号来源
1	X000	加工台物料检测	装置侧	1	Y000	夹紧电磁阀	装置侧
2	X001	工件夹紧检测		2	Y001		
3	X002	加工台伸出到位		3	Y002	料台伸缩电磁阀	
4	X003	加工台缩回到位		4	Y003	加工压头电磁阀	
5	X004	加工压头上限		5	Y004		
6	X005	加工压头下限		6	Y005		
7	X006			7	Y006		
8	X007			8	Y007		
9	X010			9	Y010	正常工作指示	按钮/指示灯模块
10	X011			10	Y011	运行指示	
11	X012	停止按钮	按钮/指示灯模块				
12	X013	启动按钮					
13	X014	急停按钮					
14	X015	单站/全线					

表3-10　加工单元PLC的I/O信号表（西门子S7-200）

输入信号				输出信号			
序号	PLC输入点	信号名称	信号来源	序号	PLC输出点	信号名称	信号来源
1	I0.0	加工台物料检测	装置侧	1	Q0.0	夹紧电磁阀	装置侧
2	I0.1	工件夹紧检测		2	Q0.1		
3	I0.2	加工台伸出到位		3	Q0.2	料台伸缩电磁阀	
4	I0.3	加工台缩回到位		4	Q0.3	加工压头电磁阀	
5	I0.4	加工压头上限		5	Q0.4		
6	I0.5	加工压头下限		6	Q0.5		

续表

输入信号				输出信号			
序号	PLC输入点	信号名称	信号来源	序号	PLC输出点	信号名称	信号来源
7	I0.6			7	Q0.6		
8	I0.7			8	Q0.7		
9	I1.0			9	Q1.0	正常工作指示	按钮/指示灯模块
10	I1.1			10	Q1.1	运行指示	
11	I1.2	停止按钮					
12	I1.3	启动按钮	按钮/指示灯模块				
13	I1.4	急停按钮					
14	I1.5	单站/全线					

2.编程思路

加工单元也是采用顺序控制过程。其控制流程如图3-18所示，其中图3-18（a）为三菱FX2N PLC，图3-18（b）为西门子S7-200 PLC。

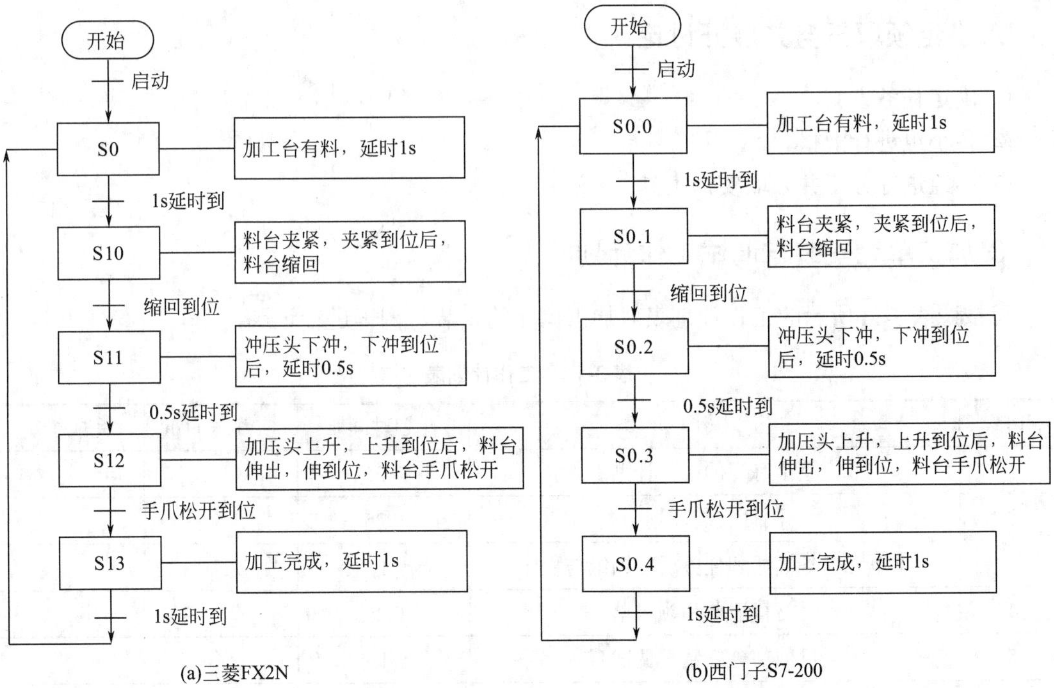

图3-18　加工单元控制程序流程图

整个程序的结构包括主程序、加工控制子程序和状态显示子程序。主程序是一个周期循环扫描的程序。通电后先进行初态检查，即检查伸缩气缸、夹紧气缸、冲压气缸是否在复位状态，加工台是否有工件。这4个条件中的任意一个条件不满足，初始状态均不能通过，不能进入加工控制子程序。如果初始状态检查通过，则说明设备准备就绪，允许启动。启动后，系统就处于运行状态，此时主程序每个扫描周期调用加工控制子程序和状态显示子程序。

加工控制子程序是一个步进程序，可以采用置位复位方法来编程。如果加工台有料，则相继执行夹紧、缩回、冲压操作，然后执行冲压复位、加工台缩回复位、手爪松开复位等操作，延时一段时间后返回子程序入口处开始下一个周期的工作。

状态显示子程序相对比较简单，可以根据项目的任务描述用经验设计法来编程实现。

学习单元四　任务实施

1. 训练要求

① 熟悉加工单元的功能及结构组成。

② 能够根据控制要求设计气动控制回路原理图，安装执行器件并进行调试。

③ 安装所使用的传感器并能调试。

④ 查明PLC各端口地址，根据要求编写程序和调试。

⑤ 能够进行加工单元的人机界面设计和调试。

2. 小组领取任务并展开讨论

① 确定任务方案。

② 各小组进行汇报。

③ 小组进行分工并领取实训工具。

3. 加工单元安装与调试工作计划

可按照表3-11所示的工作计划表对加工单元的安装与调试进行记录。

表3-11　工作计划表

步骤	内容	计划时间/h	实际时间/h	完成情况
1	整个练习的工作计划	0.25		
2	制订安装计划	0.25		
3	本单元任务描述和任务所需图纸与程序	1		
4	写材料清单和领料单	0.25		
5	机械部分安装与调试	1		
6	传感器安装与调试	0.25		
7	按照图纸进行电路安装	0.5		
8	气路安装	0.25		
9	气源与电源连接	0.25		

续表

步骤	内容	计划时间/h	实际时间/h	完成情况
10	PLC控制编程	1		
11	加工单元的人机界面设计	2		
12	按质量要求检查整个设备	0.25		
13	本单元各部分设备的通电、通气测试	0.25		
14	对老师发现和提出的问题进行回答	0.25		
15	输入程序，进行整个装置的功能调试	0.5		
16	如果必要，则排除故障	0.25		
17	该任务成绩的评估	0.5		

4. 实施

任务一：单元设计

按照工作单元功能要求，设计电气原理图、气动原理图。

任务二：安装

（1）机械组装

参照加工工作单元实物全貌图进行安装。

（2）导线连接

参照加工单元的I/O接线原理图进行电气接线，整理并捆绑好导线。

（3）气动连接

按气动控制回路图进行气路连接。并将气泵与过滤调压组件连接，在过滤调压组件上设定压力为6bar（600kPa）。

任务三：编程

① 根据工作单元功能要求、动作顺序要求，编写PLC程序。并将程序下载至PLC。

② 编程要点。

加工单元的工艺过程（顺序控制）：物料台的物料检测传感器检测到工件后，按照机械手指夹紧工件→物料台回到加工区域冲压气缸下方→冲压气缸向下伸出冲压工件→完成冲压动作后向上缩回→物料台重新伸出→到位后机械手指松开的顺序完成工件加工工序，并向系统发出加工完成信号。

任务四：调试

（1）传感器调试（见表3-12）

表3-12 传感器调试

调试对象	调试方法	调试目的
物料台伸缩气缸上的磁性开关	松开磁性开关的紧定螺栓，让它顺着气缸滑动，到达指定位置后，再旋紧紧定螺栓	传感器动作时，输出信号“1”，LED亮；传感器不动作时，输出信号“0”，LED不亮，实时检测物料台伸缩状态

续表

调试对象	调试方法	调试目的
冲压气缸上的磁性开关	松开磁性开关的紧定螺栓，让它沿着气缸缸体上的滑轨移动，到达指定位置后，再旋紧紧定螺栓	传感器动作时，输出信号“1”，LED亮；传感器不动作时，输出信号“0”，LED不亮，实时检测冲压气缸工作状态
物料夹紧气缸上的磁性开关	松开磁性开关的紧定螺栓，让它沿着气缸缸体上的滑轨移动，到达指定位置后，再旋紧紧定螺栓	传感器动作时，输出信号“1”，LED亮；传感器不动作时，输出信号“0”，LED不亮，实时检测夹紧气缸工作状态
物料台上漫射式光电接近开关	① 调整安装位置 ② 调整传感器上灵敏度设定旋钮	可靠检测出本单元物料台有无工件的信号

（2）气动调试（见表3-13）

表3-13 气动调试

调试对象	调试方法	调试目的
冲压气缸、料台伸出气缸、物料夹紧气缸节流阀	旋紧或旋松节流螺钉	分别调整气缸伸出、缩回速度，使气缸动作平稳可靠

（3）PLC程序

① 程序监视　程序编辑器都可以在PLC运行时监视程序执行的过程和各元件的状态及数据。

梯形图监视功能：拉开调试菜单，选中程序状态，这时闭合触点和通电线圈内部颜色变蓝（呈阴影状态）。在PLC的运行（RUN）工作状态，随输入条件的改变、定时及计数过程的运行，每个扫描周期的输出处理阶段将各个器件的状态刷新，可以动态显示各个定时、计数器的当前值，并用阴影表示触点和线圈通电状态，以便在线动态观察程序的运行。

② 动态调试　结合程序监视运行的动态显示，分析程序运行的结果，以及影响程序运行的因素，然后，退出程序运行和监视状态，在STOP状态下对程序进行修改编辑，重新编译、下载、监视运行，如此反复修改调试，直至得出正确运行结果。

5.检查与评估

根据现场各小组的讨论汇报情况、具体实施情况以及最后的结果按照表3-14对本次任务给出客观评价并记录。

表3-14 评分表

评分表		工作形式 □个人　□小组分工　□小组	实际工作时间	
训练项目	训练内容	训练要求	学生自评	教师评分
加工单元	1.工作计划与图纸（20分） 工作计划 材料清单 气路图 电路图 程序清单	电路绘制有错误，每处扣0.5分；机械手装置运动的限位保护没有设置或绘制有错误，扣1.5分；主电路绘制有错误，每处扣0.5分；电路图符号不规范，每处扣0.5分，最多扣2分		

续表

评分表		工作形式 □个人　□小组分工　□小组	实际工作时间 ______	
训练项目	训练内容	训练要求	学生自评	教师评分
加工单元	2.部件安装与连接（20分）	装配未能完成，扣2.5分；装配完成，但有紧固件松动现象，扣1分		
	3.连接工艺（20分） 电路连接工艺 气路连接及工艺 机械安装及装配工艺	端子连接，插针压接不牢或超过2根导线，每处扣0.5分，端子连接处没有线号，每处扣0.5分，两项最多扣3分；电路接线没有绑扎或电路接线凌乱，扣2分；机械手装置运动的限位保护未接线或接线错误，扣1.5分；气路连接未完成或有错，每处扣2分；气路连接有漏气现象，每处扣1分；气缸节流阀调整不当，每处扣1分；气管没有绑扎或气路连接凌乱，扣2分		
	4.测试与功能（30分） 夹料功能 送料功能 整个装置全面检测	启动/停止方式不按控制要求，扣1分，运行测试不满足要求，每处扣0.5分；工件送料测试，但推出位置明显偏差，每处扣0.5分		
	5.职业素养与安全意识（10分）	现场操作安全保护符合安全操作规程；工具摆放、包装物品、导线线头等的处理符合职业岗位的要求；团队合作有分工有合作，配合紧密；遵守纪律，尊重教师，爱惜设备和器材，保持工位的整洁		

问题与思考

1.利用移位指令实现加工单元的顺序控制功能，编写梯形图控制程序，并完成调试使之正确运行。

2.如果发生意外需要采用紧急停止按钮时，程序应该如何编写？

项目三

装配单元的安装与调试

项目学习目标

① 掌握摆动气缸、导杆气缸的功能、特性、安装和调整的方法。

② 掌握生产线中光纤传感器的结构、特点及电气接口特性，能在自动化生产线中正确进行安装和调试。

③ 掌握并行控制的顺序控制程序编制和调试方法。

④ 初步掌握较复杂的机电一体化设备安装调试方法，能在规定时间内完成装配单元的安装和调整，进行程序设计和调试，并能解决安装与运行过程中出现的常见问题。

学习单元一　初步认识装配单元

1. 装配单元的功能

装配单元是完成将该单元料仓内的黑色或白色小圆柱工件嵌入到放置在装配料斗的待装配工件中的装配过程。

竖直料仓中的物料在重力作用下自动下落，通过两直线气缸的共同作用，分别对底层相邻两物料夹紧与松开，完成对连续下落的物料的分配，被分配的物料按指定的路径落入由气动摆台构成的物料位置转换装置，由摆台完成180°位置变换后，由前后移动气缸、上下移动气缸、气动手指所组成的机械手夹持后位移，并装配到已定位的半成品工件中。

2. 装配单元的结构

装配单元结构包括：管形料仓、落料机构、回转物料台、装配机械手、导向气缸、装配台料斗、电磁阀组和警示灯。装配单元结构如图3-19所示。

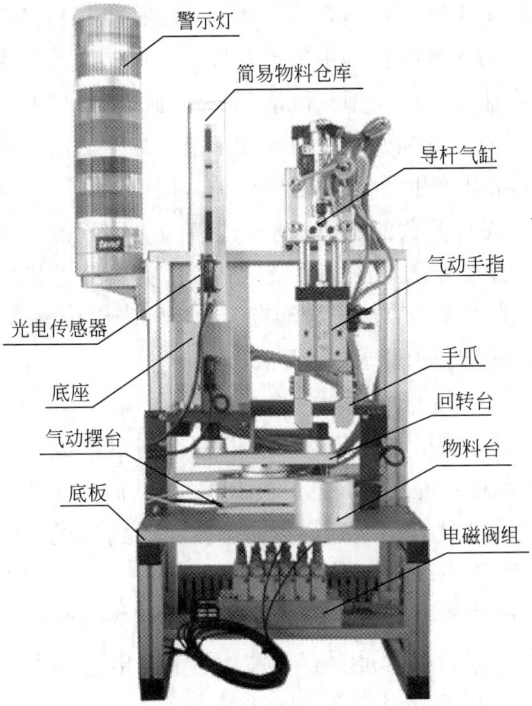

(a) 前视图

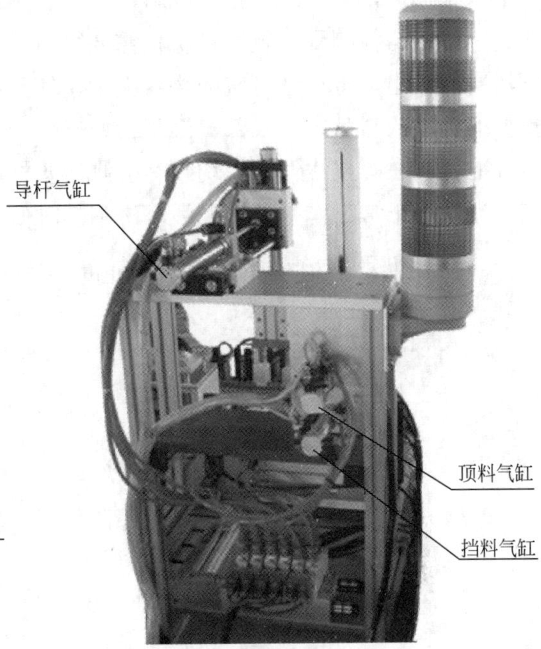

(b) 背视图

图3-19 装配单元机械装配图

（1）管形料仓

管形料仓用来存储装配用的金属、黑色和白色小圆柱零件。它由塑料圆管和中空底座构成。塑料圆管顶端放置加强金属环，以防止破损。工件竖直放入料仓的空心圆管内，由于二者之间有一定的间隙，使其能在重力作用下自由下落。

为了能对料仓供料不足和缺料时报警，在塑料圆管底部和底座处分别安装了2个漫反射光电传感器（CX-441型），并在料仓塑料圆柱上纵向铣槽，以使光电传感器的红外光斑能可靠照射到被检测的物料上，如图3-20所示。简易物料仓库中的物料外形一致，颜色分为黑色和白色。光电传感器的灵敏度调整到能检测到黑色物料为准则。

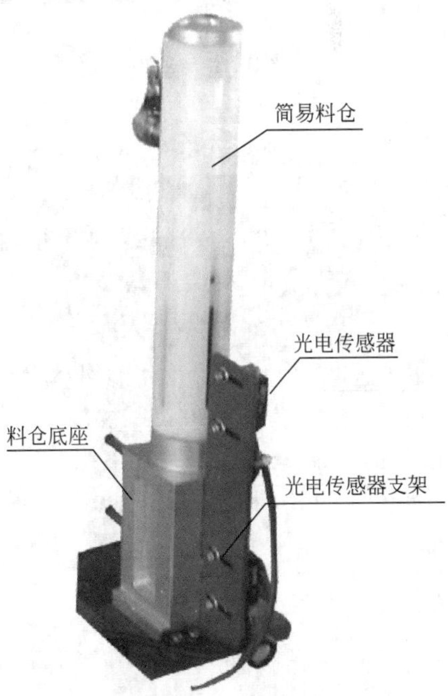

图3-20 简易物料仓库

（2）落料机构

它的动作过程是由上下安装水平动作的两直线气缸在PLC的控制下完成的。当供气压力达到规定气压后，打开气路阀门，此时分配机构底部气缸在单电控电磁阀的作用下，恢复到初始状态——该气缸活塞杆伸出，因重力下落的物料被阻挡，系统上电并正常运行后，当位置变换机构料盘旁的光电传感器检测到位置变换机构需要物料时，物料分配机构中的上部气缸在电磁阀的作用下活塞杆伸出，将与之对应的物料夹紧，使其不能下落，底部气缸活塞杆缩回，物料掉入位置变换机构的料盘中，底部气缸复位伸出，上部的气缸缩回，物料连续下落，为下一次分料做好准备。在两直线气缸上均装有检测活塞杆伸出与缩回到位的磁性开关，用于动作到位检测，当系统正常工作并检测到活塞磁钢的时候，磁性开关的红色指示灯点亮，并将检测到的信号传送给控制系统的PLC。物料分配机构的底部装有用于检测有无物料的光电传感器，使控制过程更准确可靠。

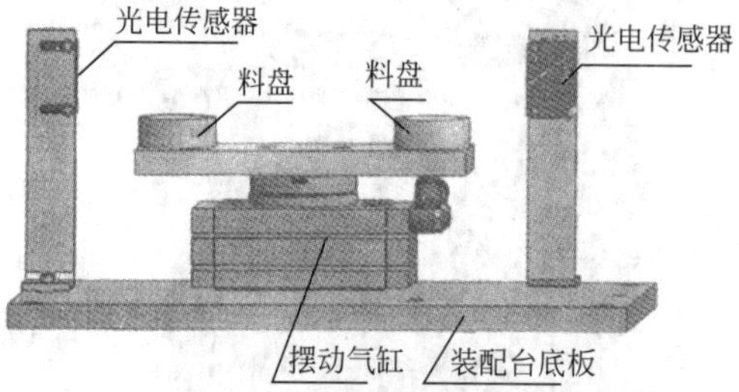

图3-21 回转物料台的结构

（3）回转物料台

该机构由气动摆台和两个料盘组成，气动摆台能驱动料盘旋转180°，从而实现把从供料机构落下到料盘的工件移动到装配机械手正下方的功能，如图3-21所示。图中的光电传感器3和光电传感器4分别用来检测左面和右面料盘是否有零件。两个光电传感器均选用CX-441型。

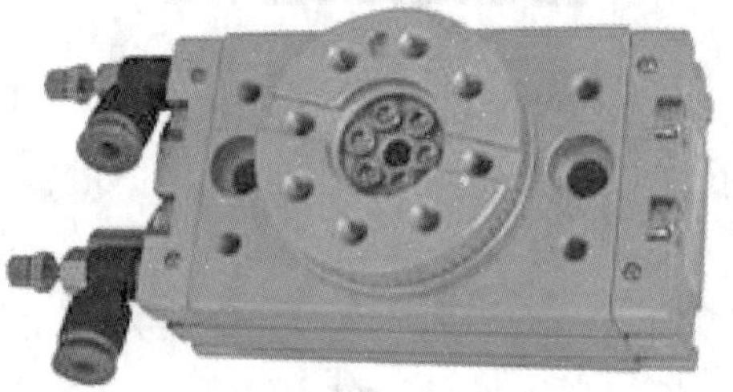
图3-22 气动摆台

气动摆台是由直线气缸驱动齿轮齿条实现回转运动，回转角度能在0°～90°和0°～180°之间任意可调，而且可以安装磁性开关，检测旋转到位信号，多用于方向和位置需要变换的机构。如图3-22所示。

（4）装配机械手

装配机械手是整个装配单元的核心。当装配机械手正下方的回转物料台料盘上有小圆柱零件，且装配台侧面的光纤传感器检测到装配台上有待装配工件的情况下，机械手从初始状态开始执行装配操作过程，如图3-23所示。

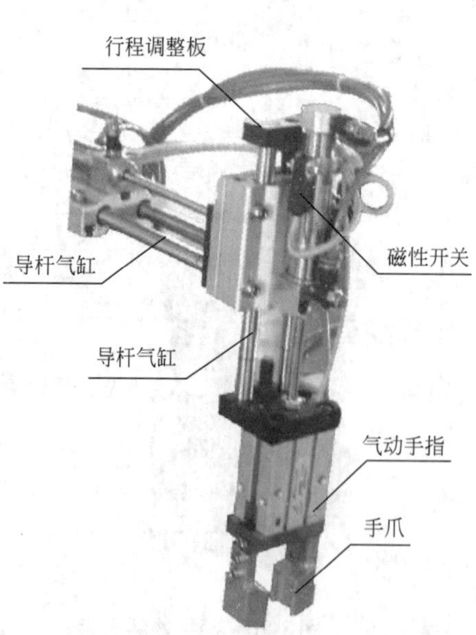

图3-23 装配机械手组件

装配机械手的运行过程：PLC驱动与竖直移动气缸相连的电磁换向阀动作，由竖直移动带导杆气缸驱动气动手指向下移动，到位后，气动手指驱动手爪夹紧物料，并将夹紧信号通过磁性开关传送给PLC，在PLC控制下，竖直移动气缸复位，被夹紧的物料随气动手指一并提起，离开回转物料台的料盘，提升到最高位后，水平移动气缸在与之对应的换向阀的驱动下，活塞杆伸出，移动到气缸前端位置后，竖直移动气缸再次被驱动下移，移动到最下端位置，气动手指松开，经短暂延时，竖直移动气缸和水平移动气缸缩回，机械手恢复初始状态。

在整个机械手动作过程中，除气动手指松开到位无传感器检测外，其余动作的到位信号检测均采用与气缸配套的磁性开关，将采集到的信号输入PLC，由PLC输出信号驱动电磁阀换向，使由气缸及气动手指组成的机械手按程序自动运行。

（5）导向气缸

导向气缸是指具有导向功能的气缸，由标准气缸和导向装置集合而成。导向气缸用于驱动装配机械手沿导杆水平方向移动，如图3-24所示。

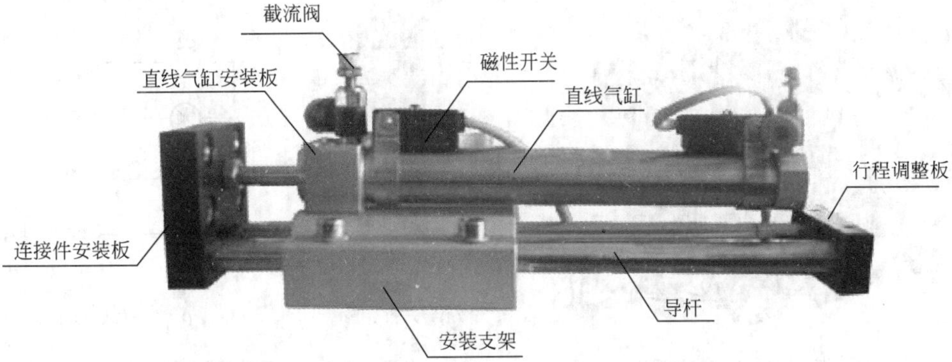

图3-24 导向气缸组件的结构

导向气缸由带双导杆的直线运动气缸和其他附件组成。安装支架用于导杆导向件的安装和导杆气缸整体的固定，连接件安装板用于固定其他需要连接到该导杆气缸上的物件，并将两导杆和直线气缸活塞杆的相对位置固定，当直线气缸的一端接通压缩空气后，活塞被驱动作直线运动，活塞杆也一起移动，被连接件安装板固定到一起的两导杆也随活塞杆伸出或缩回，从而实现导杆气缸的整体功能。安装在导杆末端的行程调整板用于调整该导杆气缸的伸出行程。具体调整方法是松开行程调整板上的紧定螺钉，让行程调整板在导杆上移动，当达到理想的伸出距离以后，再完全锁紧紧定螺钉，完成行程的调节。

（6）装配台料斗

输送单元运送来的待装配工件直接放置在装配台料斗中，由料斗定位孔与工件之间的较小的间隙配合实现定位，从而完成准确的装配动作和定位精度。装配台料斗与回转物料台组件共用支承板，如图3-25所示。为了确定装配台料斗内是否放置了待装配工件，使用了光纤传感器进行检测。料斗的侧面开始有一个M6的螺孔，光纤传感器的光纤探头就固定在螺孔内。

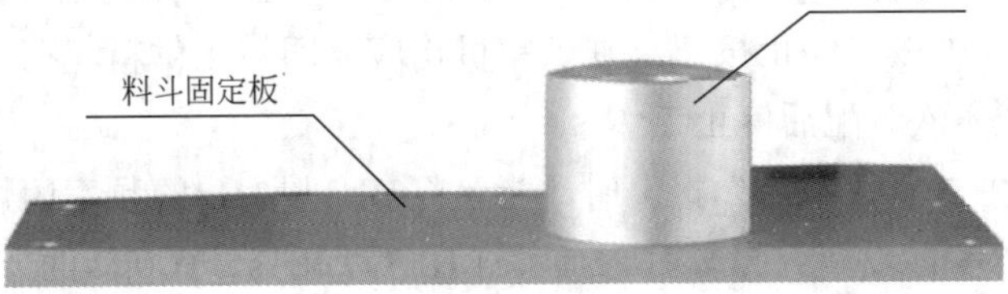

图3-25 装配台料斗

（7）电磁阀组

装配单元的阀组由6个二位五通单电控电磁换向阀组成，如图3-26所示。这些阀分别对物料分配、位置变换和装配动作气路进行控制，以改变各自的动作状态。

（8）警示灯

本工作单元上安装有红、橙、绿三色警示灯，它是作为整个系统警示用的。警示灯有五根引出线，其中黄绿交叉线为地线；红色线为红色灯控制线；黄色线为橙色灯控制线；绿色线为绿色灯控制线；黑色线为信号灯公共控制线。警示灯的外形及其接线如图3-27所示。

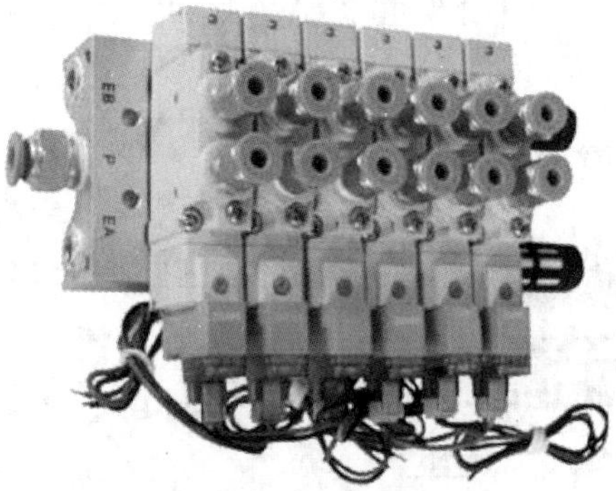

图3-26 装配单元的电磁阀组

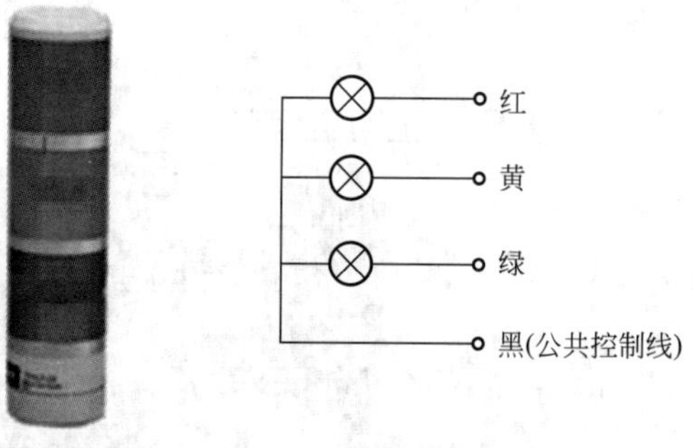

(a)警示灯外形 (b)警示灯接线原理

图3-27 装配单元的警示灯

3.装配单元的工作过程

① 装配单元各气缸的初始位置为：挡料气缸处于伸出状态，顶料气缸处于缩回状态，料仓上已经有足够的小圆柱零件；装配机械手的升降气缸处于提升（缩回）状态，伸缩气缸处于缩回状态，气爪处于松开状态。

设备上电和气源接通后，若各气缸满足初始位置要求，且料仓上已经有足够的小圆柱零件；工件装配台上没有待装配工件，则“正常工作”指示灯HL1常亮，表示设备准备好。否则，该指示灯以1Hz频率闪烁。

② 若设备准备好，按下启动按钮，装配单元启动，“设备运行”指示灯HL2常亮。如果回转台上的左料盘内没有小圆柱零件，就执行下料操作；如果左料盘内有零件，而右料盘内没有零件，执行回转台回转操作。

③ 如果回转台上的右料盘内有小圆柱零件且装配台上有待装配工件，执行装配机械手抓取小圆柱零件，放入待装配工件中的操作。

④ 完成装配任务后，装配机械手应返回初始位置，等待下一次装配。

⑤ 若在运行过程中按下停止按钮，则供料机构应立即停止供料，在装配条件满足的情况下，装配单元在完成本次装配后停止工作。

⑥ 在运行中发生“零件不足”报警时，指示灯HL3以1Hz的频率闪烁，HL1和HL2灯常亮；在运行中发生“零件没有”报警时，指示灯HL3以亮1s、灭0.5s的方式闪烁，HL2熄灭，HL1常亮。

学习单元二　装配单元的安装

1.装配单元机械部分的安装与调试

（1）机械组件的组成

装配单元的机械组件包括管形仓库、落料机构、回转物料台、气动摆台、装配机械手、导向气缸、装配台料斗。装配单元的整体结构除了机械组件之外，还有一些配合机械动作的气动元件和传感器。

（2）机械组件的安装方法

装配单元是整个YL-335B中所含元器件较多、结构较为复杂的单元，为了减小安装的难度和提高安装时的效率，在装配前应认真分析该结构组成，认真观看录像，参考别人的装配工艺，认真思考，做好记录。遵循先前的思路，先装配成组件，再进行总装，装配成的组件如图3-28所示。

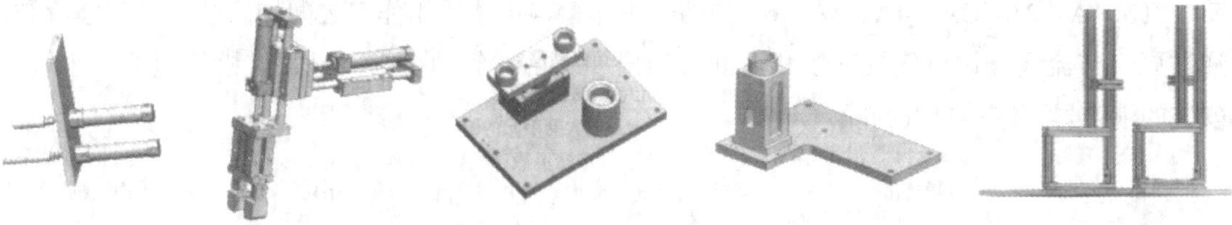

供料操作组件　装配机械手组件　回转机构及装配台　供料料仓组件　工作单元支撑组件

图3-28　装配单元装配过程的组件

在完成以上组件的装配后，按表3-15的顺序进行总装。

表3-15　装配单元装配过程

安装步骤	安装效果图	安装步骤	安装效果图
① 把回转机构及装配台组件安装到工作单元支撑架上		③ 安装供料操作组件和装配机械手支撑板	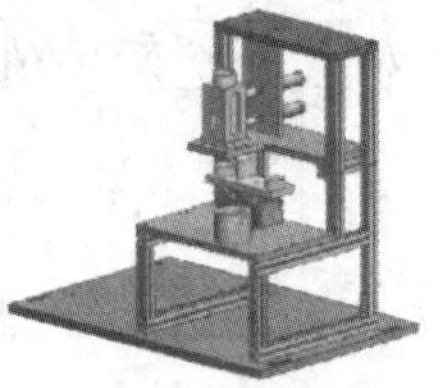
② 安装供料料仓组件	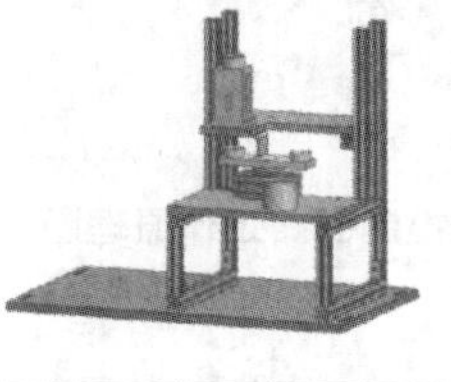	④ 安装装配机械手组件	

2.装配单元气动元件的安装与调试

(1)气动系统的组成

装配单元的气动系统主要包括气源、气动汇流板、直线气缸、摆动气缸、气动手指、单电控5/2换向阀、单向节流阀、消声器、快插接头、气管等,主要作用是完成推料、挡料、机械手抓取、工件装配和工件送取到位等。

装配单元的气动执行元件由4个双作用气缸、1个摆动气缸和1个气动手指组成,其中1B1、1B2为安装在顶料气缸上的2个位置检测传感器(磁性开关);2B1、2B2为安装在挡料气缸上的2个位置检测传感器(磁性开关);3B1、3B2为安装在手爪伸缩气缸上的2个位置检测传感器(磁性开关);4B1、4B2为安装在手爪升降气缸上的2个位置检测传感器(磁性开关);5B1、5B2为安装在摆动气缸上的2个位置检测传感器(磁性开关);6B为安装在气动手指上的1个位置检测传感器(磁性开关)。单向节流阀用于气缸、摆动气缸和气动手指调速,气动汇流板用于组装单电控5/2换向阀及其附件。

(2)气路控制原理图

装配单元的气路控制原理图如图3-29所示。图中,气源经汇流板分给3个换向阀的进气口,气缸1A、2A、3A、4A、5A、6A的两个工作口与电磁阀工作口之间均安装了单向节流阀,通过尾气节流阀来调整气缸冲压和返回、伸出和缩回、气动手指夹紧和放松的速度。排气口安装的消声器可减小排气的噪声。

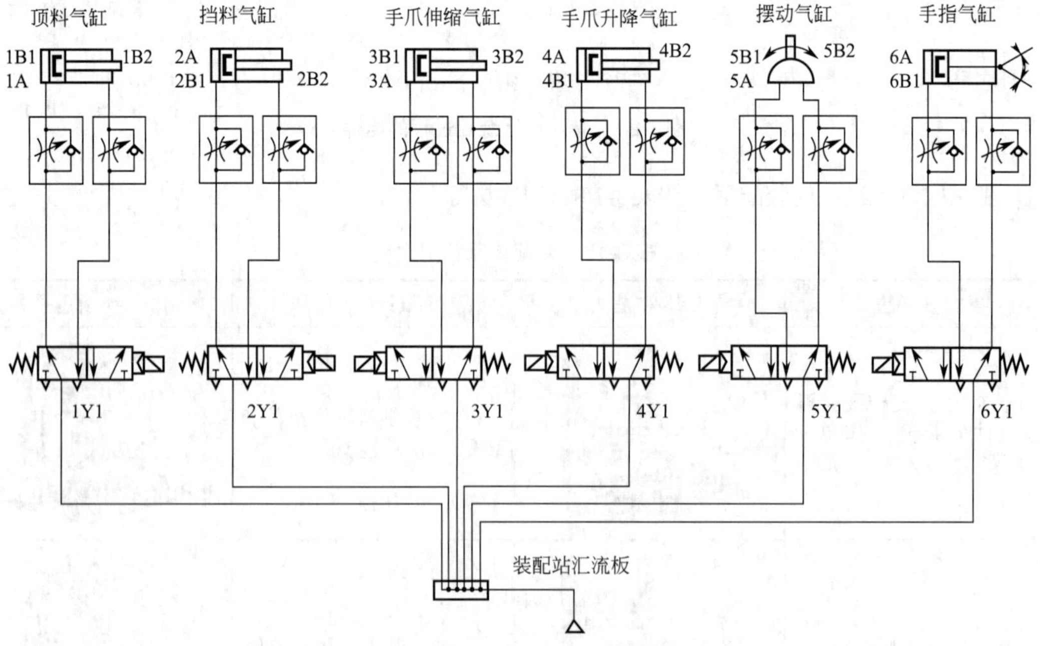

图3-29 装配单元气动控制回路工作原理图

(3)气路的连接方法

① 单向节流阀应安装在气缸的工作口上,并缠绕好密封带,以免运行时漏气。

② 单电控5/2换向阀的进气口和工作口应安装好快插接头，并缠绕好密封带，以免运行时漏气。

③ 气动汇流板的排气口应安装好消声器，并缠绕好密封带，以免运行时漏气。

④ 气动元件对应气口之间用塑料气管进行连接，做到安装美观，气管不交叉并保持气路畅通。

（4）气路系统的调试方法

装配单元气路系统的调试主要是针对气动执行元件的运行情况进行的，其调试方法是通过手动控制单向换向阀，观察气动执行元件的动作情况：气动执行元件运行过程中检查各管路的连接处是否有漏气现象，是否存在气管不畅通现象。同时通过各单向节流阀的调整来获得稳定的气动执行元件运行速度。

3.装配单元传感器的安装与接线

（1）磁性开关的安装与接线

① 磁性开关的安装　装配单元设计6个气动执行元件，即顶料气缸、挡料气缸、摆动气缸、气动手指、手爪升降气缸、手爪伸缩气缸，分别由11个磁性开关作为气动执行元件的极限位置检测元件。磁性开关的安装方法与供料单元中磁性开关的安装方法相同。

② 磁性开关的接线　磁性开关的输出为2线（棕色+，蓝色-），连接时蓝色线与直流电源的负极相连，棕色线与PLC的输入点相连。

（2）光电开关的安装与接线

① 光电开关的安装　装配单元中的光电开关主要用于加工台物料检测，光电开关的安装与供料单元中光电开关的安装方法相同。

② 光电开关的接线　光电开关的输出为3线（棕色+，蓝色-，黑色输出），连接时棕色线与直流电源的正极相连，蓝色线与直流电源的负极相连，黑色线与PLC的输入点相连。

（3）光纤传感器的安装与接线

① 光纤传感器的安装　装配单元中的光纤传感器主要用于物料台上的工件有无检测，能识别不同颜色的工件，并判断物料台是否有工件存在。光纤传感器的安装与供料单元中光电开关的安装方法相同。

② 光纤传感器的接线　光纤传感器的输出为3线（棕色+，蓝色-，黑色输出），连接时棕色线与直流电源的正极相连，蓝色线与直流电源的负极相连，黑色线与PLC的输入点相连。

4.装配单元PLC的安装与调试

（1）装配单元装置侧接线

装配单元装置侧接线，一是把装配单元各个传感器、电源线、0V线按规定接至装置侧左边较宽的接线端子排；二是把装配单元电磁阀的信号线接至装置侧右边较窄的接线端子排。其信号线与端子排号如表3-16所示。

表3-16 装配单元装置侧的接线端口信号端子的分配

输入端口			输出端口		
端子号	设备符号	信号线	端子号	设备符号	信号线
2	BG1	零件不足检测	2	1Y	挡料电磁阀
3	BG2	零件有无检测	3	2Y	顶料电磁阀
4	BG3	左料盘零件检测	4	3Y	回转电磁阀
5	BG4	右料盘零件检测	5	4Y	手爪夹紧电磁阀
6	BG5	装配台工件检测	6	5Y	手爪下降电磁阀
7	1B1	顶料到位检测	7	6Y	手臂伸出电磁阀
8	1B2	顶料复位检测	8	AL1	红色警示灯
9	2B1	挡料状态检测	9	AL2	橙色警示灯
10	2B2	落料状态检测	10	AL3	绿色警示灯
11	5B1	摆动气缸左限检测	11		
12	5B2	摆动气缸右限检测	12		
13	6B2	气爪夹紧检测	13		
14	4B2	气爪下降到位检测	14		
15	4B1	气爪上升到位检测			
16	3B1	气臂缩回到位检测			
17	3B2	气臂伸出到位检测			

（2）装配单元PLC侧接线

PLC侧接线包括电源接线、PLC输入/输出端子的接线。PLC侧接线端子排为双层两列端子，左边较窄的一列主要接PLC的输出接口，右边较宽的一列接PLC的输入接口。两列中的下层分别接24V电源端子和0V端子。装配单元PLC的I/O接线原理图如图3-30所示。

5. 安装过程中应注意的问题

① 装配时要注意摆台的初始位置，以免装配完后摆动角度不到位。

② 预留螺栓的放置一定要足够，以免造成组件之间不能完成安装。

③ 建议先进行装配，但不要一次拧紧各固定螺栓，待相互位置基本确定后，再依次进行调整固定。

④ 装配工作完成后，须做进一步的校验和调整，如再次校验摆动气缸初始位置和摆动角度；校验和调整机械手竖直方向移动的行程调节螺栓，使之在下限位置能可靠抓取工件；调整水平方向移动的行程调节螺栓，使之能准确移动到装配台正上方进行装配工作。

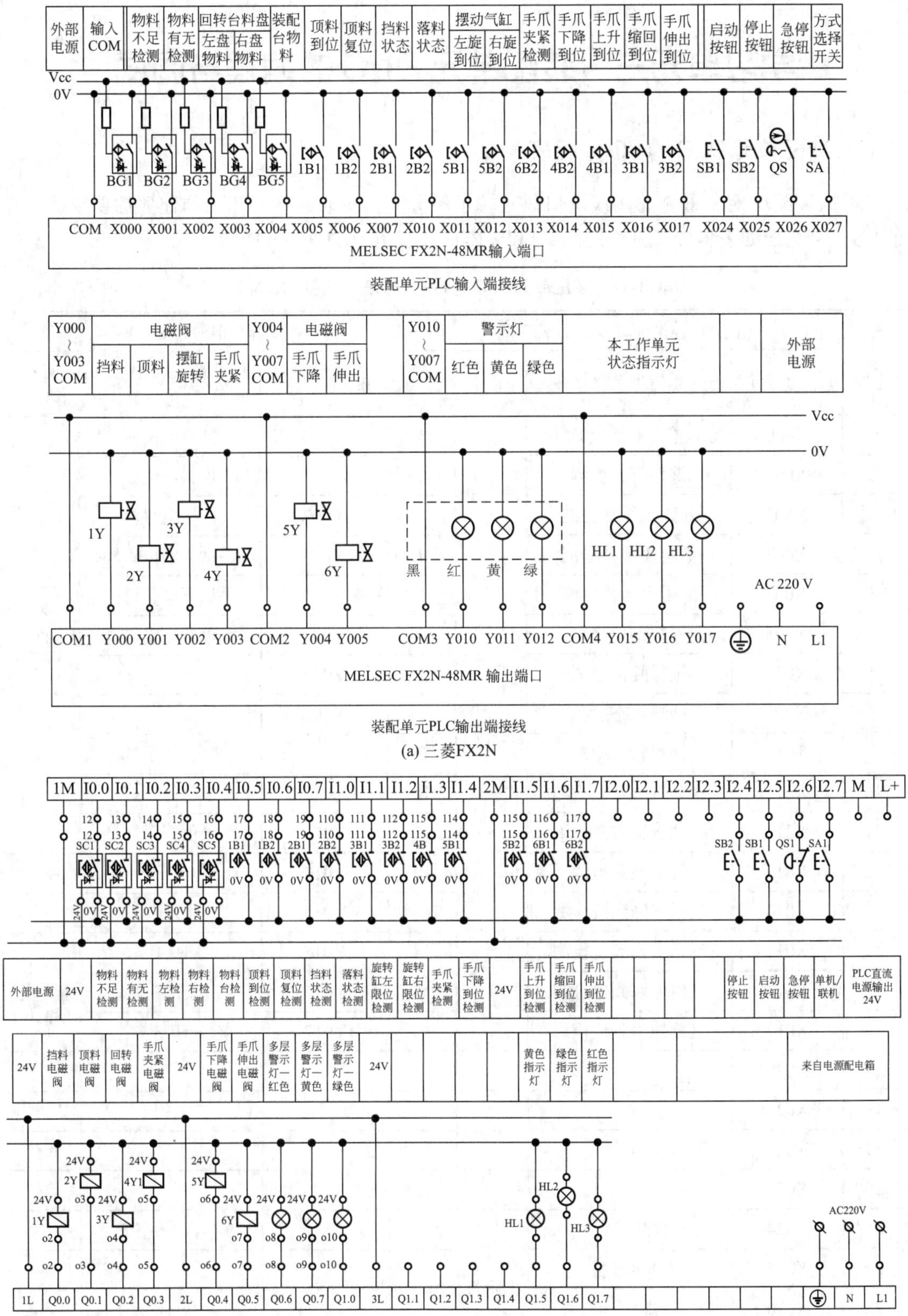

(b) 西门子S7-200

图3-30 装配单元PLC的I/O接线原理图

学习单元三 装配单元PLC的编程与调试

1.装配单元PLC的I/O分配表

根据装配单元装置侧的接线端口信号端子的分配（见表3-16）和工作任务的要求，PLC的I/O信号分配如表3-17（三菱FX2N）和表3-18（西门子S7-200）所示。

表3-17 装配单元PLC的I/O信号表（三菱FX2N）

输入信号				输出信号			
序号	PLC输入点	信号名称	信号来源	序号	PLC输出点	信号名称	信号来源
1	X000	零件不足检测	装置侧	1	Y000	挡料电磁阀	装置侧
2	X001	零件有无检测		2	Y001	顶料电磁阀	
3	X002	左料盘零件检测		3	Y002	回转电磁阀	
4	X003	右料盘零件检测		4	Y003	手爪夹紧电磁阀	
5	X004	装配台工件检测		5	Y004	手爪下降电磁阀	
6	X005	顶料到位检测		6	Y005	手臂伸出电磁阀	
7	X006	顶料复位检测		7	Y006		
8	X007	挡料状态检测		8	Y007		
9	X010	落料状态检测		9	Y010	红色警示灯	
10	X011	摆动气缸左限检测		10	Y011	橙色警示灯	
11	X012	摆动气缸右限检测		11	Y012	绿色警示灯	
12	X013	气爪夹紧检测		12	Y013		
13	X014	气爪下降到位检测		13	Y014		
14	X015	气爪上升到位检测		14	Y015	HL1	按钮/指示灯模块
15	X016	气臂缩回到位检测		15	Y016	HL2	
16	X017	气臂伸出到位检测		16	Y017	HL3	
17	X020						
18	X021						
19	X022						
20	X023						
21	X024	停止按钮	按钮指示灯模块				
22	X025	启动按钮					
23	X026	急停按钮					
24	X027	单机/联机					

表3-18　装配单元PLC的I/O信号表（西门子S7-200）

输入信号				输出信号			
序号	PLC输入点	信号名称	信号来源	序号	PLC输出点	信号名称	信号来源
1	I0.0	零件不足检测	装置侧	1	Q0.0	挡料电磁阀	装置侧
2	I0.1	零件有无检测		2	Q0.1	顶料电磁阀	
3	I0.2	左料盘零件检测		3	Q0.2	回转电磁阀	
4	I0.3	右料盘零件检测		4	Q0.3	手爪夹紧电磁阀	
5	I0.4	装配台工件检测		5	Q0.4	手爪下降电磁阀	
6	I0.5	顶料到位检测		6	Q0.5	手臂伸出电磁阀	
7	I0.6	顶料复位检测		7	Q0.6		
8	I0.7	挡料状态检测		8	Q0.7		
9	I1.0	落料状态检测		9	Q1.0	红色警示灯	
10	I1.1	摆动气缸左限检测		10	Q1.1	橙色警示灯	
11	I1.2	摆动气缸右限检测		11	Q1.2	绿色警示灯	
12	I1.3	气爪夹紧检测		12	Q1.3		
13	I1.4	气爪下降到位检测		13	Q1.4		
14	I1.5	气爪上升到位检测		14	Q1.5	HL1	按钮/指示灯模块
15	I1.6	气臂缩回到位检测		15	Q1.6	HL2	
16	I1.7	气臂伸出到位检测		16	Q1.7	HL3	
17	I2.0						
18	I2.1						
19	I2.2						
20	I2.3						
21	I2.4	停止按钮	按钮/指示灯模块				
22	I2.5	启动按钮					
23	I2.6	急停按钮					
24	I2.7	单机/联机					

2. 编程思路

装配单元采用的是顺序控制编程，整个程序由主程序、供料子程序、装配子程序和状态显示子程序组成。主程序是一个周期循环扫描的程序，其顺序控制流程图如图3-31所示。通电后先进行初始状态检查，即检查顶料气缸缩回、挡料气缸伸出、机械手提升、机械手缩回、手爪松开、供料充足、装配台无料7个状态是否满足要求。这7个条件中的任意一个条件不满足，初始状态均不能通过，不能进入下一个环节。如果初始状态检查通过，则说明设备准备

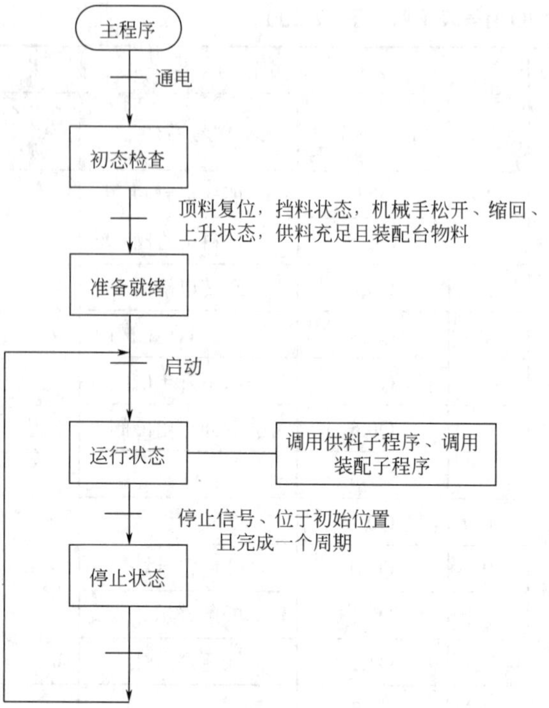

图3-31 装配单元主程序顺序控制流程图

就绪，允许启动。启动后，系统就处于运行状态，此时主程序每个扫描周期调用供料子程序、装配子程序和状态显示子程序。

供料子程序就是通过供料机构按顺序的操作，使料仓中的小圆柱零件落下到摆台左边料盘上的落料控制；然后摆台转动，使装有零件的料盘转移到右边，以便装配机械手抓取零件。供料过程包含两个互相联锁的过程，即落料过程和摆台转动的过程。在小圆柱零件从料仓下落到左料盘的过程中，禁止摆台转动；反之，在摆台转动过程中，禁止打开料仓（挡料气缸缩回）落料。其编程思路如下：如果左料盘无料，则执行落料；如果左料盘有料、右料盘无料，则执行摆台转动；如果左料盘有料、右料盘有料，当右料盘无料时，则执行摆台转动复位操作。

落料过程的编程可以参照供料单元的动作过程。摆台转动控制梯形图如图3-32所示。

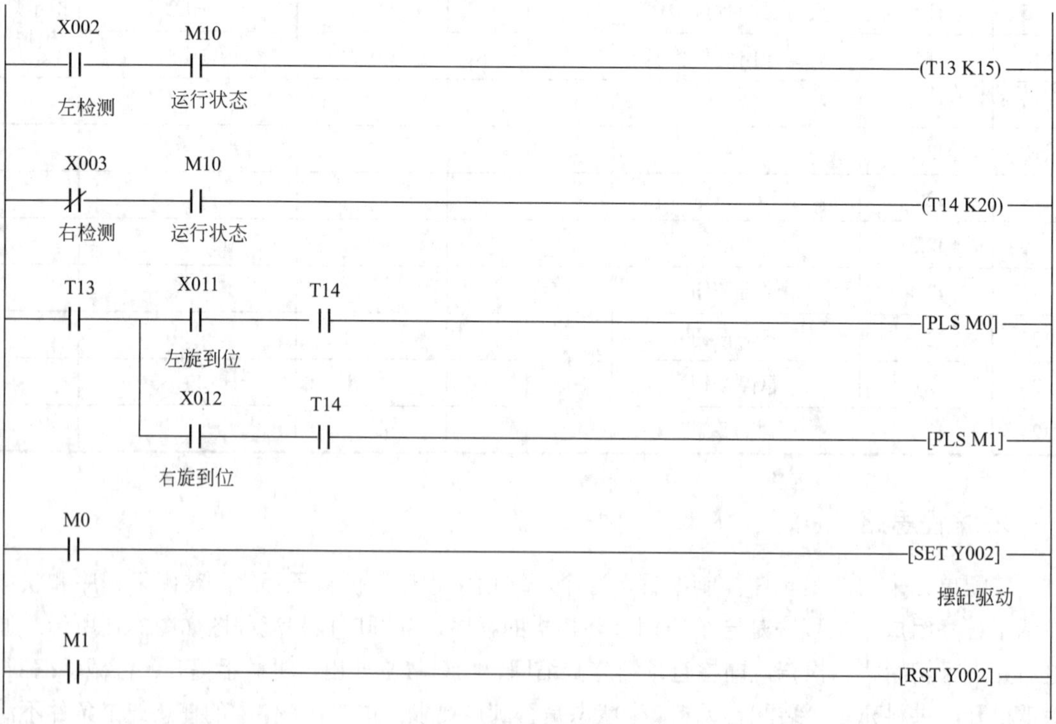

图3-32 摆台转动控制梯形图

装配子程序是当装配台上有待装配工件，且装配机械手下方有小圆柱零件时，进行装配操作。装配过程是一典型的步进顺序控制，其流程图如图3-33所示。

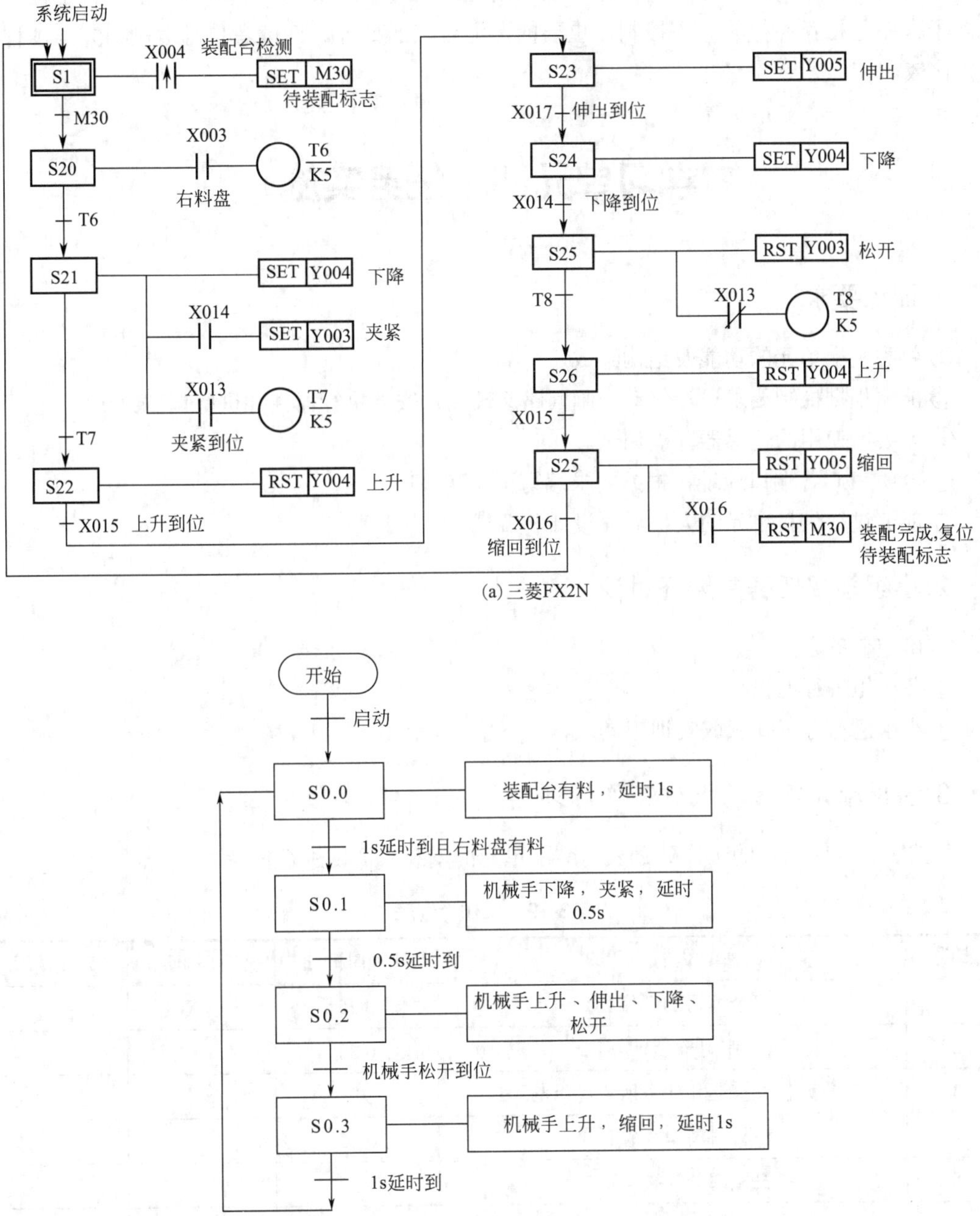

(a) 三菱FX2N

(b)西门子S7-200

图3-33　装配单元装配过程流程图

装配子程序的编程思路如下：如果装配台有料且右料盘有料，则依次执行抓料、放料操作。抓料操作的方法是机械手下降→手爪夹紧→机械手提升；放料操作的方法是机械手伸出→机械手下降→手爪松开→机械手提升→机械手缩回。

需要注意的是，程序中供料子程序和装配子程序分别是两个相互独立的步进块，它们都必须以RST指令结束。在自动线工作过程中，并行分支往往并不相互独立，这时就不能用上述方法编程。实际上，本工作过程也可以只用一个步进指令块编程，这时，落供料子程序和装配子程序是相互并行的分支控制，重要的是汇合点的处理。请读者自行编制，并与本程序加以比较。

学习单元四　任务实施

1.训练要求

① 熟悉装配单元的功能及结构组成。

② 能够根据控制要求设计气动控制回路原理图，安装执行器件并进行调试。

③ 安装所使用的传感器并能调试。

④ 查明PLC各端口地址，根据要求编写程序和调试。

⑤ 能够进行供料单元的人机界面设计和调试。

2.小组领取任务并展开讨论

① 确定任务方案。

② 各小组进行汇报。

③ 小组进行分工并领取实训工具。

3.装配单元安装与调试工作计划

可按照表3-19所示的工作计划表对装配单元的安装与调试进行记录。

表3-19　工作计划表

步骤	内容	计划时间/h	实际时间/h	完成情况
1	整个练习的工作计划	0.25		
2	制订安装计划	0.25		
3	本单元任务描述和任务所需图纸与程序	1		
4	写材料清单和领料单	0.25		
5	机械部分安装与调试	1		
6	传感器安装与调试	0.25		
7	按照图纸进行电路安装	0.5		
8	气路安装	0.25		
9	气源与电源连接	0.25		
10	PLC控制编程	1		

续表

步骤	内容	计划时间/h	实际时间/h	完成情况
11	装配单元的人机界面设计	2		
12	按质量要求检查整个设备	0.25		
13	本单元各部分设备的通电、通气测试	0.25		
14	对老师发现和提出的问题进行回答	0.25		
15	输入程序，进行整个装置的功能调试	0.5		
16	如果必要，则排除故障	0.25		
17	该任务成绩的评估	0.5		

4.实施

任务一：单元设计

按照工作单元功能要求，设计电气原理图、气动原理图。

任务二：安装

（1）机械组装

参照装配工作单元实物全貌图进行安装。

（2）导线连接

参照装配单元的I/O接线原理图进行电气接线，整理并捆绑好导线。

（3）气动连接

按气动控制回路图进行气路连接。并将气泵与过滤调压组件连接，在过滤调压组件上设定压力为6bar（600kPa）。

任务三：编程

根据工作单元功能要求、动作顺序要求，编写PLC程序，并将程序下载至PLC。编程要点如下。

（1）装配单元的工艺过程

供料：当供气压力达到规定气压后，打开气路阀门，此时分配机构底部气缸在单电控电磁阀的作用下，恢复到初始状态——该气缸活塞杆伸出，因重力下落的物料被阻挡，系统上电并正常运行后，当位置变换机构料盘旁的光电传感器检测到位置变换机构需要物料时，物料分配机构中的上部气缸在电磁阀的作用下活塞杆伸出，将与之对应的物料夹紧，使其不能下落，底部气缸活塞杆缩回，物料掉入位置变换机构的料盘中，底部气缸复位伸出，上部的气缸缩回，物料连续下落，为下一次分料做好准备。

装配机械手：PLC驱动与竖直移动气缸相连的电磁换向阀动作，由竖直移动带导杆气缸驱动气动手指向下移动，磁性开关检测到下移到位后，气动手指驱动手爪夹紧物料，并将夹紧信号通过磁性开关传送给PLC，在PLC控制下，竖直移动气缸复位，被夹紧的物料随气动手指一并提起，离开位置变换机构的料盘，提升到最高位后，水平移动气缸在与之对应的换向阀的驱动下，活塞杆伸出，移动到气缸前端位置后，竖直移动气缸再次被驱动下移，移动到最下端位置，气动手指松开，经短暂延时，竖直移动气缸和水平移动气缸缩回，机械手恢复初始状态装配。

（2）程序结构

主程序：在每个扫描周期调用4个子程序。

启动/停止子程序：响应系统的启动、停止指令和状态信息的返回。

下料控制子程序：实现料仓内小圆柱工件送到装配机械手下面的下料控制。

抓料控制子程序：实现装配机械手抓取小圆柱工件放入大工件中的控制。

指示灯控制子程序：本单元上安装有红、黄、绿三色警示灯，作为整个系统警示作用，警示灯的动作取决于输送单元发到网络上的系统状态信号，但具体动作方式由本单元PLC控制。

任务四：调试

（1）传感器调试（见表3-20）

表3-20　传感器调试

调试对象	调试方法	调试目的
各直线气缸上的磁性开关	松开磁性开关的紧定螺栓，让它顺着气缸滑动，到达指定位置后，再旋紧紧定螺栓	传感器动作时，输出信号“1”，LED亮；传感器不动作时，输出信号“0”，LED不亮
气动手指、气动摆台上的磁性开关	松开磁性开关的紧定螺栓，让它沿着气缸缸体上的滑轨移动，到达指定位置后，再旋紧紧定螺栓	传感器动作时，输出信号“1”，LED亮；传感器不动作时，输出信号“0”，LED不亮
漫射式光电传感器	① 调整安装位置 ② 调整传感器上灵敏度设定旋钮	可靠检测出有无工件的信号，灵敏度调整到能检测到黑色物料为准则

（2）气动调试（见表3-21）

表3-21　气动调试

调试对象	调试方法	调试目的
直线气缸、气动手指、气动摆台上节流阀	旋紧或旋松节流螺钉	分别调整气缸伸出、缩回速度，使气缸动作平稳可靠

（3）PLC程序

① 程序监视　程序编辑器都可以在PLC运行时监视程序执行的过程和各元件的状态及数据。

梯形图监视功能：拉开调试菜单，选中程序状态，这时闭合触点和通电线圈内部颜色变蓝（呈阴影状态）。在PLC的运行（RUN）工作状态，随输入条件的改变、定时及计数过程的运行，每个扫描周期的输出处理阶段将各个器件的状态刷新，可以动态显示各个定时、计数器的当前值，并用阴影表示触点和线圈通电状态，以便在线动态观察程序的运行。

② 动态调试　结合程序监视运行的动态显示，分析程序运行的结果，以及影响程序运行的因素，然后，退出程序运行和监视状态，在STOP状态下对程序进行修改编辑，重新编译、下载、监视运行，如此反复修改调试，直至得出正确运行结果。

5. 检查与评估

根据现场各小组的讨论汇报情况、具体实施情况以及最后的结果按照表3-22对本次任务给出客观评价并记录。

表3-22 评分表

评分表		工作形式 □个人 □小组分工 □小组	实际工作时间 ______	
训练项目	训练内容	训练要求	学生自评	教师评分
装配单元	1. 工作计划与图纸（20分） 工作计划 材料清单 气路图 电路图 程序清单	电路绘制有错误，每处扣0.5分；机械手装置运动的限位保护没有设置或绘制有错误，扣1.5分；主电路绘制有错误，每处扣0.5分；电路图符号不规范，每处扣0.5分，最多扣2分		
	2. 部件安装与连接（20分）	装配未能完成，扣2.5分；装配完成，但有紧固件松动现象，扣1分		
	3. 连接工艺（20分） 电路连接工艺 气路连接及工艺 机械安装及装配工艺	端子连接，插针压接不牢或超过2根导线，每处扣0.5分，端子连接处没有线号，每处扣0.5分，两项最多扣3分；电路接线没有绑扎或电路接线凌乱，扣2分；机械手装置运动的限位保护未接线或接线错误，扣1.5分；气路连接未完成或有错，每处扣2分；气路连接有漏气现象，每处扣1分；气缸节流阀调整不当，每处扣1分；气管没有绑扎或气路连接凌乱，扣2分		
	4. 测试与功能（30分） 夹料功能 送料功能 整个装置全面检测	启动/停止方式不按控制要求，扣1分；运行测试不满足要求，每处扣0.5分；工件送料测试，但推出位置明显偏差，每处扣0.5分		
	5. 职业素养与安全意识（10分）	现场操作安全保护符合安全操作规程；工具摆放、包装物品、导线线头等的处理符合职业岗位的要求；团队合作有分工有合作，配合紧密；遵守纪律，尊重教师，爱惜设备和器材，保持工位的整洁		

问题与思考

1. 运行过程中出现小圆柱零件不能准确落下到料盘中、装配机械手装配不到位或光纤传感器误动作等现象，请分析其原因，总结出处理方法。

2. 如何配置装配单元中顶料控制和落料控制的关系？它们之间应如何编程？

项目四

分拣单元的安装与调试

项目学习目标

① 掌握通用变频器基本工作原理，FR-E740变频器安装、接线和参数设置。

② 掌握旋转编码器的结构、特点及电气接口特性，并能正确进行安装和调试。掌握高速计数器的选用、程序编制和调试方法。

③ 能在规定时间内完成分拣装配单元的安装和调整，进行程序设计和调试，并能解决安装与运行过程中出现的常见问题。

学习单元一　初步认识分拣单元

1. 分拣单元的功能

分拣单元是YL-335B中的最后一个单元，用于对上一单元送来的已加工、装配的工件进行分拣，从而使不同颜色的工件从不同的料槽分流。当输送站送来工件放到传送带上，并被进料定位U形板内置的光纤传感器检测到时，即启动变频器，工件开始送入分拣区进行分拣。

2. 分拣单元的结构

分拣单元主要结构组成为传送和分拣机构、传动带驱动机构、变频器模块、电磁阀组、接线端口、PLC模块、按钮/指示灯模块及底板等。其装置结构图如图3-34所示。

（1）传送和分拣机构

传送和分拣机构主要由传送带、出料滑槽、推料（分拣）气缸、进料检测（光电或光纤）传感器、属性检测（电感式和光纤）传感器以及磁性开关组成。图3-35是尚未安装传感器的传送和分拣机构外形。其功能是把已经加工、装配好的工件从进料口输送至分拣区；通过属性检测传感器的检测，确定工件的属性，然后按工作任务要求进行分拣，把不同类别的工件推入3条物料槽中。

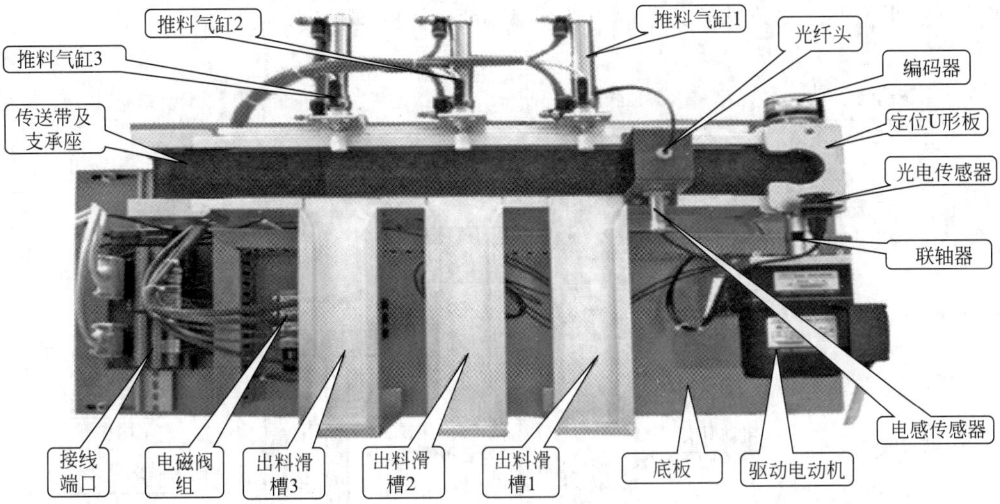

图3-34　分拣单元的装置结构图

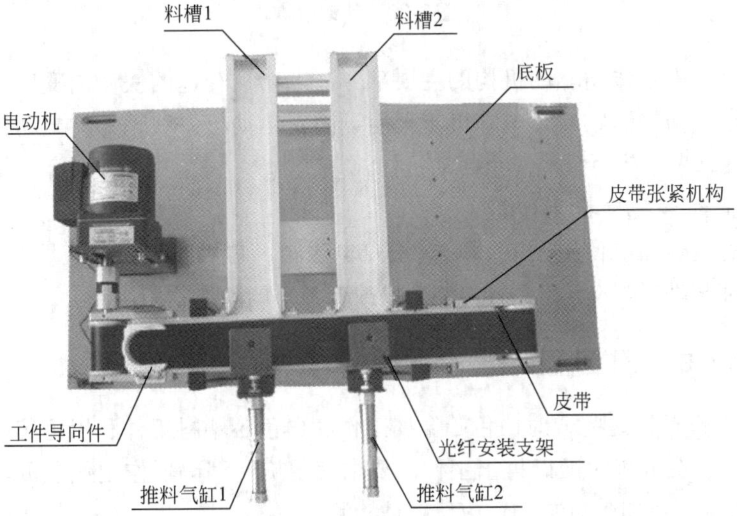

图3-35　传送和分拣机构

在每个料槽的对面都装有推料（分拣）气缸，把分拣出的工件推到对号的料槽中。在两个推料（分拣）气缸的前极限位置分别装有磁感应接近开关，可根据该信号来判别分拣气缸当前所处位置。当推料（分拣）气缸将物料推出时磁感应接近开关动作输出信号为“1”，反之，输出信号为“0”。

为了准确定位工件在传送带上的位置，在传送带进料口安装了定位U形板，用来纠偏机械手输送过来的工件并确定其初始位置。传送过程中工件移动的距离则通过对旋转编码器产生的脉冲进行高速计数确定。

（2）传动带驱动机构

传动带采用三相减速电动机驱动，驱动机构包括电动机支架、电动机、弹性联轴器等，电动机轴通过弹性联轴器与传送带主动轴连接，如图3-36所示。两轴的连接质量直接影响传送带运行的平稳性，安装时务必注意，必须确保两轴间的同轴度。

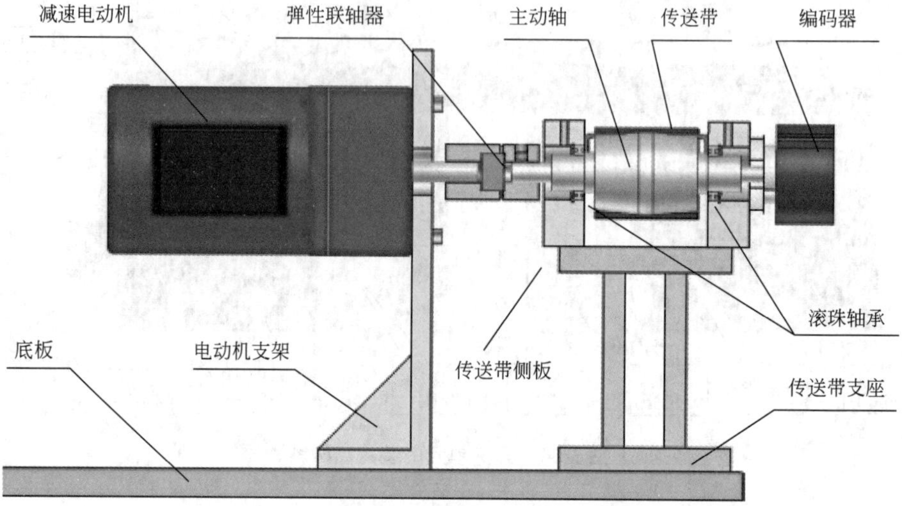

图3-36　传动机构

三相异步电动机是传动驱动机构的主要部分，电动机转速的快慢由变频器来控制，其作用是驱动传送带从而输送物料。电动机支架用于固定电动机。联轴器将电动机的轴和输送带主动轮的轴连接起来，从而组成一个传动机构。

（3）电磁阀组和气动控制回路

分拣单元的电磁阀组使用了3个单电控5/2电磁阀，它们安装在汇流板上。这3个阀分别对三个出料槽的推动气缸的气路进行控制，以改变各自的动作状态。

3.分拣单元的工作过程

① 设备的工作目标是完成对白色芯金属工件、白色芯塑料工件和黑色芯的金属或塑料工件进行分拣。为了在分拣时准确推出工件，要求使用旋转编码器作定位检测，并且工件材料和芯体颜色属性应在推料气缸前的适应位置被检测出来。

② 设备上电和气源接通后，若工作单元的3个气缸均处于缩回位置，则“正常工作”指示灯HL1常亮，表示设备准备好。否则，该指示灯以1Hz频率闪烁。

③ 若设备准备好，按下启动按钮，系统启动，“设备运行”指示灯HL2常亮。当在传送带入料口手动放下已装配的工件时，变频器即可启动，驱动传动电动机以30Hz的固定频率将工件带往分拣区。

④ 如果工件为白色芯金属件，则该工件对到达1号滑槽中间，传送带停止，工件对被推到1号槽中；如果工件为白色芯塑料，则该工件对到达2号滑槽中间，传送带停止，工件对被推到2号槽中；如果工件为黑色芯，则该工件对到达3号滑槽中间，传送带停止，工件对被推到3号槽中。工件被推出滑槽后，该工作单元的一个工作周期结束。仅当工件被推出滑槽后，才能再次向传送带下料。

如果在运行期间按下停止按钮，该工作单元在本工作周期结束后停止运行。

学习单元二　分拣单元的安装

1.分拣单元机械部分的安装与调试

（1）机械组件的组成

装配单元的机械组件包括传送和分拣机构、传送带驱动机构、电磁阀组和气动等。分拣单元的整体结构除了机械组件之外，还有一些配合机械动作的气动元件和传感器。

（2）机械组件的安装方法

① 完成传送机构的组装，装配传送带装置及其支座，然后将其安装到底板上，如图3-37所示。

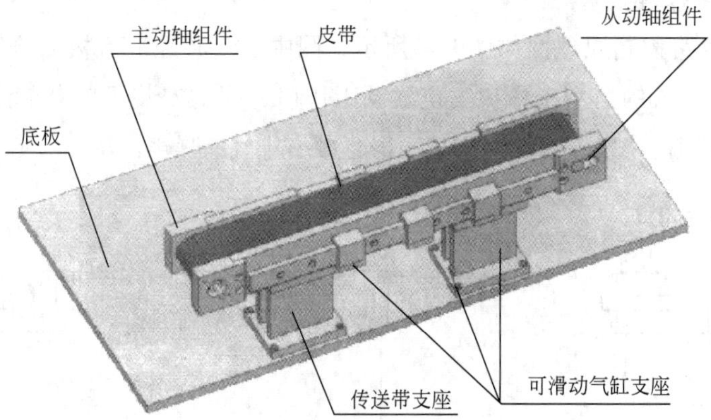

图3-37　传送机构组件安装

② 完成驱动电动机组件装配，进一步装配联轴器，把驱动电动机组件与传送机构相连并固定在底板上，如图3-38所示。

③ 继续完成推料气缸支架、推料气缸、传感器支架、出料槽及支撑板等装配，效果图如图3-39所示。

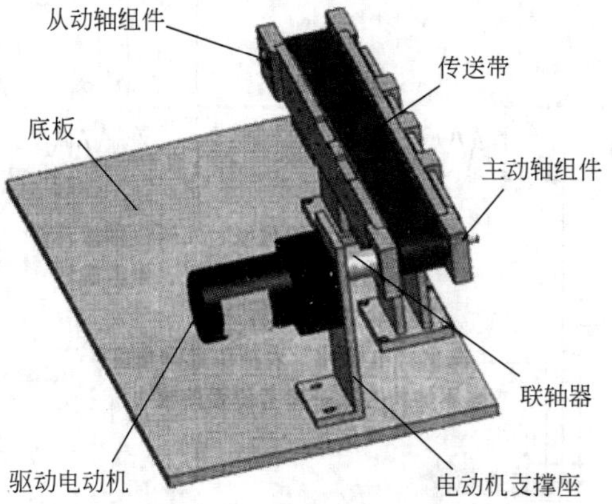

图3-38　驱动电动机组件安装

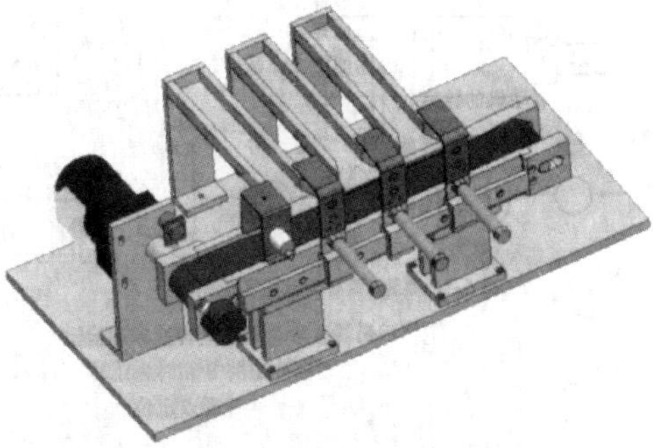

图3-39　机械部分安装完成后的效果图

④ 完成各传感器、电磁阀组件、装置侧接线端口等部件的装配。

2.分拣单元气动元件的安装与调试

（1）气动系统的组成

分拣单元的气动系统主要包括气源、气动汇流板、直线气缸、单电控5/2换向阀、单向节流阀、消声器、快插接头、气管等，主要作用是将不同类型的工件向不同的出料槽分选。

分拣单元的气动执行元件由3个双作用气缸组成，其中1B1为安装在金属推料气缸上的1个位置检测传感器（磁性开关）；2B1为安装在白色推料气缸上的1个位置检测传感器（磁性开关）；3B1为安装在黑色推料气缸上的1个位置检测传感器（磁性开关）；单向节流阀用于气缸的调速，气动汇流板用于组装单电控5/2换向阀及其附件。

（2）气路控制原理图

分拣单元的气路控制原理图如图3-40所示。图中，气源经汇流板分给3个换向阀的进气口，气缸1A、2A、3A的两个工作口与电磁阀工作口之间均安装了单向节流阀，通过尾气节流阀来调整气缸的速度。排气口安装的消声器可减小排气的噪声。

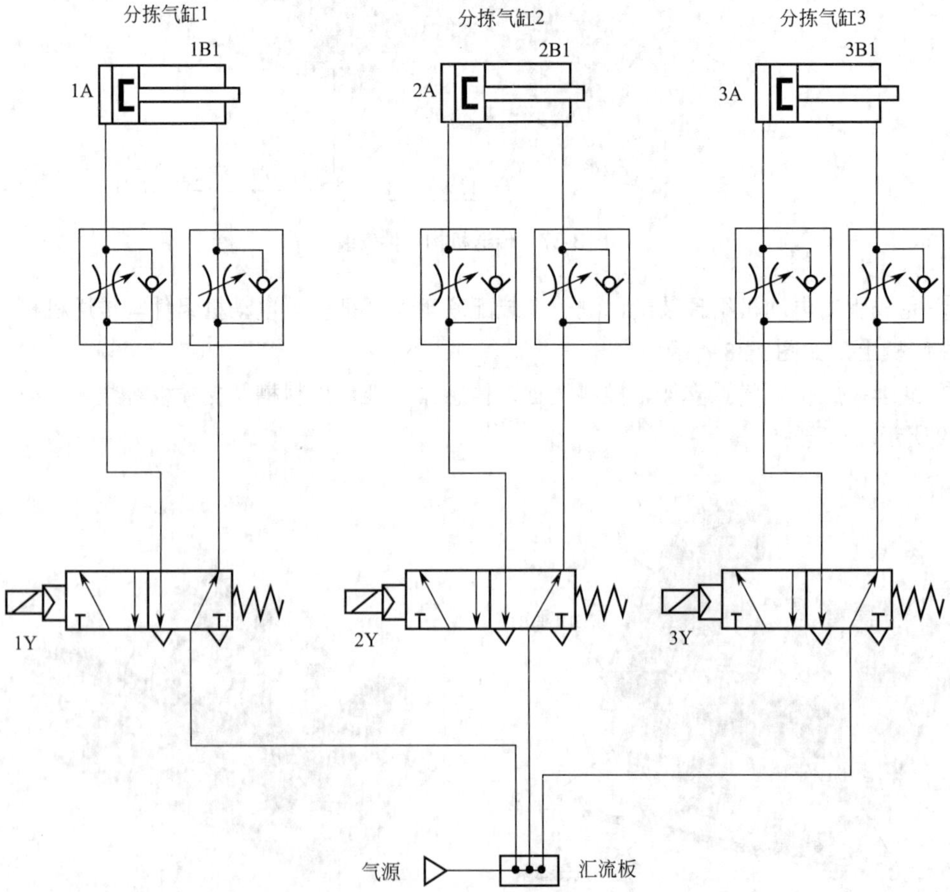

图3-40 分拣单元气动控制回路工作原理图

（3）气路的连接方法

① 单向节流阀应安装在气缸的工作口上，并缠绕好密封带，以免运行时漏气。

② 单电控5/2换向阀的进气口和工作口应安装好快插接头，并缠绕好密封带，以免运行时漏气。

③ 气动汇流板的排气口应安装好消声器，并缠绕好密封带，以免运行时漏气。

④ 气动元件对应气口之间用塑料气管进行连接，做到安装美观，气管不交叉并保持气路畅通。

（4）气路系统的调试方法

分拣单元气路系统的调试主要是针对气动执行元件的运行情况进行的，其调试方法是通过手动控制单向换向阀，观察气动执行元件的动作情况：气动执行元件运行过程中检查各管路的连接处是否有漏气现象，是否存在气管不畅通现象。同时通过各单向节流阀的调整来获得稳定的气动执行元件运行速度。

3.分拣单元传感器的安装与接线

（1）磁性开关的安装与接线

① 磁性开关的安装　分拣单元设计3个双作用气缸，由3个磁性开关作为气动执行元件的极限位置检测元件。磁性开关的安装方法与供料单元中磁性开关的安装方法相同。

② 磁性开关的接线　磁性开关的输出为2线（棕色+，蓝色–），连接时蓝色线与直流电源的负极相连，棕色线与PLC的输入点相连。

（2）光电开关的安装与接线

① 光电开关的安装　分拣单元中的光电开关主要用于加工台物料检测，光电开关的安装与供料单元中光电开关的安装方法相同。

② 光电开关的接线　光电开关的输出为3线（棕色+，蓝色–，黑色输出），连接时棕色线与直流电源的正极相连，蓝色线与直流电源的负极相连，黑色线接PLC的输入点相连。

（3）光纤传感器的安装与接线

① 光纤传感器的安装　分拣单元中的光纤传感器主要用于物料台上的工件有无检测，能识别不同颜色的工件，并判断物料台是否有工件存在。光纤传感器的安装与供料单元中光电开关的安装方法相同。

② 光纤传感器的接线　光纤传感器的输出为3线（棕色+，蓝色–，黑色输出），连接时棕色线与直流电源的正极相连，蓝色线与直流电源的负极相连，黑色线接PLC的输入点相连。

（4）金属接近开关的安装与接线

① 金属接近开关的安装　分拣单元中配有金属开关，安装在物料台上，当有金属工件推出时，便发出感应信号。金属接近开关的安装与分拣单元中金属接近开关的安装方法相同。

② 金属接近开关的接线　金属接近开关的接线与光电开关的接线相同。

4.分拣单元PLC的安装与调试

（1）分拣单元装置侧接线

分拣单元装置侧接线，一是把分拣单元各个传感器、电源线、0V线按规定接至装置侧左边较宽的接线端子排；二是把分拣单元电磁阀的信号线接至装置侧右边较窄的接线端子排。其信号线与端子排号如表3-23所示。由于用于判别工件材料和芯体颜色属性的传感器只需要安装在传感器支架上的电感式传感器和一个光纤传感器1即可，故光纤传感器2可不使用，该传感器改为安装在进料导向器下，用作进料口工件检测。

表3-23 分拣单元装置侧的接线端口信号端子的分配

输入端口			输出端口		
端子号	设备符号	信号线	端子号	设备符号	信号线
2	DECODE	旋转编码器B相	2	1Y	推杆1电磁阀
3		旋转编码器A相	3	2Y	推杆2电磁阀
4	BG1	进料口工件检测	4	3Y	推杆3电磁阀
5	BG2	电感式传感器			
6	BG3	光纤传感器1			
7					
8					
9	1B	推杆1推出到位			
10	2B	推杆2推出到位			
11	3B	推杆3推出到位			

（2）分拣单元PLC侧接线

PLC侧接线包括电源接线、PLC输入/输出端子的接线。PLC侧接线端子排为双层两列端子，左边较窄的一列主要接PLC的输出接口，右边较宽的一列接PLC的输入接口。两列中的下层分别接24V电源端子和0V端子。分拣单元PLC的I/O接线原理图如图3-41所示。

5.安装过程中应注意的问题

① 皮带托板与传送带两侧板的固定位置应调整好，以免皮带安装后凹入侧板表面，造成推料被卡住的现象。

② 主动轴和从动轴的安装位置不能错，主动轴和从动轴的安装板的位置不能互相调换。

③ 皮带的张紧度应调整适中。

④ 要保证主动轴和从动轴的平行。

⑤ 为了使传动部分平稳可靠，噪声减小，使用了滚动轴承为动力回转件，但滚动轴承及其安装配合零件均为精密结构件，对其拆装需一定的技能和专用的工具，建议不要自行拆卸。

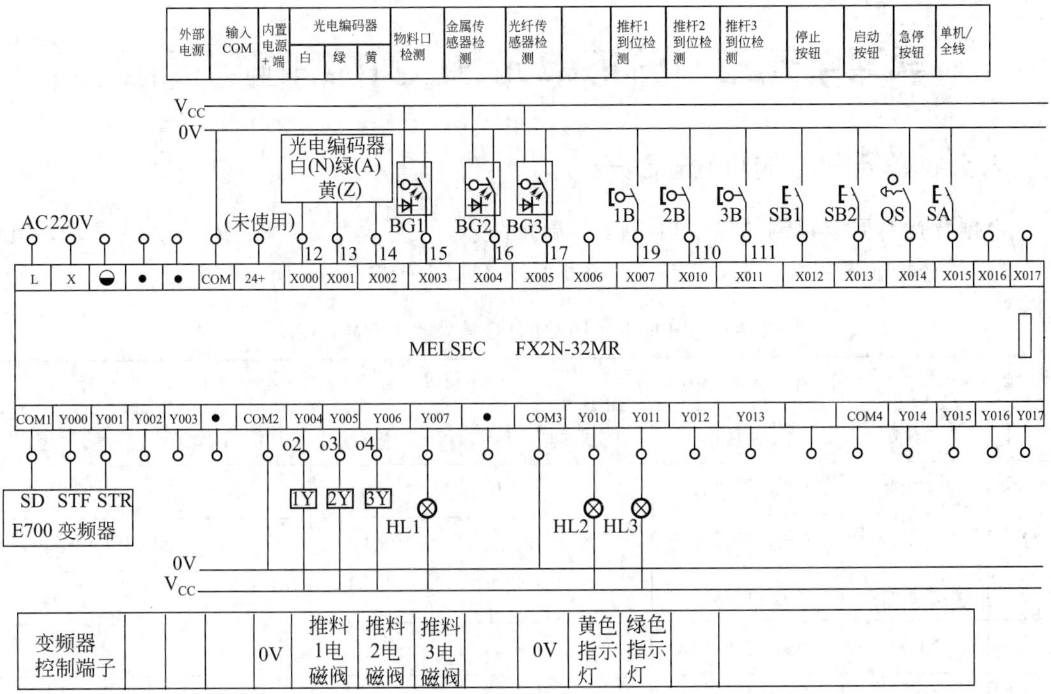

(a)三菱FX2N

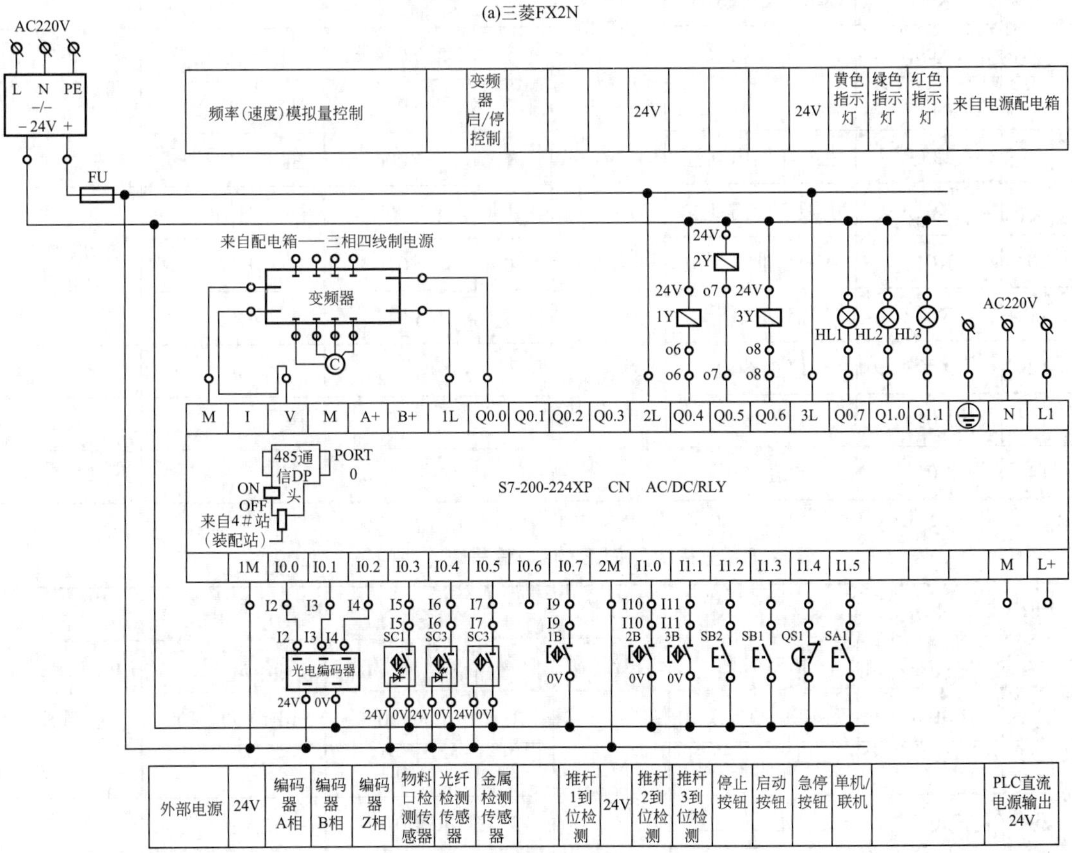

(b)西门子S7-200

图3-41 分拣单元PLC的I/O接线原理图

学习单元三　分拣单元PLC的编程与调试

1.分拣单元PLC的I/O分配表

根据分拣单元装置侧的接线端口信号端子的分配（见表3-23）和工作任务的要求，PLC的I/O信号分配如表3-24（三菱FX2N）和表3-25（西门子S7-200）所示。

表3-24　分拣单元PLC的I/O信号表（三菱FX2N）

输入信号				输出信号			
序号	PLC输入点	信号名称	信号来源	序号	PLC输出点	信号名称	信号来源
1	X000	旋转编码器B相	装置侧	1	Y000	STF	变频器
2	X001	旋转编码器A相		2	Y001	STR	变频器
3	X002	旋转编码器Z相		3			
4	X003	进料口工件检测		4			
5	X004	电感式传感器		5			
6	X005	光纤传感器		6	Y004	推杆1电磁阀	
7	X006			7	Y005	推杆2电磁阀	
8	X007	推杆1推出到位		8	Y006	推杆3电磁阀	
9	X010	推杆2推出到位		9	Y007	HL1	按钮/指示灯模块
10	X011	推杆3推出到位		10	Y010	HL2	
11	X012	启动按钮	按钮/指示灯模块	11	Y011	HL3	
12	X013	停止按钮					
13	X014	急停按钮					
14	X015	单站/全线					

表3-25　分拣单元PLC的I/O信号表（西门子S7-200）

输入信号				输出信号			
序号	PLC输入点	信号名称	信号来源	序号	PLC输出点	信号名称	信号来源
1	I0.0	旋转编码器B相	装置侧	1	Q0.0	电动机启动	变频器
2	I0.1	旋转编码器A相		2	Q0.1		
3	I0.2	旋转编码器Z相		3	Q0.2		
4	I0.3	进料口工件检测		4	Q0.3		

续表

输入信号				输出信号			
序号	PLC输入点	信号名称	信号来源	序号	PLC输出点	信号名称	信号来源
5	I0.4	电感式传感器	装置侧	5	Q0.4	推杆1电磁阀	
6	I0.5	光纤传感器		6	Q0.5	推杆2电磁阀	
7	I0.6			7	Q0.6	推杆3电磁阀	
8	I0.7	推杆1推出到位		8	Q0.7	HL1	按钮/指示灯模块
9	I1.0	推杆2推出到位		9	Q1.0	HL2	
10	I1.1	推杆3推出到位		10	Q1.1	HL3	
11	I1.2	启动按钮	按钮/指示灯模块				
12	I1.3	停止按钮					
13	I1.4	急停按钮					
14	I1.5	单站/全线					

2.相关知识点

（1）高速计数器

① 高速计数器的介绍　高速计数器是PLC的编程软元件，相对于普通计数器，高速计数器用于频率高于机内扫描频率的机外脉冲计数，由于计数信号频率高，计数以中断方式进行，计数器的当前值等于设定值时，计数器的输出接点立即工作。

a.FX2N型PLC的高速计数器　FX2N型PLC内置有21点高速计数器C235～C255，每一个高速计数器都规定了其功能和占用的输入点。

a）高速计数器的分类。

C235～C245共11个高速计数器用作1相1计数输入的高速计数，即每一计数器占用1点高速计数输入点，计数方向可以是增序或者减序计数，取决于对应的特殊辅助继电器的状态。例如，C245占用X002作为高速计数输入点，当对应的特殊辅助继电器M8245被置位时，做增序计数。C245还占用X003和X007分别作为该计数器的外部复位和置位输入端。

C246～C250共5个高速计数器用作1相2计数输入的高速计数，即每一计数器占用2点高速计数输入点，其中1点为增计数输入，另1点为减计数输入。例如，C250占用X003作为增计数输入点，占用X004作为减计数输入点，另外占用X005作为外部复位输入端，占用X007作为外部置位输入端。同样，计数器的计数方向也可以通过编程对应的特殊辅助继电器的状态指定。

C251～C255共5个高速计数器用作2相2计数输入的高速计数，即每一计数器占用2点高速计数输入点，其中1点为A相计数输入点，另1点为与A相相位差90°的B相计数输入点。

C251～C255的功能和占用的输入点如表3-26所示。

表3-26 高速计数器C251 ~ C255的功能和占用的输入点

	X000	X001	X002	X003	X004	X005	X006	X007
C251	A	B						
C252	A	B	R					
C253				A	B	R		
C254	A	B	R				S	
C255				A	B	R		S

如前所述，分拣单元所使用的是具有A、B两相90°相位差的通用型旋转编码器，且Z相脉冲信号没有使用。由表3-26可选用高速计数器C251。这时编码器的A、B两相脉冲输出应连接到X000和X001点。

每一个高速计数器都规定了不同的输入点，但所有的高速计数器的输入点都在X000～X007范围内，并且这些输入点不能重复使用。例如，使用了C251，因为X000、X001被占用，所以规定为占用这两个输入点的其他高速计数器，如C252、C254等都不能使用。

b）高速计数器的使用方式。

ⅰ.1相无启动/复位高速计数器（见图3-42）。

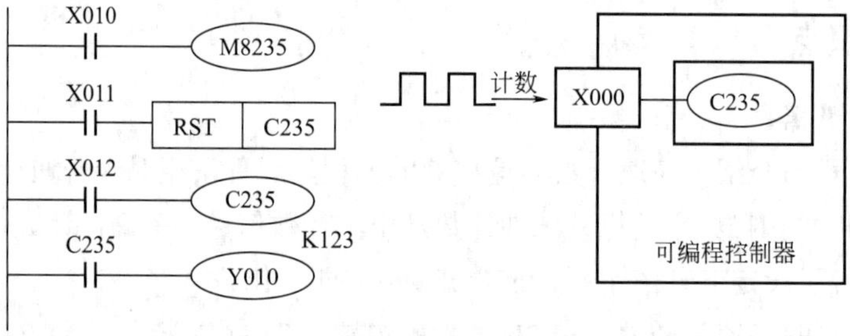

图3-42 1相无启动/复位高速计数器

ⅱ.1相带启动/复位端高速计数器（见图3-43）。

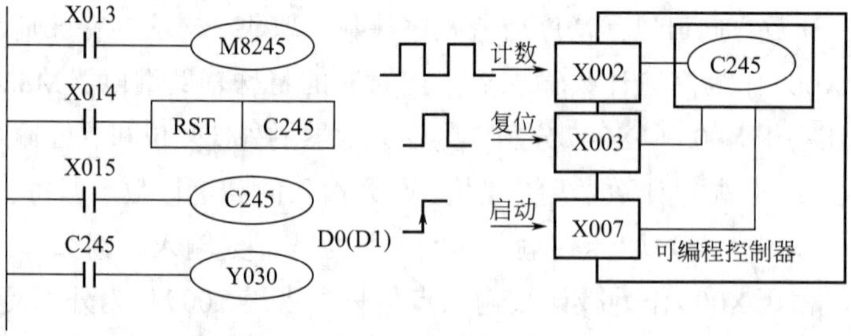

图3-43 1相带启动/复位端高速计数器

注意：X007端子上送入的外启动信号只有在X015接通、计数器C245被选中时才有效。而X003及X014两个复位信号则并行有效。

ⅲ.2相双计数输入型高速计数器（见图3-44）。

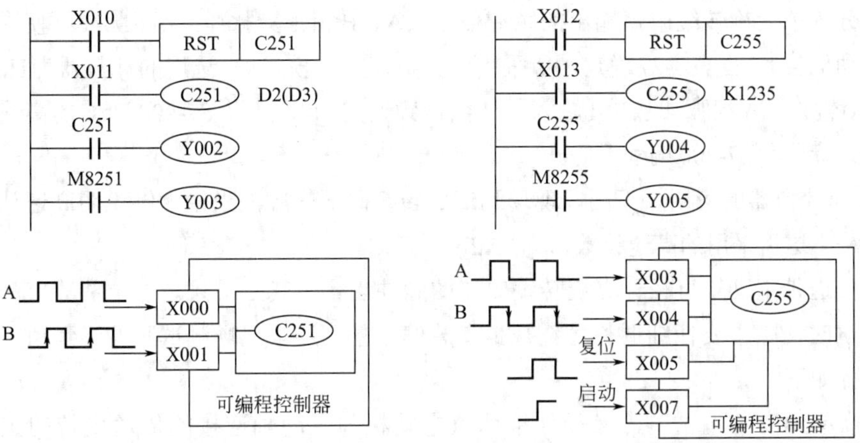

(a)2相双输入增计数　　(b)带外启动/复位的2相双输入减计数

图3-44　2相双计数输入型高速计数器

注意：带有外计数方向控制端的高速计数器也配有编号相对应的特殊辅助继电器，只是它们没有控制功能只有指示功能。

b.S7-200 PLC的高速计数器　分拣单元中使用的西门子PLC为S7-200-224XP AC/DC/RLY主单元，集成有6点的高速计数器，编号为HSC0 ～ HSC5，每一编号的计数器均分配固定地址的输入端。同时，高速计数器可以被配置为12种模式中的任意一种，见表3-27。

表3-27　S7-200 PLC的HSC0 ～ HSC5的输入地址和计数模式

计数模式	中断描述	输入点			
	HSC0	I0.0	I0.1	I0.2	
	HSC1	I0.6	I0.7	I1.0	I1.1
	HSC2	I1.2	I1.3	I1.4	I1.5
	HSC3	I0.1			
	HSC4	I0.3	I0.4	I0.5	
	HSC5	I0.4			
0	带有内部方向控制的单相计数器	时钟			
1		时钟		复位	
2		时钟		复位	启动
3	带有外部方向控制的单相计数器	时钟	方向		
4		时钟	方向	复位	
5		时钟	方向	复位	启动
6	带有增减计数时钟的双相计数器	增时钟	减时钟		
7		增时钟	减时钟	复位	
8		增时钟	减时钟	复位	启动
9	带有增减计数时钟的双相计数器	时钟A	时钟B		
10		时钟A	时钟B	复位	
11		时钟A	时钟B	复位	启动

根据分拣单元旋转编码器输出的脉冲信号（A、B相正交脉冲，Z相脉冲不使用，无外部复位和启动信号），由表3-27确定，所采用的计数模式为模式9，选用的计数器为HSC0，B相脉冲从I0.0输入，A相脉冲从I0.1输入，计数倍频设定为4倍频。S7-200 PLC的高速计数器具体使用方式请参考S7-200编程手册。

② 高速计数器的应用　下面以现场测试旋转编码器的脉冲当量为例说明高速计数器的一般使用方法，这里采用的高速计数器为FX2N型PLC。

根据传送带主动轴直径计算旋转编码器的脉冲当量，其结果只是一个估算值。在分拣单元安装调试时，除了要仔细调整尽量减少安装偏差外，还须现场测试脉冲当量值。一种测试方法的步骤如下。

a.分拣单元安装调试时，必须仔细调整电动机与主动轴连接的传送皮带的张紧度。调节张紧度的两个调节螺栓应平衡调节，避免皮带运行时跑偏。传送带张紧度以电动机在输入频率为1Hz时能顺利启动，低于1Hz时难以启动为宜。测试时可把变频器设置为Pr.79=1，Pr.3=0Hz，Pr.161=1；这样就能在操作面进行启动/停止操作，并且把M旋钮作为电位器使用进行频率调节。

b.安装调整结束后，变频器参数设置为：Pr.79=2（固定的外部运行模式），Pr.4=25Hz（高速段运行频率设定值）。

c.编写图3-45所示的程序，编译后传送到PLC。

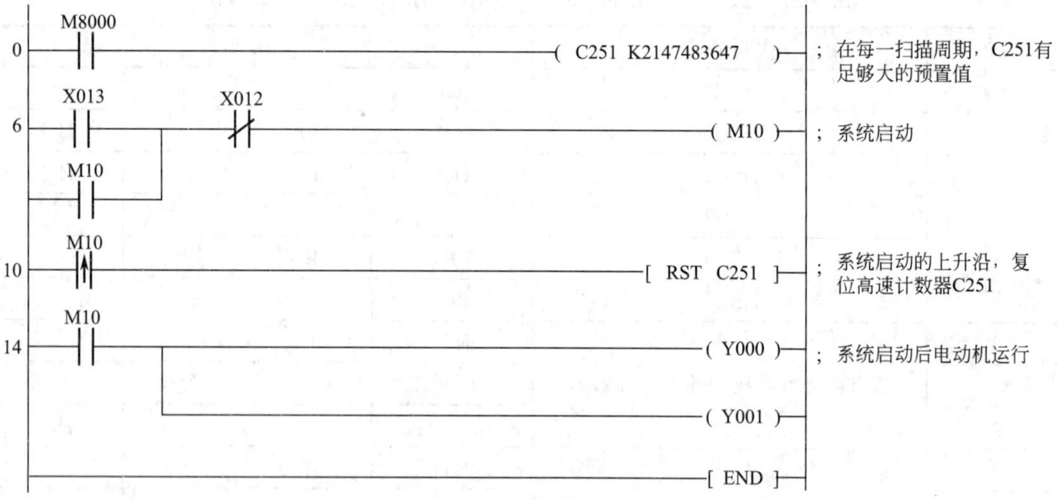

图3-45　脉冲当量现场测试程序

d.运行PLC程序，并置于监控方式。在传送带进料口中心处放下工件后，按启动按钮启动运行。工件被传送到一段较长的距离后，按下停止按钮停止运行。观察监控界面上C251的读数，将此值填写到表3-28的“高速计数脉冲数”一栏中。然后在传送带上测量工件移动的距离，把测量值填写到表中“工件移动距离”一栏中；把监控界面上观察到的高速计数脉冲值填写到“高速计数脉冲数”一栏中，则脉冲当量μ＝工件移动距离/高速计数脉冲数，并将计算结果填写到相应栏目中。

表3-28 脉冲当量现场测试数据

项目	工件移动距离/mm（测量值）	高速计数脉冲数/个（测试值）	脉冲当量μ（计算值）
第一次	357.8	1391	0.2571
第二次	358	1392	0.2571
第三次	360.5	1394	0.2586

e重新把工件放到进料口中心处，按下启动按钮即可进行第二次测试。进行3次测试后，求出脉冲当量μ平均值为：μ＝（$\mu_1+\mu_2+\mu_3$）/3＝0.2576。

重新计算旋转编码器到各位置应发出的脉冲数：当工件从下料口中心线移至传感器中心时，旋转编码器发出456个脉冲；移至第一个推杆中心点时，发出650个脉冲；移至第二个推杆中心点时，约发出1021个脉冲；移至第三个推杆中心点时，约发出1361个脉冲。

在本项任务中，编程高速计数器的目的是根据C251当前值确定工件位置，与存储到指定的变量存储器的特定位置数据进行比较，以确定程序的流向。特定位置考虑如下。

- 工件属性判别位置应稍后于进料口到传感器中心位置，故取脉冲数为460，存储在D110单元中（双整数）。
- 从位置1推出的工件，停车位置应稍前于进料口到推杆1中心位置，取脉冲数为600，存储在D114单元中。
- 从位置2推出的工件，停车位置应稍前于进料口到推杆2中心位置，取脉冲数为960，存储在D118单元中。
- 从位置3推出的工件，停车位置应稍前于进料口到推杆3中心位置，取脉冲数为1300，存储在D122单元中。

注意：特定位置数据均从进料口开始计算，因此，每当待分拣工件下料到进料口，电动机开始启动时，必须对C251的当前值进行一次复位（清零）操作。

（2）FX0N-3A

为了实现变频器输出频率连续调整的目的，分拣单元PLC连接特殊模拟量模块FX0N-3A。通过D/A变换实现变频器的模拟量输入以达到连续调速的目的，而系统的启/停则由外部端子来控制。因此变频器的参数要做相应的调整，要调整的参数如表3-29所示。

表3-29 变频器参数设置

参数号	参数名称	默认值	设置值	设置值含义
Pr.73	模拟量输入选择	1	0	0～10V
Pr.79	运行模式选择	0	2	固定的外部模式

① 特殊功能模块FX0N-3A的主要性能　FX0N-3A是具有两路输入通道和一路输出通道，最大分辨率为8位的模拟量I/O模块，模拟量输入和输出方式均可以选择电压或电流，取决于用户接线方式。

FX0N-3A输入通道主要性能如表3-30所示，输出通道主要性能如表3-31所示。

表3-30 FX0N-3A输入通道主要性能

<table>
<tr><th>项目</th><th colspan="3">电压输入</th><th colspan="3">电流输入</th></tr>
<tr><td rowspan="2">模拟输入范围</td><td colspan="6">出厂时，0 ～ 10V DC输入的对应数值范围为0 ～ 250
如果把FX0N-3A用于电流输入或非0 ～ 10V的电压输入，则需要重新调整偏置和增益
模块不允许两个通道有不同的输入特性</td></tr>
<tr><td colspan="3">0 ～ 10V DC，输入电阻为200kΩ</td><td colspan="3">4 ～ 20mA，输入电阻为250Ω</td></tr>
<tr><td>数字分辨率</td><td colspan="6">8位</td></tr>
<tr><td>最小信号分辨率</td><td colspan="3">40mV：0 ～ 10V/0 ～ 250</td><td colspan="3">64μA：4 ～ 20mA/0 ～ 250</td></tr>
<tr><td>总精度</td><td colspan="3">±0.1V</td><td colspan="3">±0.16mA</td></tr>
<tr><td>处理时间</td><td colspan="6">To指令处理时间×2+FROM指令处理时间</td></tr>
<tr><td>输入特点</td><td colspan="2">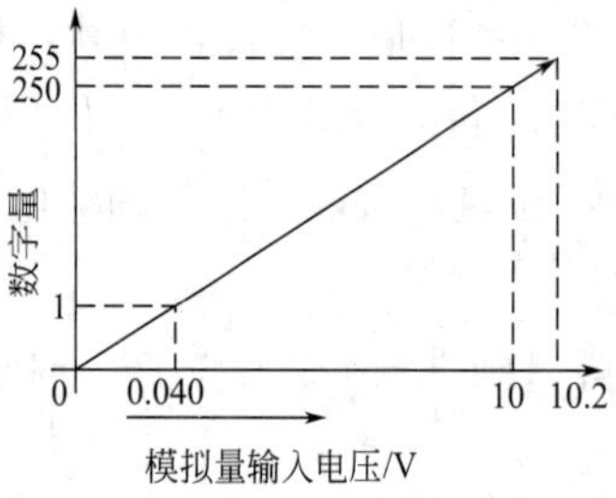
</td><td colspan="2">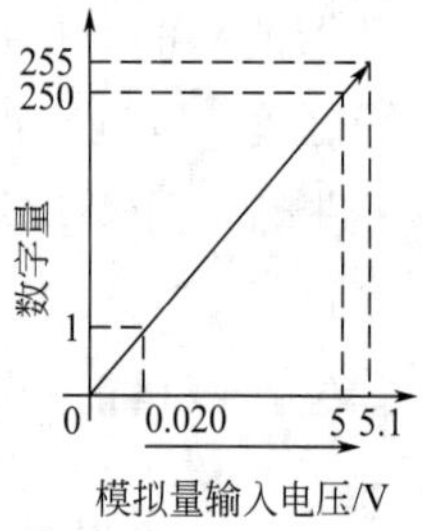
</td><td colspan="2">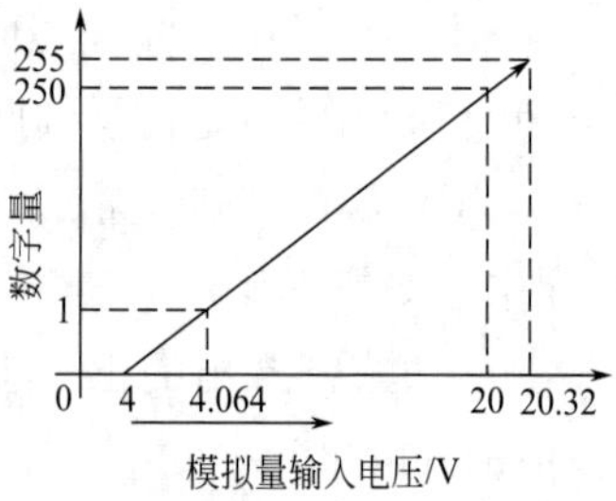
</td></tr>
</table>

表3-31 FX0N-3A输出通道主要性能

<table>
<tr><th>项目</th><th colspan="3">电压输入</th><th colspan="3">电流输入</th></tr>
<tr><td rowspan="2">模拟输入范围</td><td colspan="6">出厂时，0 ～ 10V DC输入的对应数值范围为0 ～ 250
如果把FX0N-3A用于电流输出或非0 ～ 10V的电压输出，则需要重新调整偏置和增益</td></tr>
<tr><td colspan="3">0 ～ 10V DC，外部负载为1kΩ ～ 1MΩ</td><td colspan="3">4 ～ 20mA，外部负载≤500Ω</td></tr>
<tr><td>数字分辨率</td><td colspan="6">8位</td></tr>
<tr><td>最小信号分辨率</td><td colspan="3">40mV：0 ～ 10V/0 ～ 250</td><td colspan="3">64μA：4 ～ 20mA/0 ～ 250</td></tr>
<tr><td>总精度</td><td colspan="3">±0.1V</td><td colspan="3">±0.16mA</td></tr>
<tr><td>处理时间</td><td colspan="6">To指令处理时间×3</td></tr>
<tr><td>输入特点</td><td colspan="2">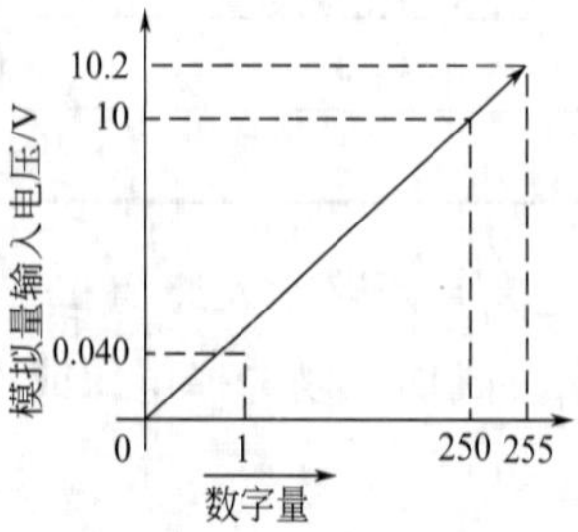
</td><td colspan="2">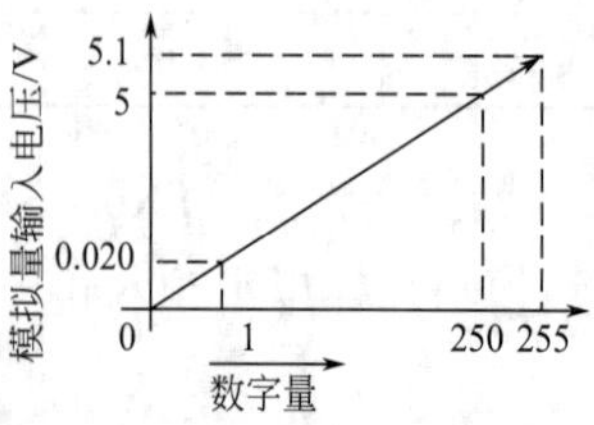
</td><td colspan="2">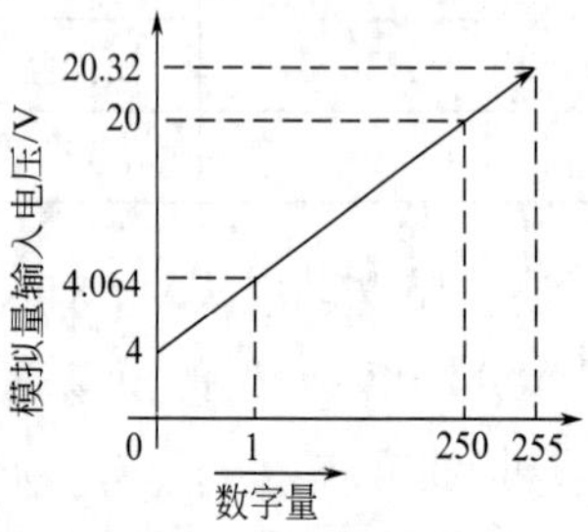
</td></tr>
</table>

使用FX0N-3A时尚需注意：

a.模块的电源来自PLC主单元的内部电路，其中模拟电路电源要求为24V±10%DC，90mA，数字电路电源要求为5V DC 30mA。

b.模拟和数字电路之间光电耦合器隔离，但模拟通道之间无隔离。

c.在扩展母线上占用8个I/O点（输入或输出）。

② 接线　模拟输入和输出的接线原理图分别如图3-46、图3-47所示。接线时要注意，使用电流输入时，端子［V_{in}］与［I_{in}］应短接。如果电压输入/输出方面出现较大的电压波动或有过多的电噪声，要在相应图中的位置并联一个约25V、0.1～0.47μF的电容。

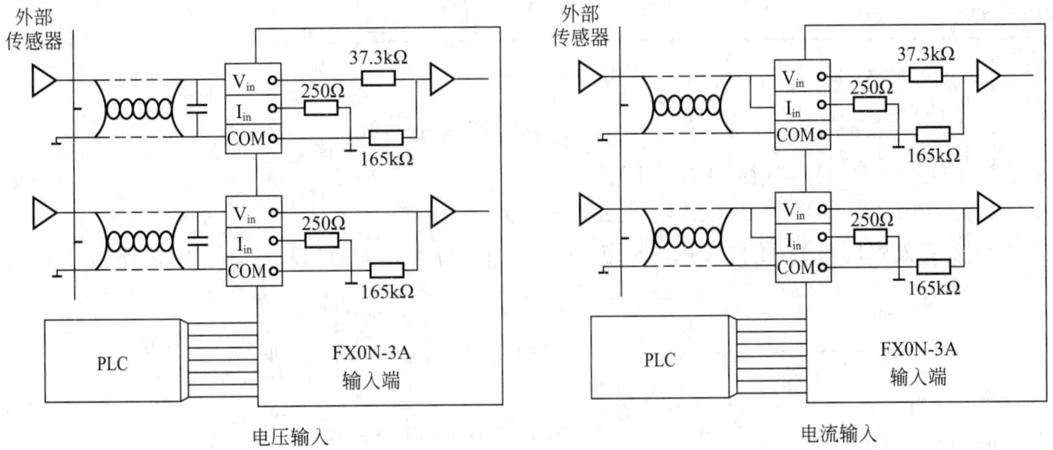

图3-46　模拟输入接线图

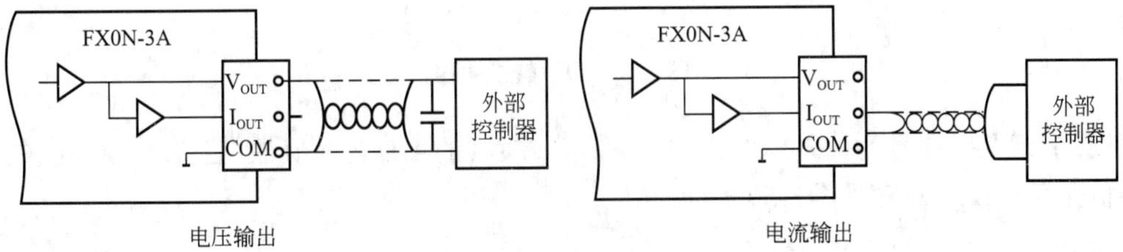

图3-47　模拟输出接线图

③ 编程与控制

可以使用特殊功能模块读指令FROM和写指令TO读写FX0N-3A模块实现模拟量的输入和输出。FROM指令用于从特殊功能模块缓冲存储器（BFM）中读入数据，如图3-48（a）所示。TO指令用于从PLC向特殊功能模块缓冲存储器（BFM）中写入数据，如图3-48(b）所示。

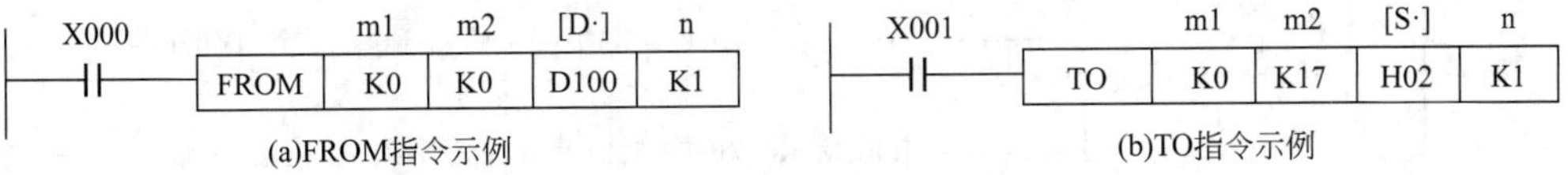

图3-48　特殊功能模块读/写指令

特殊功能模块是通过缓冲存储器（BFM）与PLC交换信号的，FX0N-3A共有32通道的16位缓冲存储器（BFM），如表3-32所示。

表3-32　FX0N-3A的缓冲存储器（BFM）分配

通道号	b8～b15	b7	b6	b5	b4	b3	b2	b1	b0
#0	保留	当前输入通道的A/D转换值							
#16		当前D/A输出通道的设置值							
#17							D/A转换启动	A/D转换启动	A/D通道选择
#1～#15 #18～#31	保留								

其中#17通道位含义：

b0=0，选择模拟输入通道1；b0=1，选择模拟输入通道2。

b1从0到1（即上升沿），A/D转换启动。

b2从1到0（即下降沿），D/A转换启动。

例1：写入模块号为0的FX0N-3A模块，D2是其D/A转换值，程序如图3-49所示。

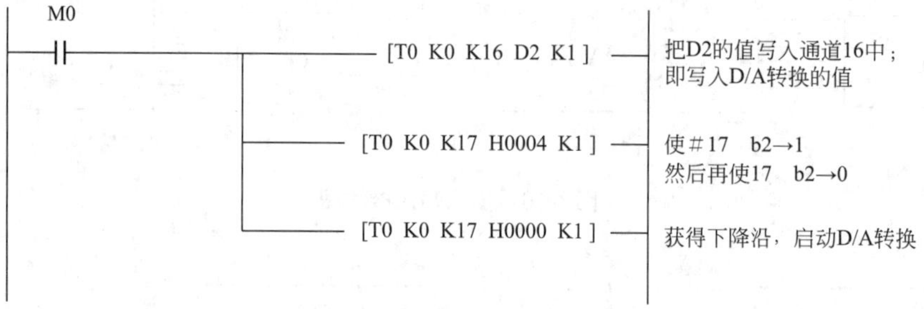

图3-49　D/A转换编程

例2：读取模块号为0的FX0N-3A模块，其通道1的A/D转换值保存到D0，通道2的A/D转换值保存到D1，程序如图3-50所示。

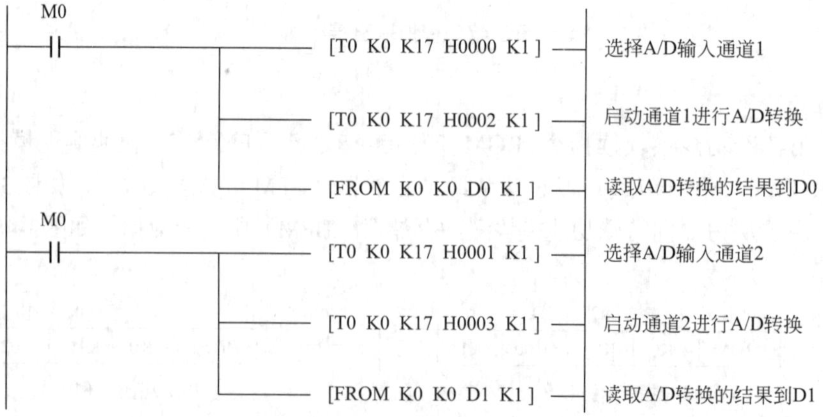

图3-50　A/D转换编程

根据上例，分拣单元变频器的频率设定程序如图3-51所示。

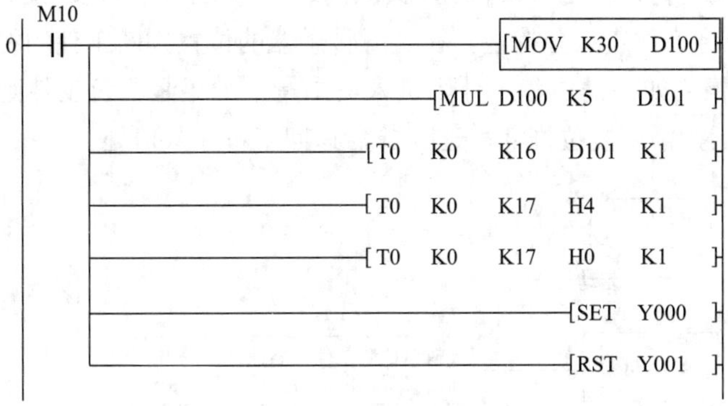

图3-51　分拣单元变频器的频率设定程序

3. 编程思路

分拣单元采用的是顺序控制编程，整个程序由主程序、分拣控制子程序和状态显示子程序组成。主程序是一个周期循环扫描的程序，其顺序控制流程图如图3-52所示。通电后先初始化高速计数器并进行初始状态检查，即检查3个推料气缸是否缩回到位。这3个条件中的任意一个条件不满足，初始状态均不能通过，不能进入下一个环节。如果初始状态检查通过，则说明设备准备就绪，允许启动。启动后，系统就处于运行状态，此时主程序每个扫描周期调用分拣控制子程序。

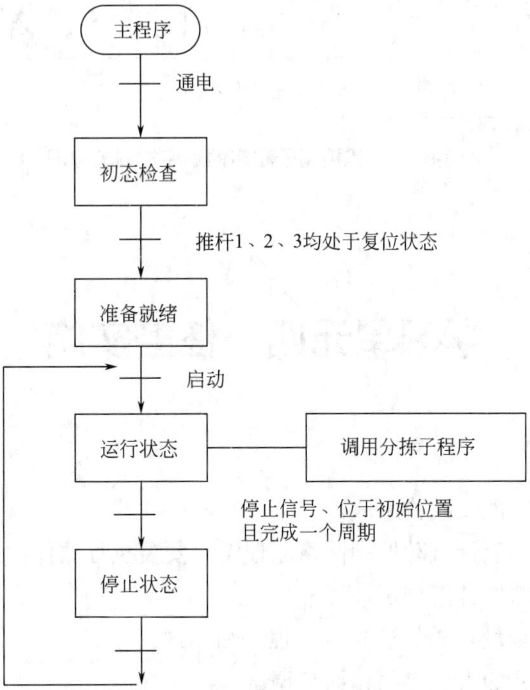

图3-52　分拣单元主程序顺序控制流程图

分拣控制子程序是一个步进顺序控制程序，其顺序控制流程图如图3-53所示。编程思路为：如果入料口检测有料，则延时800ms，其间同时检测工件的颜色。延时时间到后启动电动机，以30Hz的频率将工件带入分拣区。在金属传感器的位置判断工件的材质。如果工件为金属工件则进入第一槽；如果是白色工件则进入第二槽；如果是黑色工件则进入第三槽。当任意工件被推入料槽后，需要复位推杆，延时1s后返回子程序入口处。

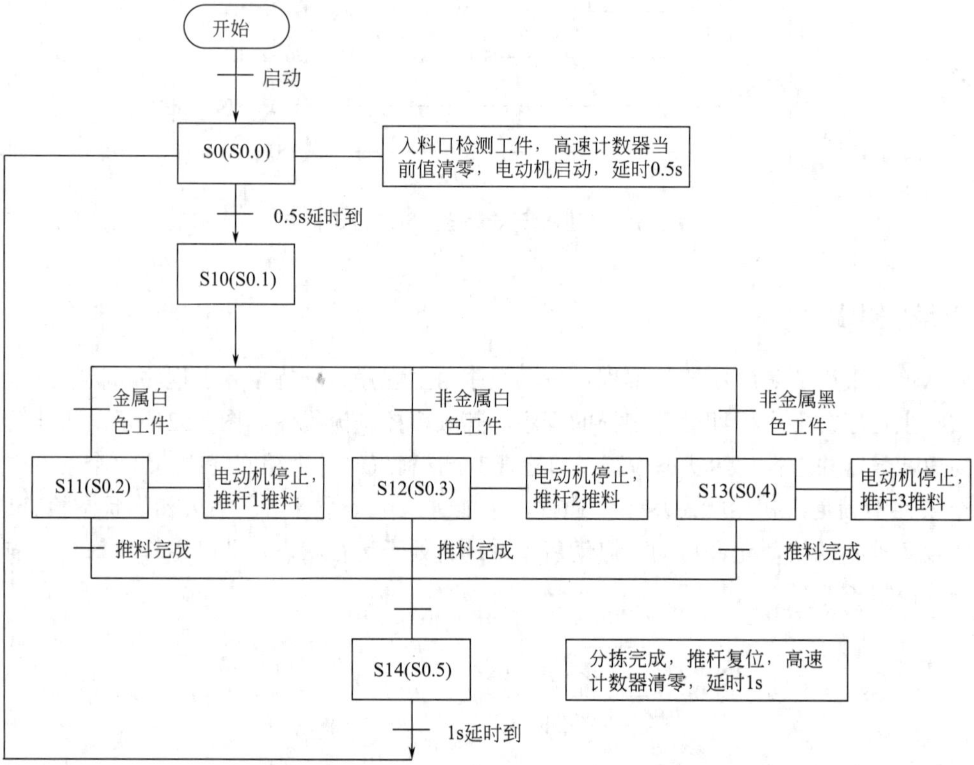

图3-53 分拣控制子程序的顺序控制流程图

学习单元四 任务实施

1. 训练要求

① 熟悉分拣单元的功能及结构组成。

② 能够根据控制要求设计气动控制回路原理图，安装执行器件并进行调试。

③ 安装所使用的传感器并能调试。

④ 查明PLC各端口地址，根据要求编写程序和调试。

⑤ 能够进行供料单元的人机界面设计和调试。

2.小组领取任务并展开讨论

① 确定任务方案。

② 各小组进行汇报。

③ 小组进行分工并领取实训工具。

3.分拣单元安装与调试工作计划

可按照表3-33所示的工作计划表对分拣单元的安装与调试进行记录。

表3-33 工作计划表

步骤	内容	计划时间/h	实际时间/h	完成情况
1	整个练习的工作计划	0.25		
2	制订安装计划	0.25		
3	本单元任务描述和任务所需图纸与程序	1		
4	写材料清单和领料单	0.25		
5	机械部分安装与调试	1		
6	传感器安装与调试	0.25		
7	按照图纸进行电路安装	0.5		
8	气路安装	0.25		
9	气源与电源连接	0.25		
10	PLC控制编程	1		
11	分拣单元的人机界面设计	2		
12	按质量要求检查整个设备	0.25		
13	本单元各部分设备的通电、通气测试	0.25		
14	对老师发现和提出的问题进行回答	0.25		
15	输入程序，进行整个装置的功能调试	0.5		
16	如果必要，则排除故障	0.25		
17	该任务成绩的评估	0.5		

4.实施

任务一：单元设计

按照工作单元功能要求，设计电气原理图、气动原理图。

任务二：安装

（1）机械组装

参照分拣工作单元实物全貌图进行安装。

（2）导线连接

参照分拣单元的I/O接线原理图进行电气接线，整理并捆绑好导线。

（3）气动连接

按气动控制回路图进行气路连接。并将气泵与过滤调压组件连接，在过滤调压组件上设定压力为6bar（600kPa）。

任务三：编程

根据工作单元功能要求、动作顺序要求，编写PLC程序，并将程序下载至PLC。编程要点如下。

（1）分拣单元的工艺过程

当输送站送来工件放到传送带上并为入料口漫射式光电传感器检测到时，将信号传输给PLC，通过PLC的程序启动变频器，电动机运转驱动传送带工作，把工件带进分拣区。例如如果进入分拣区工件为白色，则检测白色物料的光纤传感器动作，通过PLC的程序1号推料气缸启动，将白色料推到1号滑槽里。

（2）程序结构

启动/停止子程序：响应系统的启动、停止指令和状态信息的返回。

推料控制子程序：变频器启/停操作；物料颜色属性判别及相应推出操作；采取相应屏蔽措施避免因干扰信号导致的物料推杆反复伸出运动。

任务四：调试

（1）机械调试（见表3-34）

表3-34 机械调试

调试对象	调试方法	调试目的
传动机构	① 传动机构安装基线（导向器中心线与输送单元滑动导轨中心线）重合 ② 电动机的轴和输送带主动轮的轴重合	传送带平稳的运行
分拣机构	调整分拣单元两个气缸安装位置、水平度	准确平稳地把工件推入料槽中

（2）传感器调试（见表3-35）

表3-35 传感器调试

调试对象	调试方法	调试目的
分拣气缸上的磁性开关	松开磁性开关的紧定螺栓，让它顺着气缸滑动，到达指定位置后，再旋紧紧定螺栓	传感器动作时，输出信号“1”，LED亮；传感器不动作时，输出信号“0”，LED不亮
入料口漫射式光电传感器	调整其灵敏度以能在传送带上检测到工件为准	可靠检测出入料口传送带上有无工件
分拣光纤传感器	① 调整安装位置 ② 调整传感器上灵敏度设定旋钮	判别黑白两种颜色物体，完成自动分拣

（3）气动调试（见表3-36）

表3-36 气动调试

调试对象	调试方法	调试目的
分拣气缸上节流阀	旋紧或旋松节流螺钉	分别调整气缸伸出、缩回速度，使气缸动作平稳，从而平稳地把工件推入料槽中

（4）PLC程序

① 程序监视 程序编辑器都可以在PLC运行时监视程序执行的过程和各元件的状态及数据。

梯形图监视功能：拉开调试菜单，选中程序状态，这时闭合触点和通电线圈内部颜色变蓝（呈阴影状态）。在PLC的运行（RUN）工作状态，随输入条件的改变、定时及计数过程的运行，每个扫描周期的输出处理阶段将各个器件的状态刷新，可以动态显示各个定时、计数器的当前值，并用阴影表示触点和线圈通电状态，以便在线动态观察程序的运行。

② 动态调试 结合程序监视运行的动态显示，分析程序运行的结果以及影响程序运行的因素，然后退出程序运行和监视状态，在STOP状态下对程序进行修改编辑，重新编译、下载、监视运行，如此反复修改调试，直至得出正确运行结果。

5.检查与评估

根据现场各小组的讨论汇报情况、具体实施情况以及最后的结果按照表3-37对本次任务给出客观评价并记录。

表3-37 评分表

评分表		工作形式 □个人 □小组分工 □小组	实际工作时间	
训练项目	训练内容	训练要求	学生自评	教师评分
装配单元	1.工作计划与图纸（20分） 工作计划 材料清单 气路图 电路图 程序清单	电路绘制有错误，每处扣0.5分；机械手装置运动的限位保护没有设置或绘制有错误，扣1.5分；主电路绘制有错误，每处扣0.5分；电路图符号不规范，每处扣0.5分，最多扣2分		
	2.部件安装与连接（20分）	装配未能完成，扣2.5分；装配完成，但有紧固件松动现象，扣1分		
	3.连接工艺（20分） 电路连接工艺 气路连接及工艺 机械安装及装配工艺	端子连接，插针压接不牢或超过2根导线，每处扣0.5分，端子连接处没有线号，每处扣0.5分，两项最多扣3分；电路接线没有绑扎或电路接线凌乱，扣2分；机械手装置运动的限位保护未接线或接线错误，扣1.5分；气路连接未完成或有错，每处扣2分；气路连接有漏气现象，每处扣1分；气缸节流阀调整不当，每处扣1分；气管没有绑扎或气路连接凌乱，扣2分		

续表

评分表		工作形式 □个人　□小组分工　□小组	实际工作时间 ________	
训练项目	训练内容	训练要求	学生自评	教师评分
装配单元	4.测试与功能（30分） 夹料功能 送料功能 整个装置全面检测	启动/停止方式不按控制要求，扣1分；运行测试不满足要求，每处扣0.5分；工件送料测试，但推出位置明显偏差，每处扣0.5分		
	5.职业素养与安全意识（10分）	现场操作安全保护符合安全操作规程；工具摆放、包装物品、导线线头等的处理符合职业岗位的要求；团队合作有分工有合作，配合紧密；遵守纪律，尊重教师，爱惜设备和器材，保持工位的整洁		

问题与思考

1. 当传送带的速度需要改变时，即需要改变变频器的频率时，请问程序如何改变？
2. 如果分拣材料的颜色和材质发生改变时，请问程序如何改变？

项目五

输送单元的安装与调试

项目学习目标

① 掌握伺服电动机的特性及控制方法，伺服驱动器的基本原理及电气接线。能使用伺服驱动器进行伺服电动机的控制，会设置伺服驱动器的参数。

② 掌握FX1N PLC内置定位控制指令的使用和编程方法，能编制实现伺服电动机定位控制的PLC控制程序。

③ 掌握输送单元直线运动组件的安装和调整、电气配线的敷设，能在规定时间内完成输送单元的安装和调整进行程序设计和调试，并能解决安装与运行过程中出现的常见问题。

学习单元一　初步认识输送单元

1. 输送单元的功能

输送单元是YL-335B系统中最为重要同时也是承担任务最为繁重的工作单元。主要功能：① 该单元主要完成驱动它的抓取机械手装置精确定位到指定单元的物料台，在物料台上抓取工件，把抓取到的工件输送到指定地点然后放下的功能；② 该单元在网络系统中担任着主站的角色，它接收来自按钮/指示灯模块的系统主令信号，读取网络上其他各站的状态信息，加以综合后，向各从站发送控制要求，协调整个系统的工作。

2. 输送单元的结构

输送单元由抓取机械手装置、直线运动传动组件、拖链装置、PLC模块和接线端口以及按钮/指示灯模块等部件组成。图3-54所示是安装在工作台面上的输送单元装置侧部分。

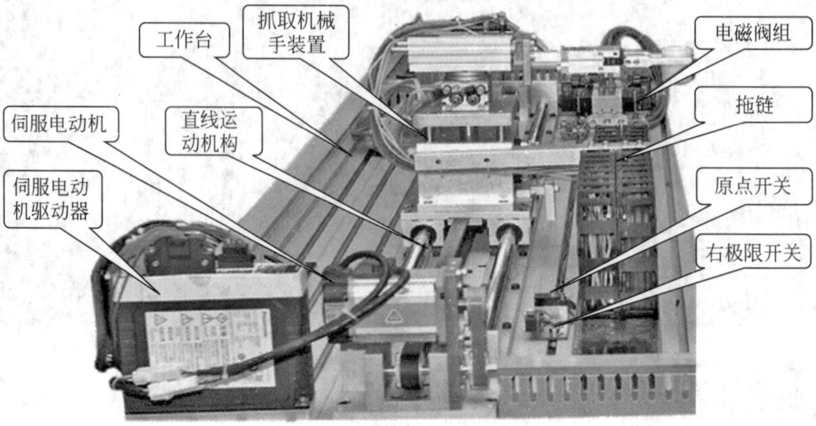

图3-54 输送单元装置侧部分

（1）抓取机械手装置

抓取机械手装置是一个能实现三自由度运动（即升降、伸缩、气动手指夹紧/松开和沿垂直轴旋转的四维运动）的工作单元，该装置整体安装在直线运动传动组件的滑动溜板上，在传动组件带动下整体做直线往复运动，定位到其他各工作单元的物料台，然后完成抓取和放下工件的功能。图3-55所示为该装置实物图。

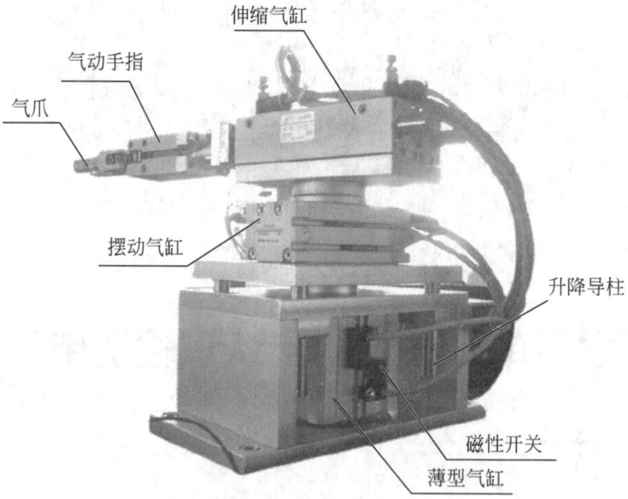

图3-55 抓取机械手装置

具体构成如下。

① 气动手爪：用于在各个工作站物料台上抓取，放下工件，由一个二位五通双向电控阀控制。

② 伸缩气缸：用于驱动手臂伸出缩回，由一个二位五通单向电控阀控制。

③ 回转气缸：用于驱动手臂正反向90° 旋转，由一个二位五通双向电控阀控制。

④ 提升气缸：用于驱动整个机械手提升与下降，由一个二位五通单向电控阀控制。

（2）直线运动传动组件

直线运动传动组件用以拖动抓取机械手装置做往复直线运动，从而完成精确定位的功能。

直线运动传动组件由直线导轨底板，伺服电动机及伺服放大器，同步轮，同步带，直线导轨，滑动溜板，拖链带和原点接近开关，左、右极限开关组成。如图3-56所示。

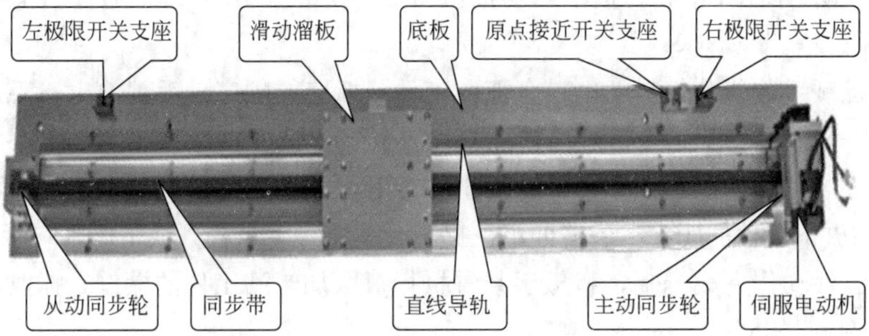

图3-56　直线运动传动组件

伺服电动机由伺服电动机放大器驱动，通过同步轮和同步带带动滑动溜板沿直线导轨做往复直线运动，从而带动固定在滑动溜板上的抓取机械手装置做往复直线运动。同步轮齿距为5mm，共12个齿，旋转一周搬运机械手位移60mm。

抓取机械手装置上所有气管和导线沿拖链带敷设，进入线槽后分别连接到电磁阀组和接线端口上。

原点接近开关和左、右极限开关安装在直线导轨底板上，如图3-57所示。原点接近开关是一个无触点的电感式接近传感器，用来提供直线运动的起始点信号。左、右极限开关均是有触点的微动开关，用来提供越程故障时的保护信号：当滑动溜板在运动中越过左或右极限位置时，极限开关会动作，从而向系统发出越程故障信号。

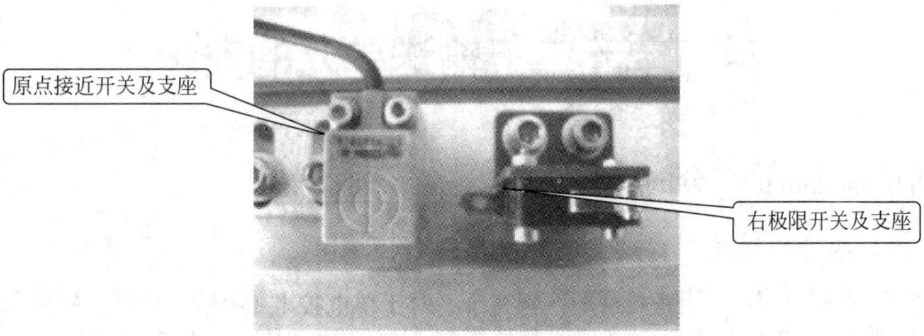

图3-57　原点接近开关和右极限开关

（3）电磁阀组和气动元件

输送单元中用到的气动元件主要有1个伸缩气缸、1个旋转气缸、1个提升气缸、1个手爪气缸、4个气缸节流阀和4个电磁阀组。

输送单元的伸缩气缸、提升气缸分别由2个单电控5/2换向阀组来控制，而旋转气缸、手爪气缸分别由2个双电控5/2换向阀组来控制。

3.输送单元的工作过程

① 输送单元在通电后，按下复位按钮SB1，执行复位操作，使抓取机械手装置回到原点

位置。在复位过程中，“正常工作”指示灯HL1以1Hz的频率闪烁。

当机械手装置回到原点位置，且输送单元各个气缸满足初始位置的要求，则复位完成，“正常工作”指示灯HL1常亮。按下启动按钮SB2，设备启动，“设备运行”指示灯HL2也常亮，开始测试过程。

② 抓取机械手装置从供料站出料台抓取工件，抓取的顺序：手臂伸出→手爪夹紧抓取工件→提升台上升→手臂缩回。抓取动作完成后，机械手装置向加工站移动。

③ 机械手装置移动到加工站物料台的正前方后，即把工件放到加工站物料台上。机械手装置在加工站放下工件的顺序：手臂伸出→提升台下降→手爪松开放下工件→手臂缩回。

④ 放下工件动作完成2s后，机械手装置执行抓取加工站工件的操作。抓取的顺序与供料站抓取工件的顺序相同。

⑤ 抓取动作完成后，机械手装置移动到装配站物料台的正前方，然后把工件放到装配站物料台上。其动作顺序与加工站放下工件的顺序相同。

⑥ 放下工件动作完成2s后，机械手装置执行抓取装配站工件的操作。抓取的顺序与供料站抓取工件的顺序相同。

⑦ 机械手手臂缩回后，摆台逆时针旋转90°，机械手装置从装配站向分拣站运送工件，到达分拣站传送带上方入料口后把工件放下，动作顺序与加工站放下工件的顺序相同。

⑧ 放下工件动作完成后，机械手手臂缩回，然后执行以400mm/s的速度返回原点的操作。返回900mm后，摆台顺时针旋转90°，然后以100mm/s的速度低速返回原点停止。

⑨ 当机械手装置返回原点后，一个测试周期结束。当供料单元的出料台上放置了工件时，再按一次启动按钮SB2，即可开始新一轮的测试。

学习单元二　输送单元的安装

1.输送单元机械部分的安装与调试

（1）机械组件的组成

抓取机械手装置是一个能实现三自由度（即升降、伸缩、气动手指夹紧/放松和沿垂直轴旋转的四维运动）的工作单元。该装置整体安装在直线运动传动组件的滑动溜板上，在传动组件的带动下整体做直线往复运动，定位到其他各工作单元的物料台，完成抓取和放下工件的功能。

（2）机械组件的安装方法

① 组装直线运动组件的步骤

a.在底板上装配直线导轨。输送单元直线导轨是一对长度较长的精密机械运动部件，安装时应首先调整好两导轨的相互位置（间距和平行度），然后紧定其固定螺栓。由于每导轨固定螺栓达18个，紧定时必须按一定的顺序逐步进行，使其运动平稳、受力均匀、运动噪声小。

b.装配大溜板、4个滑块组件。将大溜板与两直线导轨上的4个滑块的位置找准并进行固定，在拧紧固定螺栓的时候，应一边推动大溜板左右运动，一边拧紧螺栓，直到滑动顺畅为止。

c.连接同步带。将连接了4个滑块的大溜板从导轨的一端取出。由于用于滚动的钢球嵌在滑块的橡胶套内，一定要避免橡胶套受到破坏或用力太大致使钢球掉落。将两个同步带固定座安装在大溜板的反面，用于固定同步带的两端。

接下来分别将调整端同步轮安装支架组件、电动机侧同步轮安装支架组件上的同步轮，套入同步带的两端，在此过程中应注意电动机侧同步轮安装支架组件的安装方向、两组件的相对位置，并将同步带两端分别固定在各自的同步带固定座内，同时也要注意保持连接安装好后的同步带平顺一致。完成以上安装任务后，再将滑块套在柱形导轨上，套入时，一定不能损坏滑块内的滑动滚珠以及滚珠的保持架。

d.同步轮安装支架组件装配。先将电动机侧同步轮安装支架组件用螺栓固定在导轨安装底板上，再将调整端同步轮安装支架组件与底板连接，然后调整好同步带的张紧度，锁紧螺栓。

e.伺服电动机安装。将电动机安装板固定在电动机侧同步轮支架组件的相应位置，将电动机与电动机安装活动连接，并在主动轴、电动机轴上分别套接同步轮，安装好同步带，调整电动机位置，锁紧连接螺栓。最后安装左右限位以及原点传感器支架。

② 抓取机械手装置的装配步骤

a.提升机构组装如图3-58所示。

b.把气动摆台固定在组装好的提升机构上，然后在气动摆台上固定导杆气缸安装板。

c.连接气动手指和导杆气缸，然后把导杆气缸固定到导杆气缸安装板上。完成抓取机械手装置的装配。

d.把抓取机械手装置固定到直线运动组件的大溜板，如图3-59所示。最后，检查摆台上的导杆气缸、气动手指组件的回转位置是否满足在其余各工作站上抓取和放下工件的要求，进行适当的调整。

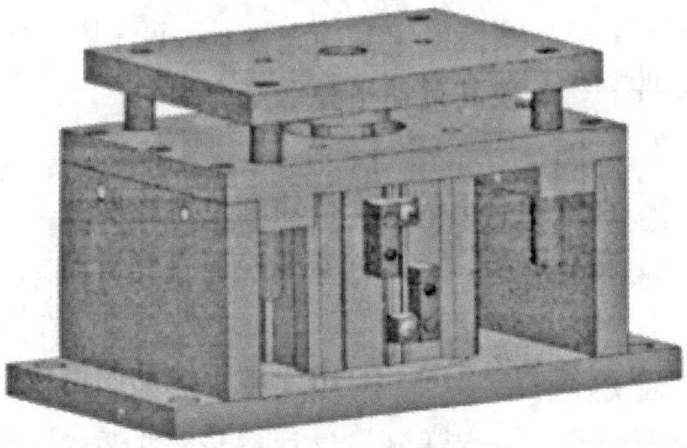

图3-58 提升机构组装

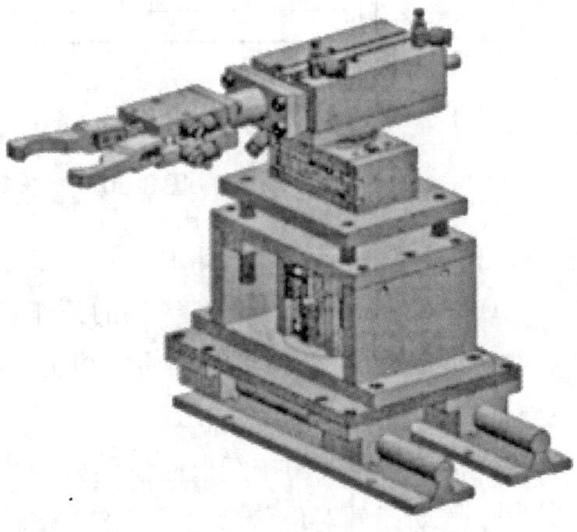

图3-59 装配完成的抓取机械手装置

2.输送单元气动元件的安装与调试

（1）气动系统的组成

输送单元的气动系统主要包括气源、气动汇流板、直线气缸、摆动气缸、气动手指、单电控5/2换向阀、双电控5/2换向阀、单向节流阀、消声器、快插接头、气管等，主要作用是完成机械手的伸缩、抓取、升降、旋转等操作。

输送单元的气动执行元件由2个双作用气缸组成，其中1B1、1B2为安装在提升气缸上的2个位置检测传感器（磁性开关）；2B1、2B2为安装在机械手伸缩气缸上的2个位置检测传感器（磁性开关）；3B1、3B2为安装在摆动气缸上的2个位置检测传感器（磁性开关）；单向节流阀用于提升气缸和伸缩气缸的调速，双电控5/2换向阀用于摆动气缸和气动手指的调速，气动汇流板用于组装单电控5/2换向阀及其附件。

（2）气路控制原理图

装配单元的气路控制原理图如图3-60所示。图中，气源经汇流板分给4个换向阀的进气口，气缸1A、2A、3A、4A的两个工作口与电磁阀工作口之间均安装了单向节流阀，通过尾气节流阀来调整气缸的速度。排气口安装的消声器可减小排气的噪声。

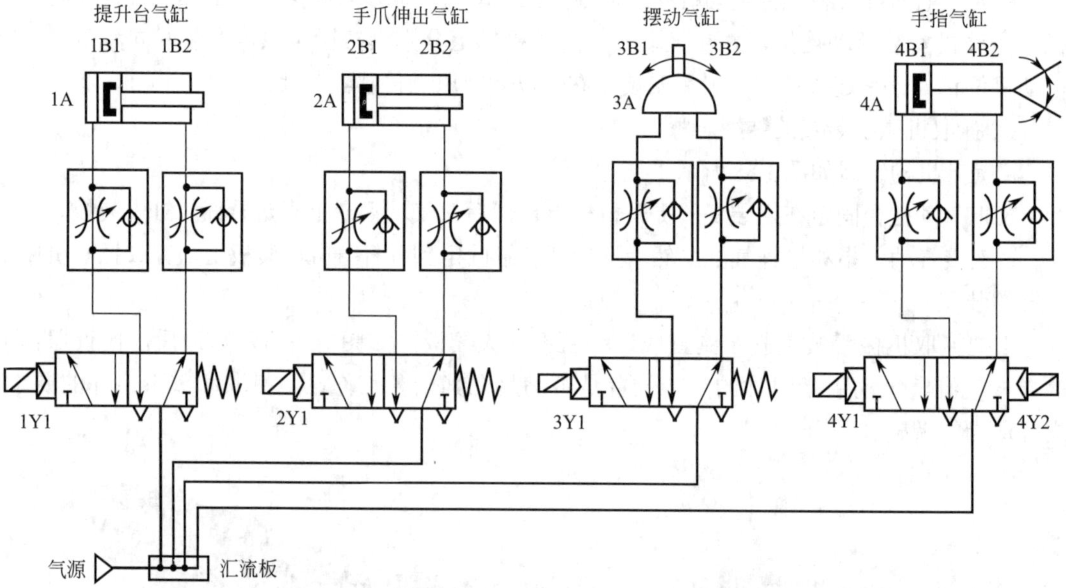

图3-60 输送单元气动控制回路工作原理图

（3）气路的连接方法

① 单向节流阀应安装在气缸的工作口上，并缠绕好密封带，以免运行时漏气。

② 单电控5/2换向阀的进气口和工作口应安装好快插接头，并缠绕好密封带，以免运行时漏气。

③ 气动汇流板的排气口应安装好消声器，并缠绕好密封带，以免运行时漏气。

④ 气动元件对应气口之间用塑料气管进行连接，做到安装美观，气管不交叉并保持气路畅通。

（4）气路系统的调试方法

输送单元气路系统的调试主要是针对气动执行元件的运行情况进行的，其调试方法是通过手动控制单向换向阀，观察气动执行元件的动作情况：气动执行元件运行过程中检查各管路的连接处是否有漏气现象，是否存在气管不畅通现象。同时通过各单向节流阀的调整来获得稳定的气动执行元件运行速度。

3. 输送单元传感器的安装与接线

（1）磁性开关的安装与接线

① 磁性开关的安装　装配单元设计2个双作用气缸、1个摆动气缸、1个气动手指，由7个磁性开关作为气动执行元件的极限位置检测元件。磁性开关的安装方法与供料单元中磁性开关的安装方法相同。

② 磁性开关的接线　磁性开关的输出为2线（棕色+，蓝色−），连接时蓝色线与直流电源的负极相连，棕色线与PLC的输入点相连。

（2）金属接近开关的安装与接线

① 金属接近开关的安装　输送单元中的金属接近开关用于机械手返回原点位置的检测。金属接近开关的安装与分拣单元中金属接近开关的安装方法相同。

② 金属接近开关的接线　金属接近开关的输出为3线（棕色+，蓝色−，黑色输出），连接时棕色线与直流电源的正极相连，蓝色线与直流电源的负极相连，黑色线与PLC的输入点相连。

4. 输送单元PLC的安装与调试

（1）输送单元装置侧接线

输送单元装置侧接线，一是把输送单元各个传感器、电源线、0V线按规定接至装置侧左边较宽的接线端子排；二是把输送单元电磁阀的信号线接至装置侧右边较窄的接线端子排。其信号线与端子排号如表3-38所示。

表3-38　输送单元装置侧的接线端口信号端子的分配

输入端口			输出端口		
端子号	设备符号	信号线	端子号	设备符号	信号线
2	BG1	原点开关	2	PLS	脉冲
3	SQ1	右限位开关	3	DIR	方向
4	SQ2	左限位开关	4	1Y1	提升台上升
5	1B1	提升台抬升上限	5	3Y1	气缸左旋
6	1B2	提升台抬升下限	6	3Y2	气缸右旋
7	3B1	气缸旋转左限	7	2Y1	手爪伸出
8	3B2	气缸旋转右限	8	4Y1	手爪夹紧
9	2B1	手爪伸出到位	9	4Y2	手爪放松
10	2B2	手爪缩回到位			
11	4B1	手爪夹紧到位			

（2）输送单元PLC侧接线

PLC侧接线包括电源接线、PLC输入/输出端子的接线。PLC侧接线端子排为双层两列端子，左边较窄的一列主要接PLC的输出接口，右边较宽的一列接PLC的输入接口。两列中的下层分别接24V电源端子和0V端子。分拣单元PLC的I/O接线原理图如图3-61所示。

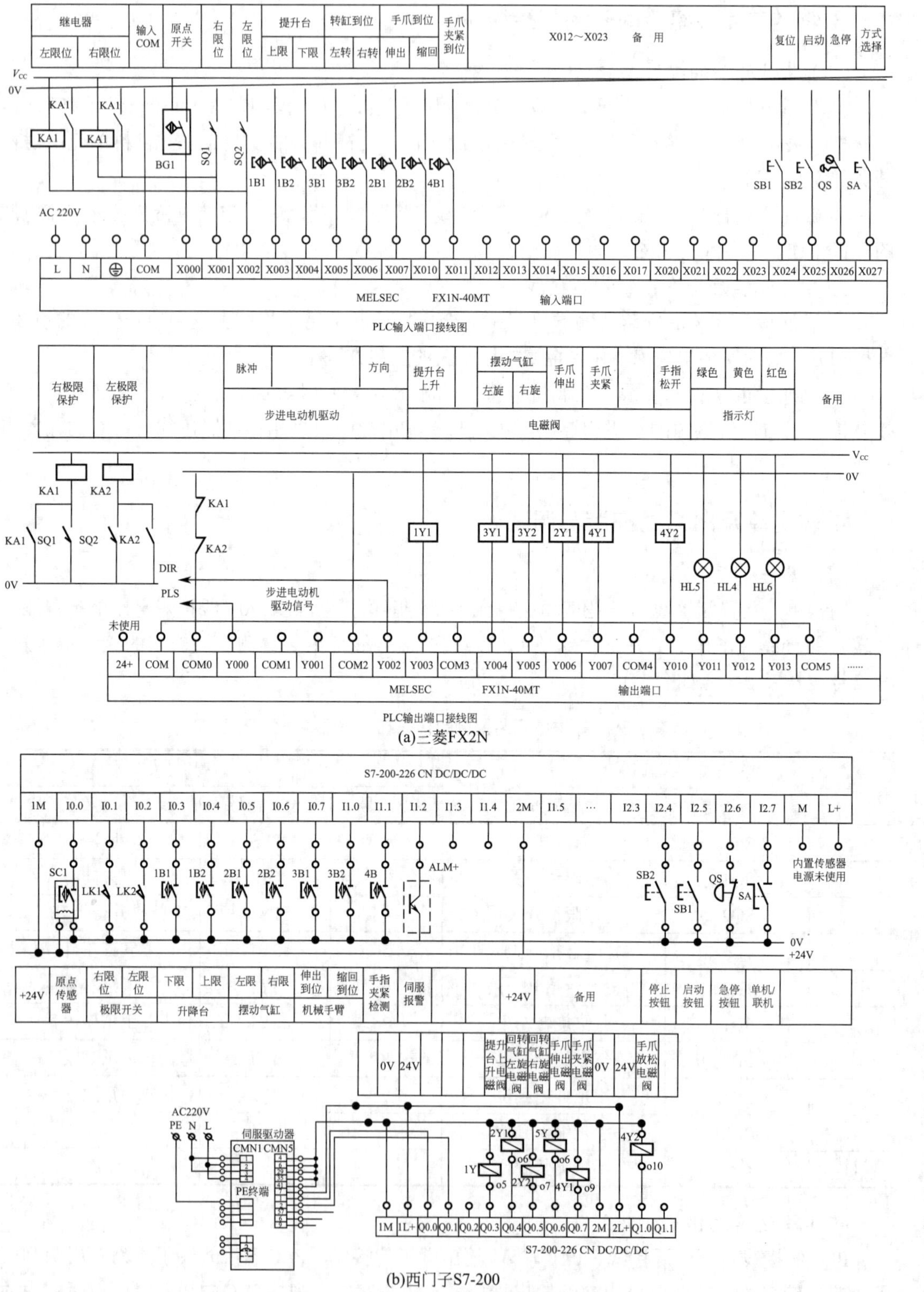

图3-61 输送单元PLC的I/O接线原理图

5. 安装过程中应注意的问题

① 伺服电动机或步进电动机都是精密装置，安装时注意不要敲打它的轴端，更不要拆卸电动机。

② 在安装机械手装置过程中，注意要先找好导杆气缸安装板与气动摆台连接的原始位置，以便有足够的回转角度。

③ 注意电磁阀工作口与执行元件工作口的连接要正确，以免产生相反的动作而影响正常操作。

④ 气管与快插接头插拔时，按压快插接头伸缩件用力要均匀，避免硬拉而造成接头损坏。

⑤ 气路安装完毕后应注意气缸和气动手指的初始位置，如不对应按照气路图进行调整。

学习单元三　输送单元PLC的编程与调试

1. 输送单元PLC的I/O分配表

根据输送单元装置侧的接线端口信号端子的分配（见表3-38）和工作任务的要求，PLC的I/O信号分配如表3-39（三菱FX2N）和表3-40（西门子S7-200）所示。

表3-39　输送单元PLC的I/O信号表（三菱FX2N）

<table>
<tr><th colspan="4">输入信号</th><th colspan="4">输出信号</th></tr>
<tr><th>序号</th><th>PLC输入点</th><th>信号名称</th><th>信号来源</th><th>序号</th><th>PLC输出点</th><th>信号名称</th><th>信号来源</th></tr>
<tr><td>1</td><td>X000</td><td>原点传感器检测</td><td rowspan="11">装置侧</td><td>1</td><td>Y000</td><td>脉冲</td><td rowspan="9">装置侧</td></tr>
<tr><td>2</td><td>X001</td><td>右限位保护</td><td>2</td><td>Y001</td><td></td></tr>
<tr><td>3</td><td>X002</td><td>左限位保护</td><td>3</td><td>Y002</td><td>方向</td></tr>
<tr><td>4</td><td>X003</td><td>机械手抬升下限检测</td><td>4</td><td>Y003</td><td>提升台上升电磁阀</td></tr>
<tr><td>5</td><td>X004</td><td>机械手抬升上限检测</td><td>5</td><td>Y004</td><td>回转气缸左旋电磁阀</td></tr>
<tr><td>6</td><td>X005</td><td>机械手旋转左限检测</td><td>6</td><td>Y005</td><td>回转气缸右旋电磁阀</td></tr>
<tr><td>7</td><td>X006</td><td>机械手旋转右限检测</td><td>7</td><td>Y006</td><td>手爪伸出电磁阀</td></tr>
<tr><td>8</td><td>X007</td><td>机械手伸出检测</td><td>8</td><td>Y007</td><td>手爪夹紧电磁阀</td></tr>
<tr><td>9</td><td>X010</td><td>机械手缩回检测</td><td>9</td><td>Y010</td><td>手爪放松电磁阀</td></tr>
<tr><td>10</td><td>X011</td><td>机械手夹紧检测</td><td>10</td><td>Y011</td><td></td><td></td></tr>
<tr><td>11</td><td>X012</td><td></td><td>11</td><td>Y012</td><td></td><td></td></tr>
<tr><td>12</td><td rowspan="6">X013 ～ X023
未接线</td><td></td><td></td><td>12</td><td>Y013</td><td></td><td></td></tr>
<tr><td>13</td><td></td><td></td><td>13</td><td>Y014</td><td></td><td></td></tr>
<tr><td>14</td><td></td><td></td><td>14</td><td>Y015</td><td>报警指示</td><td rowspan="3">按钮/指示灯模块</td></tr>
<tr><td>15</td><td></td><td></td><td>15</td><td>Y016</td><td>运行指示</td></tr>
<tr><td>16</td><td></td><td></td><td>16</td><td>Y017</td><td>停止指示</td></tr>
<tr><td>17</td><td></td><td></td><td></td><td></td><td></td><td></td></tr>
</table>

续表

输入信号				输出信号			
序号	PLC输入点	信号名称	信号来源	序号	PLC输出点	信号名称	信号来源
21	X024	启动按钮	按钮/指示灯模块				
22	X025	复位按钮					
23	X026	急停按钮					
24	X027	方式选择					

表3-40 输送单元PLC的I/O信号表（西门子S7-200）

输入信号				输出信号			
序号	PLC输入点	信号名称	信号来源	序号	PLC输出点	信号名称	信号来源
1	I0.0	原点传感器检测	装置侧	1	Q0.0	脉冲	装置侧
2	I0.1	右限位保护		2	Q0.1		
3	I0.2	左限位保护		3	Q0.2	方向	
4	I0.3	机械手抬升下限检测		4	Q0.3	提升台上升电磁阀	
5	I0.4	机械手抬升上限检测	装置侧	5	Q0.4	回转气缸左旋电磁阀	
6	I0.5	机械手旋转左限检测		6	Q0.5	回转气缸右旋电磁阀	
7	I0.6	机械手旋转右限检测		7	Q0.6	手爪伸出电磁阀	
8	I0.7	机械手伸出检测		8	Q0.7	手爪夹紧电磁阀	
9	I1.0	机械手缩回检测		9	Q1.0	手爪放松电磁阀	
10	I1.1	机械手夹紧检测		10	Q1.1		
11	I1.2			11	Q1.2		
12	I1.3～I2.3 未接线			12	Q1.3		
13				13	Q1.4		
14				14	Q1.5	报警指示	按钮/指示灯模块
15				15	Q1.6	运行指示	
16				16	Q1.7	停止指示	
17							
21	I2.4	启动按钮	按钮/指示灯模块				
22	I2.5	复位按钮					
23	I2.6	急停按钮					
24	I2.7	方式选择					

2. FX1N的脉冲功能指令

对输送单元步进电动机和伺服电动机的控制主要是定位控制，可以使用FX1N的简易定位控制指令实现。简易定位控制指令包括原点回归ZRN、相对位置控制DRVI、绝对位置控制DRVA和可变速脉冲输出指令PLSV，分别介绍如下。

（1）*原点回归指令ZRN*

原点回归指令主要用于上电时和初始运行时，搜索和记录原点位置信息。

该指令要求提供一个近原点的信号，原点回归动作须从近点信号的前端开始，以指定的以原点回归速度开始移动；当近点信号由OFF变为ON时，减速至爬行速度；最后，当近点信号由ON变为OFF时，在停止脉冲输出的同时，使当前值寄存器（Y000:［D8141，D8140］，Y001:［D8143，D8142］）清零，动作过程示意如图3-62所示。

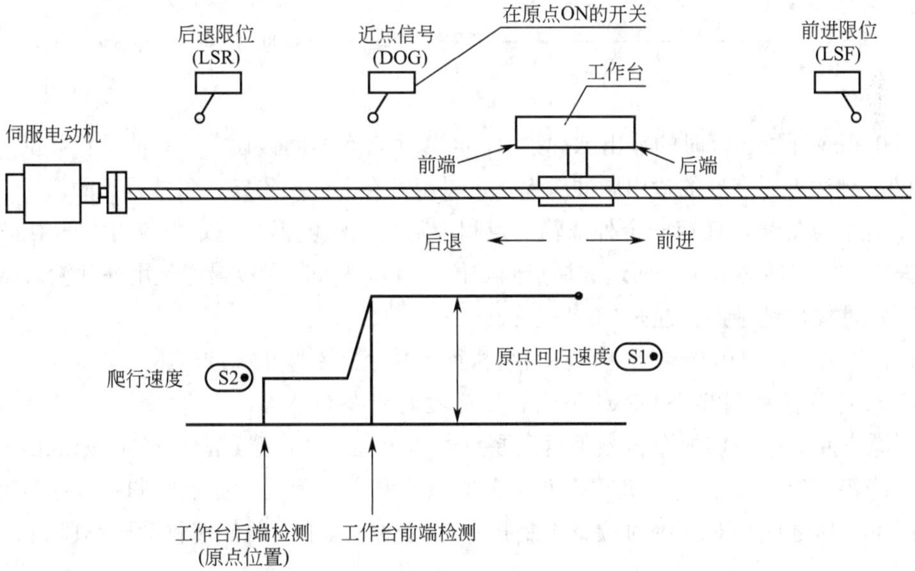

图3-62 原点归零示意图

由此可见，原点回归指令要求提供3个源操作数和1个目标操作数，源操作数为：① 原点回归开始的速度；② 爬行速度；③ 指定近点信号输入。目标操作数为指定脉冲输出的Y编号（仅限于Y000或Y001）。原点回归指令格式如图3-63所示。

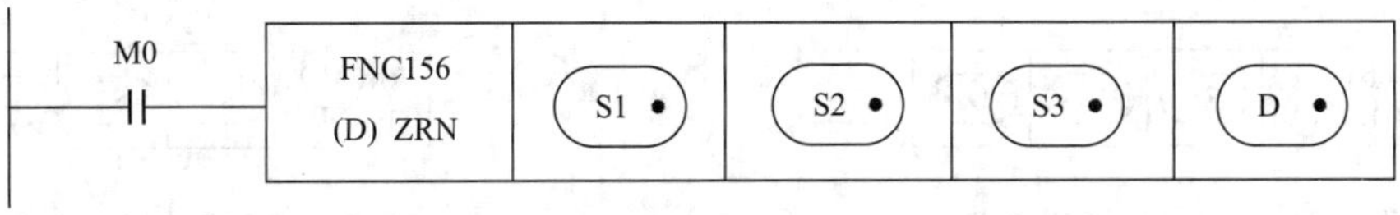

图3-63 ZRN的指令格式

使用原点回归指令编程时应注意：

① 回归动作必须从近点信号的前端开始，因此当前值寄存器（Y000:［D8141，D8140］，Y001:［D8143，D8142］）数值将向减少方向动作。

② 原点回归速度，对于16位指令，这一源操作数的范围为10～32767Hz；对于32位指令，范围为10～100kHz。

③ 近点输入信号宜指定输入继电器（X），否则由于受到可编程控制器运算周期的影响，会引起原点位置的偏移增大。

④ 在原点回归过程中，指令驱动接点变OFF状态时，将不减速而停止。并且在“脉冲输出中”标志（Y000:M8147，Y001:M8148）处于ON时，将不接受指令的再次驱动。仅当回归过程完成，执行完成标志（M8029）动作的同时，“脉冲输出中”标志才变为OFF。

⑤ 安装YL-335B时，通常把原点开关的中间位置设定为原点位置，并且恰好与供料单元出料台中心线重合。

例：

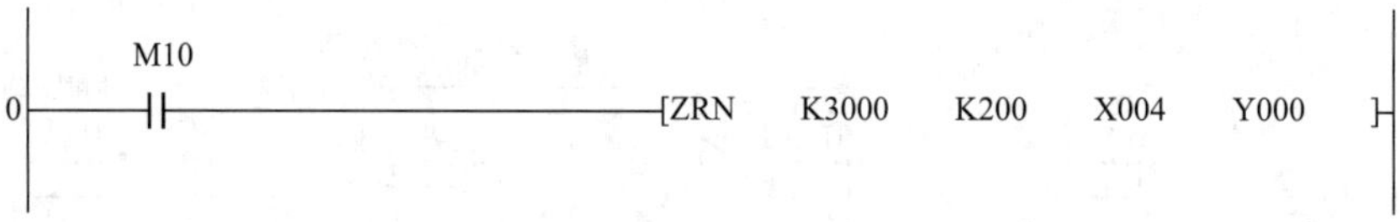

K3000:指令开始运行时的输出脉冲频率，可以用寄存器间接设定，只能是正数。

K200：到达近原点后的输出脉冲频率，可以用寄存器间接设定，只能是正数。

X4：近原点信号，任何一个外部输入点和内部中间继电器，但是当应用内部中间继电器时会因程序扫描周期的影响，而造成原点回归位置偏差增大。所以最好是用外部输入点。

Y0：脉冲输出地址，只能是Y0或是Y1。

在执行过程中，M10如果断开，ZRN将执行不减速立刻停止脉冲输出。

（2）相对位置控制指令DRVI和绝对位置控制指令DRVA

使用原点回归指令使抓取机械手返回原点时，按上述动作过程，机械手应该在原点开关动作的下降沿停止，显然这时机械手并不在原点位置上，因此，原点回归指令执行完成后，应该再用下面所述的相对或绝对位置控制指令，驱动机械手向前低速移动一小段距离，才能真正到达原点。

进行定位控制时，目标位置的指定，可以用两种方式：一是指定当前位置到目标位置的位移量（以带符号的脉冲数表示），可以用相对位置控制指令DRVI实现；另一种是直接指定目标位置对于原点的坐标值（以带符号的脉冲数表示），可以用绝对位置控制指令DRVA实现。

相对位置控制指令DRVI和绝对位置控制指令DRVA如图3-64和图3-65所示。

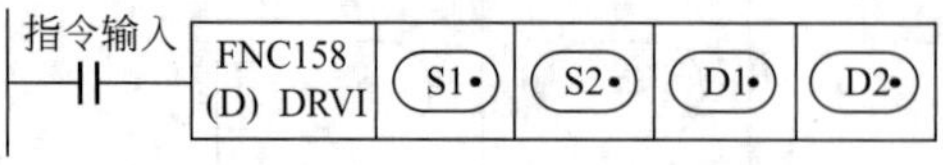

图3-64 DRVI的指令格式

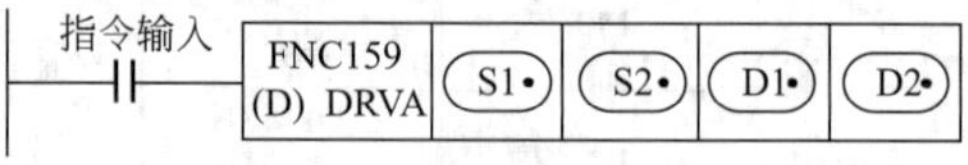

图3-65 DRVI的指令格式

指令说明如下。

① 源操作数S1给出目标位置信息，但对于相对方式和绝对方式则有不同含义。

对于相对位置控制指令，此操作数指定从当前位置到目标位置所需输出的脉冲数（带符号）；对于绝对位置控制指令，指定目标位置对于原点的坐标值（带符号的脉冲数），执行指令时，输出的脉冲数是输出目标设定值与当前值之差。

对于16位指令，此操作数的范围为–32768 ～ +32767；对于32位指令，范围为–999999 ～ +999999。

② 源操作数S2，目标操作数D1和D2，对于两个指令，均有相同含义。

S2指定输出脉冲频率，对于16位指令，操作数的范围为10 ～ 32767Hz；对于32位指令，范围为10 ～ 100kHz。

D1指定脉冲输出地址，指令仅能用于Y000、Y001。D2指定旋转方向信号输出地址。当输出的脉冲数为正时，此输出为ON，而当输出的脉冲数为负时，此输出为OFF。

使用这两个指令编程时应注意：

a.指令执行过程中，Y000输出的当前值寄存器为［D8141（高位），D8140（低位）］（32位）；Y001输出的当前值寄存器为［D8143（高位），D8142（低位）］（32位）。

b.在指令执行过程中，即使改变操作性数的内容，也无法在当前运行中表现出来。只在下一次指令执行时才有效。

c.若在指令执行过程中，指令驱动的接点变为OFF时，将减速停止。此时执行完成标志M8029不动作。

指令驱动接点变为OFF后，在脉冲输出中标志（Y000:［M8147］，Y001:［M8148］）处于ON时，将不接受指令的再次驱动。

d.执行DRVI或DRVA指令时，需要如下一些基本参数信息，应在PLC上电时（M8002 ON），写入相应的特殊寄存器中。

指令执行时的最高速度，指定的输出脉冲频率必须小于该最高速度。设定范围为10 ～ 100kHz，存放于［D8147，D8146］中。

指令执行时的基底速度，存放于［D8145］中。设定范围为最高速度（D8147，D8146）的1/10以下，超过该范围时，自动降为最高速度的1/10数值运行。

指令执行时的加减速时间。加减速时间表示到达最高速度（D8147，D8146）所需时间。

因此，当输出脉冲频率低于最高速度时，实际加减速时间会缩短。设定范围为50 ～ 5000ms。

e.在编程DRVI或指令DRVA时须注意各操作数的相互配合：

加减速时的变速级数固定在10级，故一次变速量是最高频率的1/10。在驱动步进电动机情况下，设定最高频率时应考虑在步进电动机不失步的范围内。

加减速时间不小于PLC的扫描时间最大值（D8012值）的10倍，否则加减速各级时间不均等（更具体的设定要求，请参阅FX1N编程手册）。

（3）可变速脉冲输出指令PLSV

它是一个附带旋转方向的可变速脉冲输出指令。执行这一指令，即使在脉冲输出状态中，仍然能够自由改变输出脉冲频率。指令格式示例如图3-66所示。

图3-66中，源操作数指定输出脉冲频率，对于16位指令，操作数的范围为1 ～ 32767Hz，–32767 ～ –1Hz；对于32位指令，范围为1 ～ 100kHz，–100 ～ –1kHz。

目标操作数为指定脉冲输出地址，仅能用于Y000、Y001。

目标操作数回指定旋转方向信号输出地址，当为正值时输出为ON。

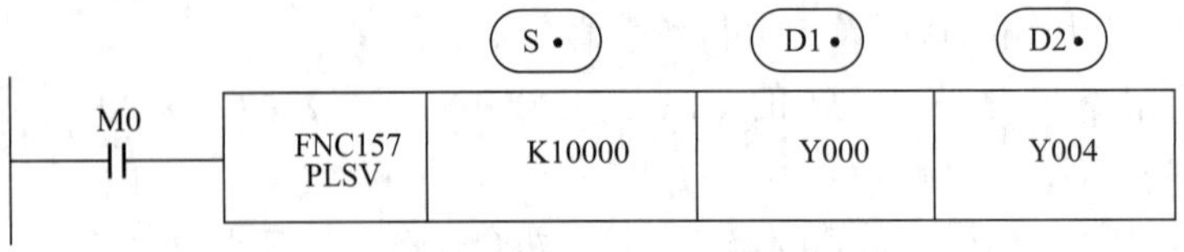

图3-66 可变速脉冲输出指令

使用PLSV指令需注意：

① 在启动/停止时不执行加减速，若有必要进行缓冲开始，停止时，可利用FNC67（RAMP）等指令改变输出脉冲频率的数值。

② 指令驱动接点变为OFF后，在脉冲输出中标志（Y000:［M8147］，Y001:［MS148］）处于ON时，将不接受指令的再次驱动。

3. 编程要点

输送单元的控制程序可分为主程序、初态检查复位子程序、回原点子程序、输送控制子程序、抓料子程序、放料子程序和急停处理子程序。

（1）主程序

输送单元主程序是一个周期循环扫描的程序。通电延时后进行初态检查，即调用初态检查子程序。如果初态检查不成功，则说明设备未就绪，也就是不能启动输送单元使之运行。如果初态检查成功，则会调用回原点子程序，返回原点成功，这样设备进入准备状态，允许启动。启动后，状态进入运行状态，此时主程序每个扫描周期调用输送控制子程序。如果在运行状态下发出停止指令，则系统运行一个周期后转入停止状态，等待系统下一次启动。输送单元主程序顺序控制流程图如图3-67所示。

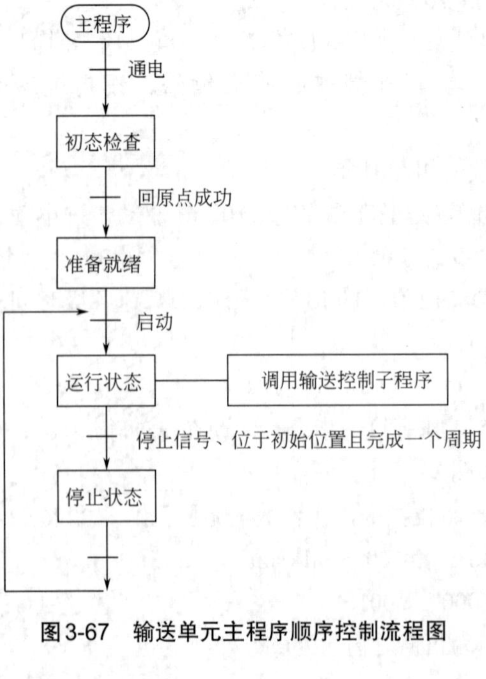

图3-67 输送单元主程序顺序控制流程图

（2）初态检查复位子程序和回原点子程序

系统上电且按下复位按钮后，就调用初态检查复位子程序，进入初始状态检查和复位操作阶段，目标是确定系统是否准备就绪，若未准备就绪，则系统不能启动进入运行状态。

该子程序的内容是检查各气动执行元件是否处在初始位置，抓取机械手装置是否在原点位置，若没有则进行相应的复位操作，直至准备就绪。子程序中，将嵌套调用回原点子程序，并完成一些简单的逻辑运算，下面着重介绍回原点子程序。

抓取机械手装置返回原点的操作，在输送单元的整个工作过程中，都会频繁地进行。因此编写一个子程序供需要时调用是必要的。程序清单如图3-68所示。

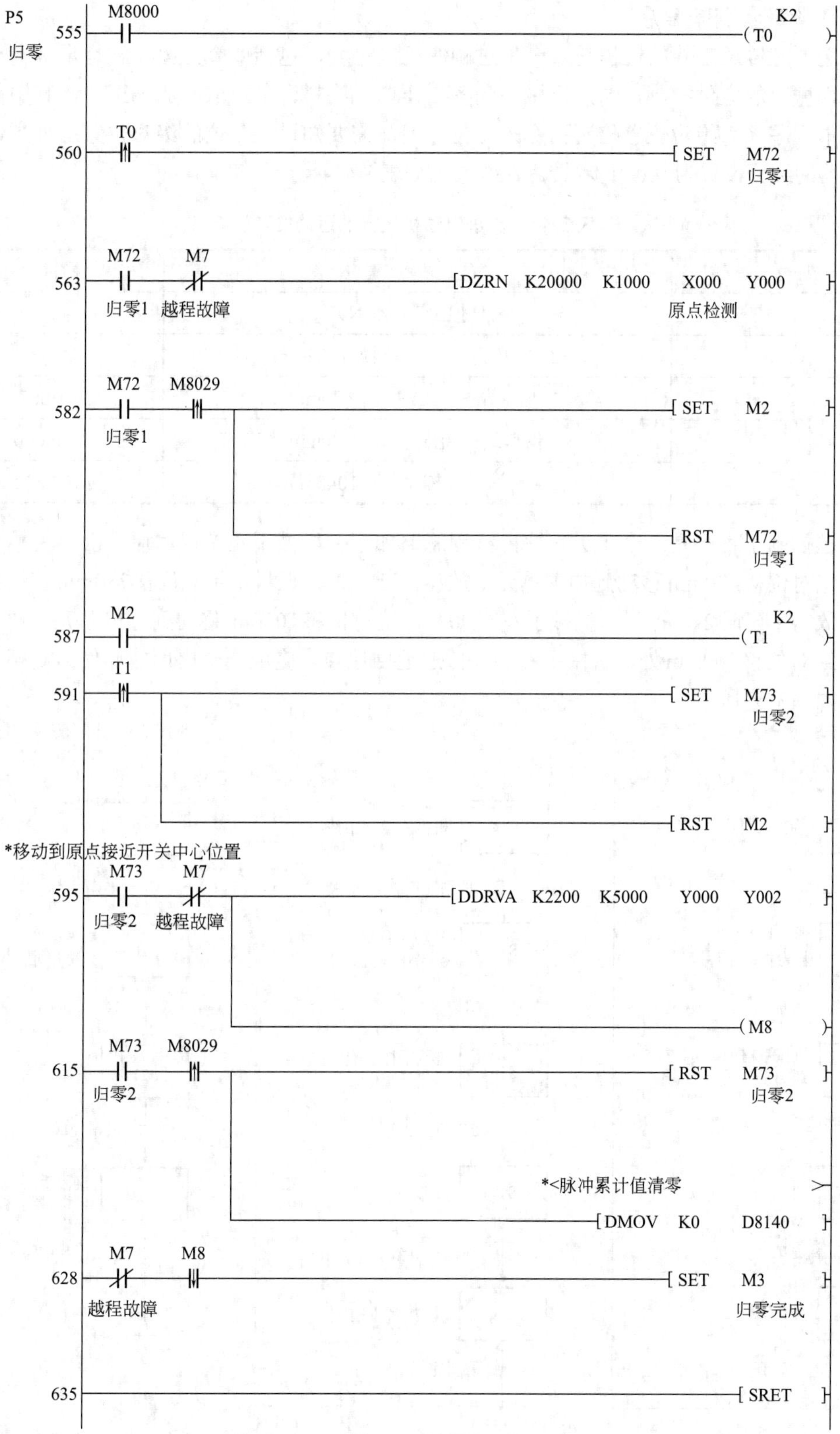
P5
归零
555 M8000 (T0 K2)
560 T0 [SET M72] 归零1
563 M72 归零1 M7 越程故障 [DZRN K20000 K1000 X000 Y000] 原点检测
582 M72 归零1 M8029 [SET M2]
[RST M72] 归零1
587 M2 (T1 K2)
591 T1 [SET M73] 归零2
[RST M2]
*移动到原点接近开关中心位置
595 M73 归零2 M7 越程故障 [DDRVA K2200 K5000 Y000 Y002]
(M8)
615 M73 归零2 M8029 [RST M73] 归零2
*<脉冲累计值清零 >
[DMOV K0 D8140]
628 M7 越程故障 M8 [SET M3] 归零完成
635 [SRET]

图3-68 回原点子程序

（3）输送控制子程序

输送单元传送工件的过程是一个步进顺序控制过程，包括两个方面：一是步进电动机驱动抓取机械手的定位控制，二是机械手到各工作单元物料台上抓取或放下工件，其中前者是关键。本程序采用绝对位置控制指令来定位，因此需要知道各工位的绝对位置脉冲数，如步进驱动器的细分设置为10000步/转。这些数据如表3-41所示。

表3-41 步进电动机运行的运动位置

序号	站点	脉冲量
0	低速回零（ZRN）	
1	ZRN（零位）—供料站 22mm	3.667
2	供料站—加工站 430mm	71.667
3	供料站—装配站 780mm	130.000
4	供料站—分拣站 1040mm	173.333

输送控制子程序是一个步进程序，编程思路如下：机械手正常返回原点后，机械手伸出抓料，绝对位移430mm移动到加工单元，放料；延时2s，抓料，绝对位移780mm移动到加工单元，放料；延时2s，抓料，机械手左旋90°，绝对位移105mm移动到分拣单元，放料；高速返回绝对位移200mm处，机械手右旋，低速返回原点，完成一个周期的操作。其顺序控制流程图如图3-69所示。

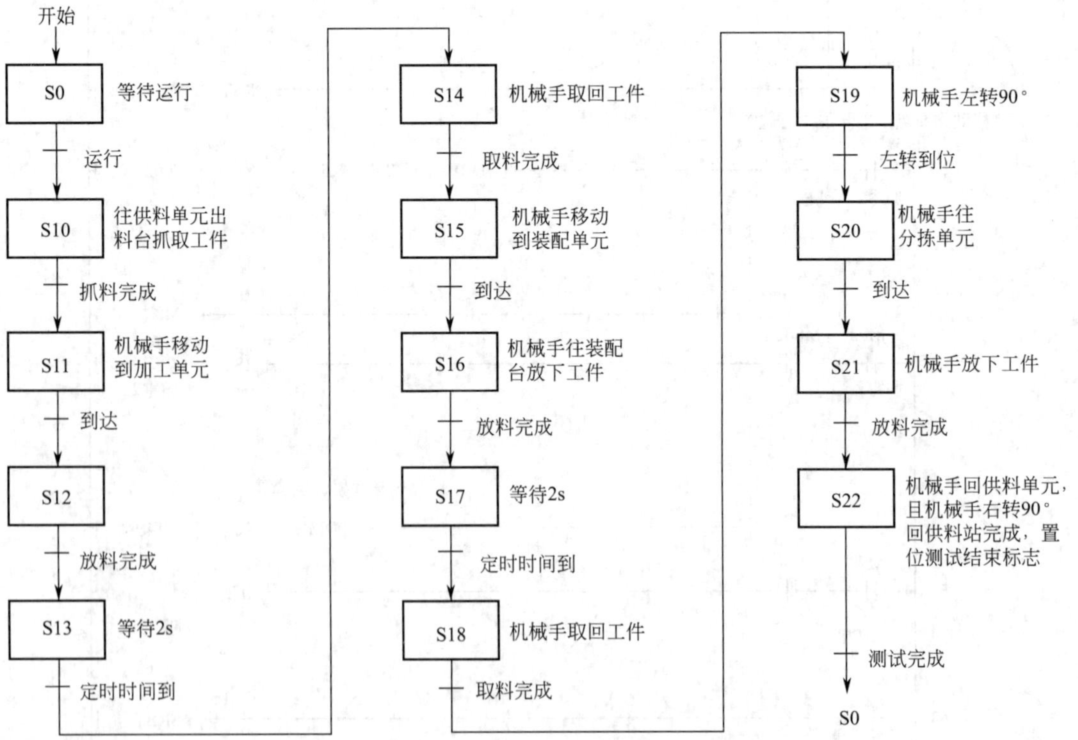

图3-69 输送控制子程序顺序控制流程图

程序中使用绝对位置控制指令驱动步进电动机运动，指定目标位置为+130000脉冲（装配单对原点的坐标，见表3-41），运行速度为60kHz。指令执行前的当前位置（加工单元加工台中心线）为71667脉冲。指令执行时，自动计算出输出的脉冲数（130000—71667＝58333）为正值，故旋转方向信号输出Y002 ON，步进电动机应为反向旋转。

（4）抓料子程序

输送单元抓料子程序也是一个步进程序，其工艺流程为：手爪伸出，延时300ms，手爪夹紧，延时300ms，机械手提升，手爪缩回，夹紧电磁阀复位，返回子程序入口。其顺序控制流程图如图3-70所示。

（5）放料子程序

输送单元放料子程序也是一个步进程序，其工艺流程为：手爪伸出，延时300ms，机械手下降，延时300ms，手爪松开，手爪缩回，放松电磁阀复位，返回子程序入口。其顺序控制流程图如图3-71所示。

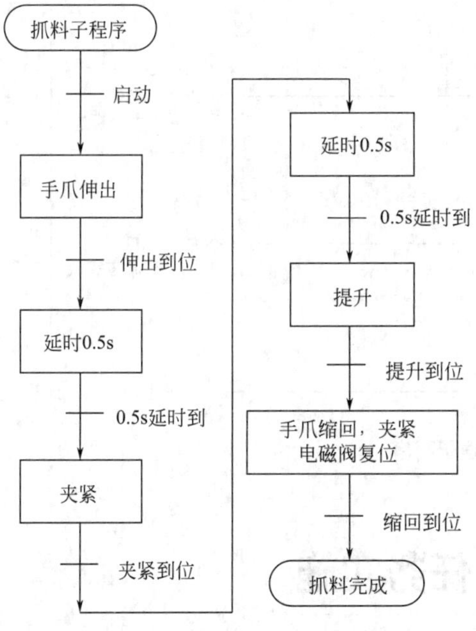

图3-70 抓料子程序顺序控制流程图

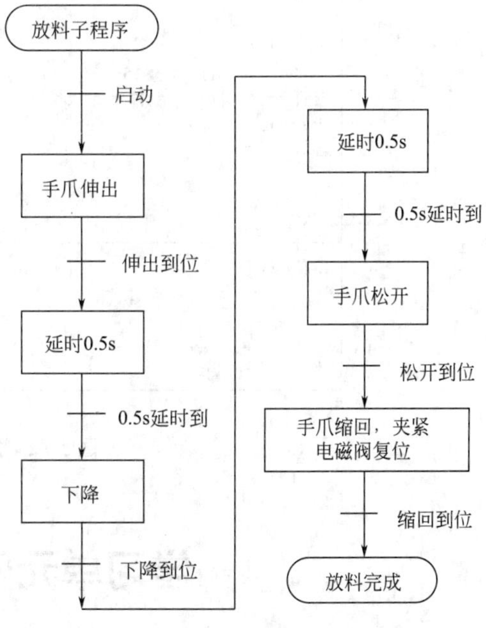

图3-71 放料子程序顺序控制流程图

（6）急停处理子程序

当系统进入运行状态后，在每一扫描周期都调用急停处理子程序。急停处理子程序梯形图如图3-72所示。急停动作时，主控位M20复位，主控制停止执行，急停复位后，分两种情况说明如下。

① 若急停前抓取机械手没有运行，传送功能测试过程继续运行。

② 若急停前抓取机械手正在前进中（从供料往加工，或从加工往装配，或从装配往分拣），则当急停复位的上升沿到来时，需要启动使机械手回原点过程。到达原点后，传送功能测试过程继续运行。

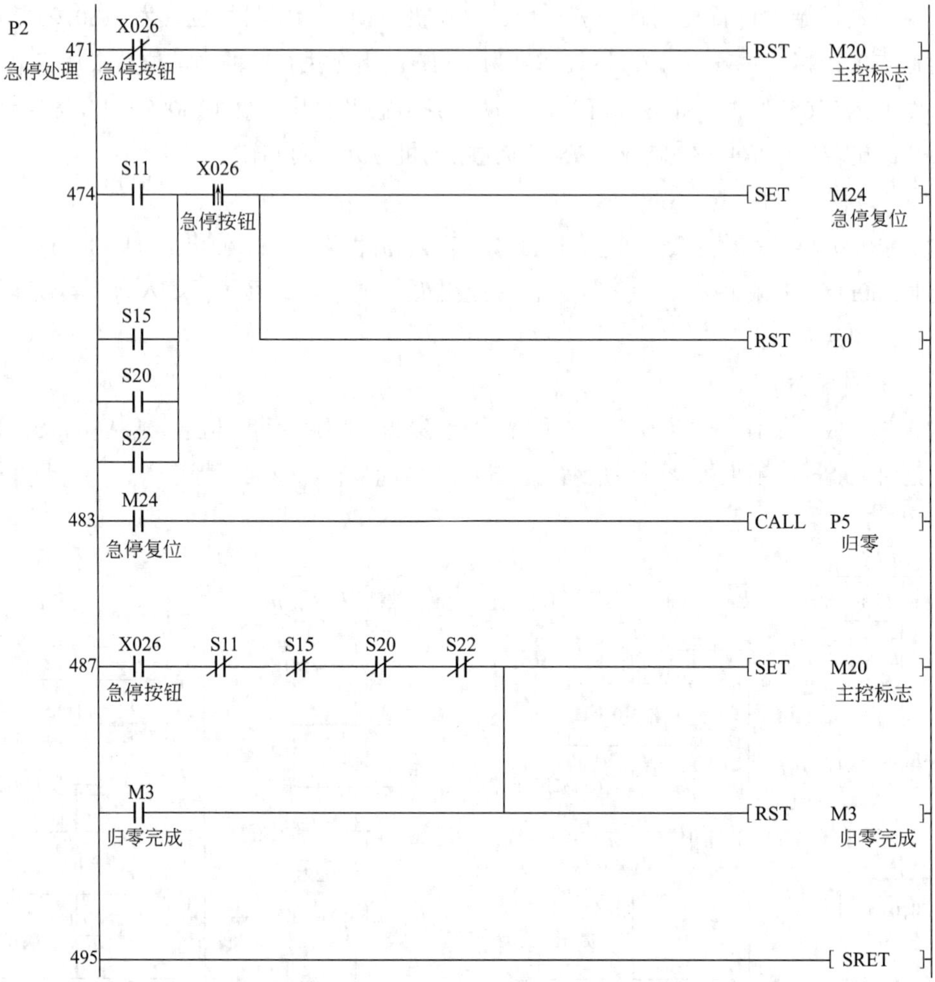

图3-72 急停处理子程序

学习单元四 任务实施

1. 训练要求

① 熟悉输送单元的功能及结构组成。

② 能够根据控制要求设计气动控制回路原理图，安装执行器件并进行调试。

③ 安装所使用的传感器并能调试。

④ 查明PLC各端口地址，根据要求编写程序和调试。

⑤ 伺服驱动器的参数设置。

2. 小组领取任务并展开讨论

① 确定任务方案。

② 各小组进行汇报。

③ 小组进行分工并领取实训工具。

3.输送单元安装与调试工作计划

可按照表3-42所示的工作计划表对加工单元的安装与调试进行记录。

表3-42 工作计划表

步骤	内容	计划时间/h	实际时间/h	完成情况
1	整个练习的工作计划	0.25		
2	制订安装计划	0.25		
3	本单元任务描述和任务所需图纸与程序	1		
4	写材料清单和领料单	0.25		
5	机械部分安装与调试	1		
6	传感器安装与调试	0.25		
7	按照图纸进行电路安装	0.5		
8	气路安装	0.25		
9	气源与电源连接	0.25		
10	PLC控制编程	1		
11	输送单元的人机界面设计	2		
12	按质量要求检查整个设备	0.25		
13	本单元各部分设备的通电、通气测试	0.25		
14	对老师发现和提出的问题进行回答	0.25		
15	输入程序，进行整个装置的功能调试	0.5		
16	如果必要，则排除故障	0.25		
17	该任务成绩的评估	0.5		

4.实施

任务一：单元设计

按照工作单元功能要求，设计电气原理图、气动原理图。

任务二：安装

（1）机械组装

参照输送工作单元实物全貌图进行安装。

（2）导线连接

参照输送单元的I/O接线原理图进行电气接线，整理并捆绑好导线。

（3）气动连接

按气动控制回路图进行气路连接。并将气泵与过滤调压组件连接，在过滤调压组件上设定压力为6bar（600kPa）。

任务三：编程

根据工作单元功能要求、动作顺序要求，编写PLC程序。并将程序下载至PLC。

编程要点如下。

① 输送单元的工艺过程（顺序控制）：步进电动机驱动抓取机械手装置从某一起始点出发，到达某一个目标点，然后抓取机械手按一定顺序操作，完成抓取或放下工件任务。

② 程序结构

启动/停止子程序：响应系统的启动、停止指令和状态信息的返回。

复位子程序：处理运行中途停车后，复位到原点的操作。

位置控制子程序：步进电动机定位控制。

手爪控制子程序：机械手抓取或放下工件推料控制子控制。

网络控制子程序：处理来自按钮/指示灯模块的主令信号和各从站的状态反馈信号，产生系统的控制信号，通过网络读写指示，向各从站发出控制命令。

任务四：调试

（1）传感器调试（见表3-43）

表3-43　传感器调试

调试对象	调试方法	调试目的
各气缸上的磁性开关	松开磁性开关的紧定螺栓，让它顺着气缸滑动，到达指定位置后，再旋紧紧定螺栓	传感器动作时，输出信号“1”，LED亮；传感器不动作时，输出信号“0”，LED不亮

（2）气动调试（见表3-44）

表3-44　气动调试

调试对象	调试方法	调试目的
分拣气缸上节流阀	旋紧或旋松节流螺钉	使气缸动作平稳

（3）PLC程序

① 程序监视　程序编辑器都可以在PLC运行时监视程序执行的过程和各元件的状态及数据。

梯形图监视功能：拉开调试菜单，选中程序状态，这时闭合触点和通电线圈内部颜色变蓝（呈阴影状态）。在PLC的运行（RUN）工作状态，随输入条件的改变、定时及计数过程的运行，每个扫描周期的输出处理阶段将各个器件的状态刷新，可以动态显示各个定时、计数器的当前值，并用阴影表示触点和线圈通电状态，以便在线动态观察程序的运行。

② 动态调试　结合程序监视运行的动态显示，分析程序运行的结果以及影响程序运行的因素，然后退出程序运行和监视状态，在STOP状态下对程序进行修改编辑，重新编译、下载、监视运行，如此反复修改调试，直至得出正确运行结果。

5.检查与评估

根据现场各小组的讨论汇报情况、具体实施情况以及最后的结果按照表3-45对本次任务给出客观评价并记录。

表3-45 评分表

评分表		工作形式 □个人 □小组分工 □小组	实际工作时间 ______	
训练项目	训练内容	训练要求	学生自评	教师评分
装配单元	1.工作计划与图纸（20分） 工作计划 材料清单 气路图 电路图 程序清单	电路绘制有错误，每处扣0.5分；机械手装置运动的限位保护没有设置或绘制有错误，扣1.5分；主电路绘制有错误，每处扣0.5分；电路图符号不规范，每处扣0.5分，最多扣2分		
	2.部件安装与连接（20分）	装配未能完成，扣2.5分；装配完成，但有紧固件松动现象，扣1分		
	3.连接工艺（20分） 电路连接工艺 气路连接及工艺 机械安装及装配工艺	端子连接，插针压接不牢或超过2根导线，每处扣0.5分，端子连接处没有线号，每处扣0.5分，两项最多扣3分；电路接线没有绑扎或电路接线凌乱，扣2分；机械手装置运动的限位保护未接线或接线错误，扣1.5分；气路连接未完成或有错，每处扣2分；气路连接有漏气现象，每处扣1分；气缸节流阀调整不当，每处扣1分；气管没有绑扎或气路连接凌乱，扣2分		
	4.测试与功能（30分） 夹料功能 送料功能 整个装置全面检测	启动/停止方式不按控制要求，扣1分；运行测试不满足要求，每处扣0.5分；工件送料测试，但推出位置明显偏差，每处扣0.5分		
	5.职业素养与安全意识（10分）	现场操作安全保护符合安全操作规程；工具摆放、包装物品、导线线头等的处理符合职业岗位的要求；团队合作有分工有合作，配合紧密；遵守纪律，尊重教师，爱惜设备和器材，保持工位的整洁		

问题与思考

1. 如果各个工作站之间的距离发生改变，请问在程序中如何改变？
2. 如果要求输送单元在工作循环4次之后停止工作且将加工单元设置为原点，如何编程？

项目六

自动化生产线的总体安装与调试

项目学习目标

① 知识目标：了解自动化生产线的生产工艺流程，掌握网络通信技术。

② 技能目标：掌握自动化生产线整线总调试技能。

学习单元一　自动化生产线的安装

1. 任务描述

YL-335B自动生产线由供料、加工、装配、分拣和输送等5个工作单元（站）组成，各工作单元（站）均设置一台PLC承担其控制任务，各PLC之间通过RS485串行通信实现互连，构成分布式的控制系统。完成如下生产任务：将供料单元料仓内的工件送往加工单元的物料台，完成加工操作后，把加工好的工件送往装配单元的物料台，然后把装配单元料仓内的白色和黑色两种不同颜色的小圆柱工件嵌入到物料台上的工件中，完成装配后的成品送往分拣单元分拣输出。工作任务是完成整线的调试，从而完成生产任务。

2. 自动化生产线的安装

（1）设备部件安装

完成YL-335B自动生产线的供料单元、加工单元、装配单元、分拣单元和输送单元的装配工作，并把这些单元安装在YL-335B的工作台上。各个工作单元装置部分的安装位置如图3-73所示。

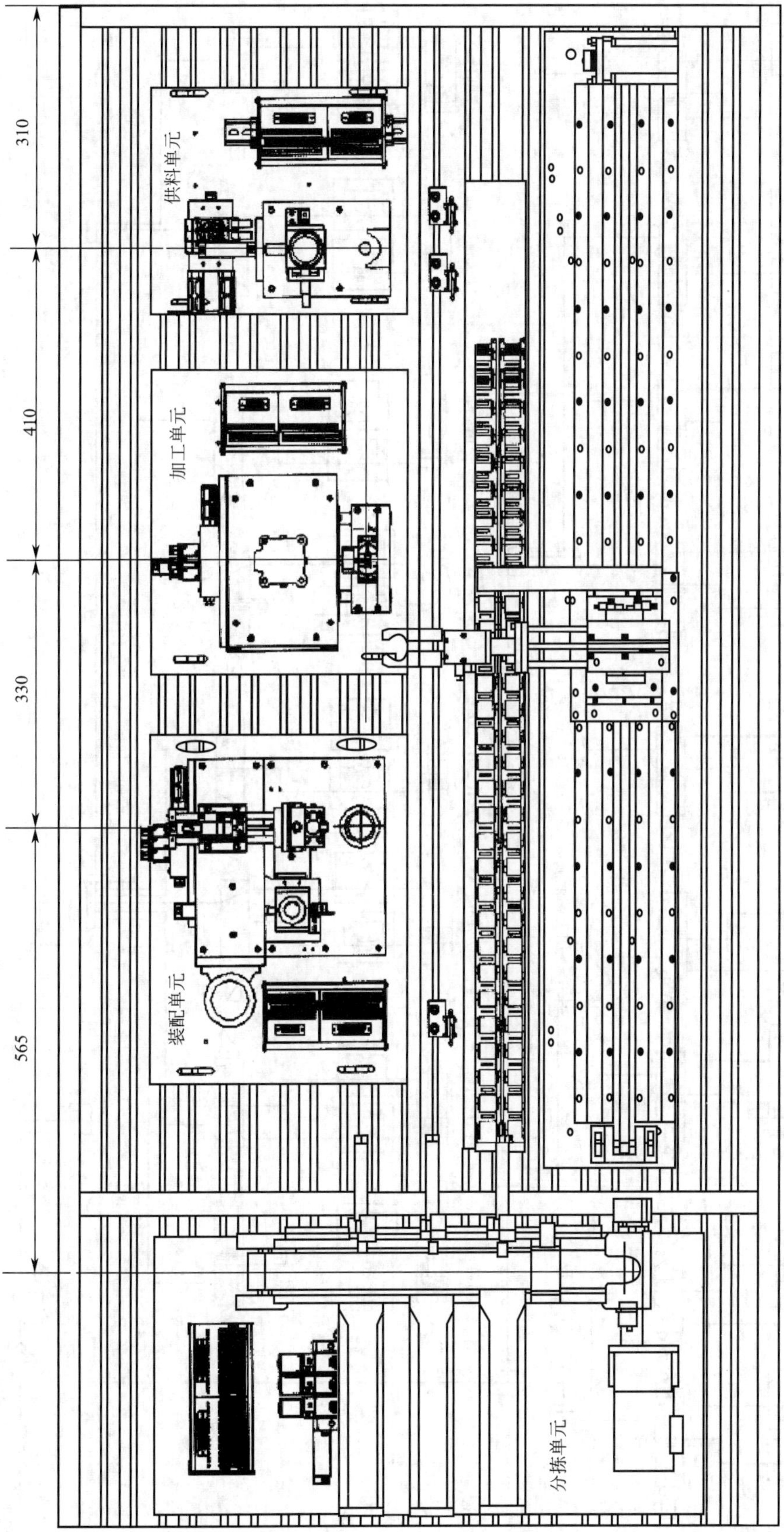

图3-73 YL-335B自动生产线工作单元安装示意图

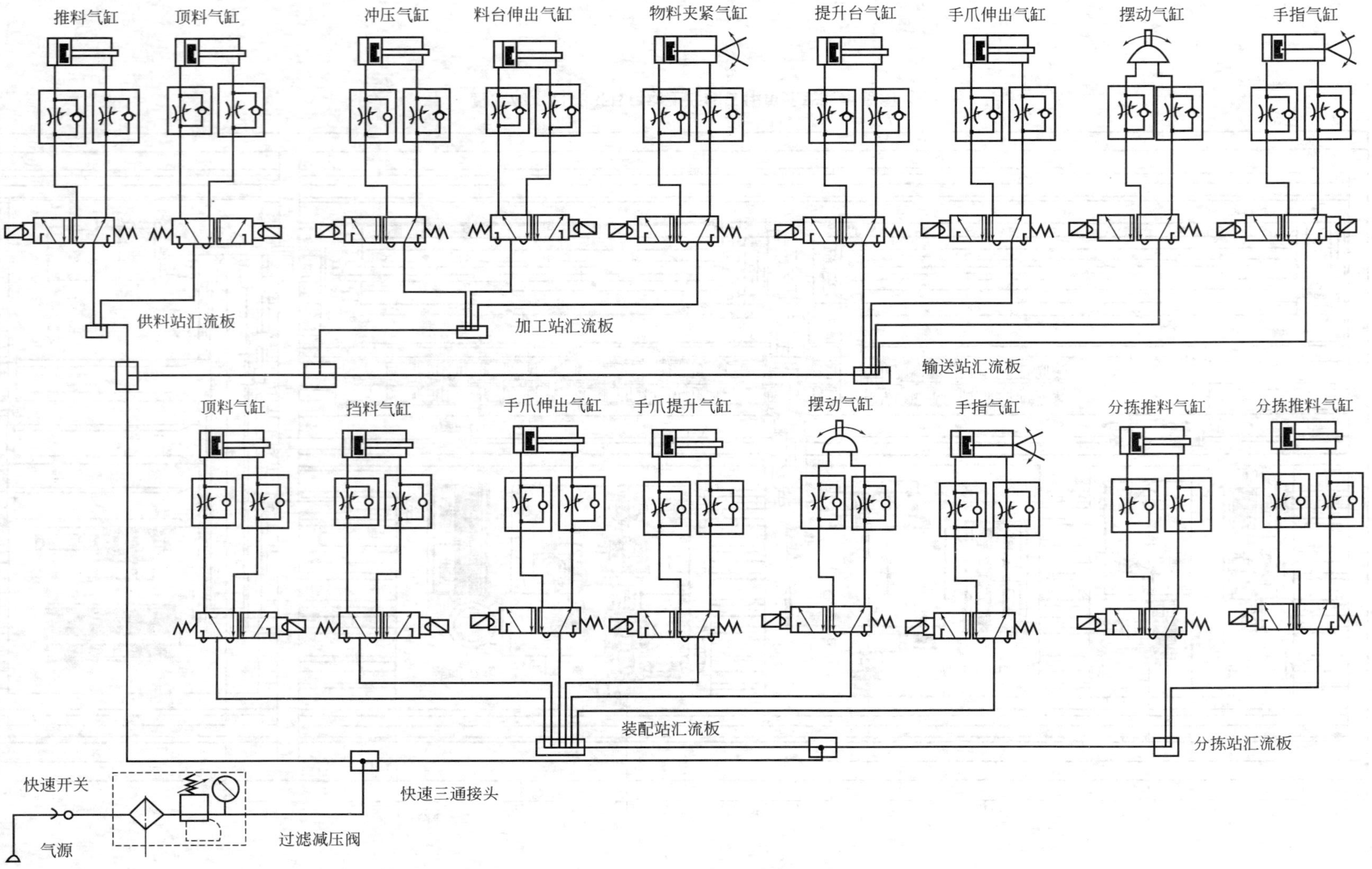

图3-74 气动系统原理图

（2）气路连接

由系统气源开始，按气路系统原理图（见图3-74）用气管连接至各分站电磁阀组，各个工作单元的气路连接按照前面各个项目的要求。接通气源后检查各个工作单元气缸初始位置是否符合要求，如不符合须适当调整。完成气路调整，确保各气缸运行顺畅和平稳。

（3）电路连接

按照前面各个项目的电气连接图连接电路。

（4）各站PLC网络连接

在YL-335B自动生产线中由5个PLC分别控制5个控制站，采用N:N网络通信或者是PPI协议通信的分布式网络控制。输送单元作为系统主站，其余各站作为系统从站。

学习单元二　自动化生产线的程序设计

YL-335B自动生产线分为单站工作模式和全线工作模式。

从单站工作模式切换到全线工作模式的条件是：各个工作站均处于停止状态，各站的按钮/指示灯模块上的工作方式选择开关置于全线模式，此时若人机界面选择开关切换到全线运行模式，系统将进入全线运行状态。在全线工作模式下，各工作站仅通过网络接收来自人机界面的主令信号，除主站急停按钮外，所有本站主令信号无效。

从全线工作模式切换到单站工作模式的条件是：仅限当前工作周期完成后人机界面中选择开关切换到单站工作模式才有效。

1. 单站工作模式

在单站工作模式下，各工作单元的主令信号和工作状态显示信号来自其PLC旁边的按钮/指示灯模块。并且按钮/指示灯模块上的工作方式选择开关SA应置于“单站方式”位置。各站的具体控制要求与前面各项目单独运行要求相同。

2. 全线工作模式

① 系统在上电后，首先执行复位操作使输送站机械手装置回到原点位置。这里绿色警示灯以1Hz的频率闪烁，输送站机械手装置回到原点位置后，复位完成，绿色警示灯常亮，表示允许启动系统。

② 按下启动按钮，系统启动，绿色和黄色警示灯常亮。

③ 系统启动后，供料站把待加工工件推到物料台上，向系统发出供料操作完成信号，并且推料气缸缩回，准备下一次推料。若供料站的料仓和料槽内没有工件或工件不足，则向系统发出报警或预警信号。物料台上的工件被输送站机械手取出后，若系统启动信号仍为ON，则进行下一次推出工件操作。

④ 在工件推到供料站物料台后，输送站步进电动机驱动其机械手装置向左移动，直到机械手在供料站物料台的正前方，然后按机械手提升→手臂伸出→机械手下降→手爪夹紧→机械手提升→手臂缩回→机械手下降的动作顺序完成抓取供料站工件的操作。

⑤ 步进电动机继续驱动机械手装置向左移动，直到机械手在加工站物料台的正前方。然后按机械手提升→手臂伸出→机械手下降→手爪松开→机械手提升→手臂缩回的动作顺序把工件放到加工站物料台上。

⑥ 加工站物料台的物料检测传感器检测到工件后，按机械手指夹紧工件→物料台回到加工区域冲压气缸下方→冲压气缸向下伸出冲压工件→完成冲压动作后向上缩回→物料台重新伸出→到位后机械手指松开的顺序完成工件加工工序，并向系统发出加工完成信号。

⑦ 系统接收到加工完成信号后，输送站机械手按手臂伸出→机械手下降→手爪夹紧→机械手提升→手臂缩回的动作顺序取出加工好的工件。

⑧ 步进电动机驱动夹着工件的机械手装置移动到装配站物料台的正前方。然后按机械手手臂伸出→机械手下降→手爪松开→机械手提升→手臂缩回的动作顺序把工件放到装配站物料台上。

⑨ 装配站物料台的传感器检测到工件到来后，挡料气缸缩回，使料槽中最底层的小圆柱工件落到旋转供料台上，然后旋转供料单元顺时针旋转180°（右旋），到位后装配机械手按下降气动手爪→抓取小圆柱→手爪提升→手臂伸出→手爪下降→手爪松开的动作顺序，把小圆柱工件装入大工件中，装入动作完成后，向系统发出装配完成信号。机械手装配单元复位的同时，旋转送料单元逆时针旋转180°（左旋）回到原位；如果装配站的料仓或料槽内没有小圆柱工件或工件不足，则向系统发出报警或预警信号。

⑩ 输送站机械手伸出并抓取该工件，然后逆时针旋转90°后提升到位；伺服电动机驱动机械手从装配站向分拣站运送工件，直到工件在分拣站入料口上方为止，然后机械手伸出→机械手下降→手爪松开放下工件→机械手提升→手臂缩回。至此，一次传送过程结束，步进电动机反向运转，使输送站机械手装置退回原点，机械手顺时针旋转90°，准备下一次工作。

⑪ 当输送站送来工件放到传送带上并为入料口光电传感器检测到时，即启动变频器，驱动传动电动机工作，运行频率为10Hz。传送带把工件送入分拣区，如果工件为白色，则由检测白色物料的光纤传感器动作，作为1号槽推料气缸启动信号，将白色料推到1号槽里，如果件为黑色，由检测黑色的光纤传感器作为2号槽推料气缸启动信号，将黑色料推到2号槽里。当分拣气缸活塞杆推出工件，并返回到位后，应向系统发出分拣完成信号。

⑫ 仅当分拣站分拣工作完成，且输送站机械手装置退回原点，系统的一个工作周期才认为结束。如果在工作周期没按下过停止按钮，系统在延时1s后开始下一个周期工作。如果在工作周期按下过停止按钮，系统工作结束，警示灯中黄色灯熄灭，绿色灯仍保持常亮。在延时1s后开始下一个周期工作。

⑬ 如果发生物料不足够的预报警信号，警示灯中红色灯以1Hz的频率闪烁，绿色和黄色灯保持常亮。如果发生物料没有的报警信号，警示灯中红色灯以1Hz的频率闪烁，黄色灯熄灭，绿色灯保持常亮。

3.PLC控制程序的编写

YL-335B是一个分布式控制的自动生产线，在设计其整体控制程序时，应首先从它的系统性着手，通过组建网络，规划通信数据，使系统组织起来。然后根据各个工作单元的工艺任务，分别编制各个工作单元的控制程序。下面就以三菱系列PLC为例，进行PLC控制程序的编写。

（1）规划通信数据

通过任务分析，YL-335B各个站点需要交换的信息量并不大，可以采用模式1的刷新方式。各个站点通信数据位定义如表3-46～表3-50所示。这些数据位分别由各站PLC程序写入，全部数据为N：N网络所有站点共享。

表3-46 输送站（0#站）数据位定义

输送站地址	数据定义	输送站地址	数据定义
M1000	全线运行	M1007	HMI联机
M1002	允许加工	M1012	请求供料
M1003	全线急停	M1015	允许分拣

表3-47 供料站（1#站）数据位定义

供料站地址	数据定义	供料站地址	数据定义
M1064	初始态	M1067	运行信号
M1065	供料信号	M1068	料不足报警
M1066	联机信号	M1069	缺料报警

表3-48 加工站（2#站）数据位定义

加工站地址	数据定义	加工站地址	数据定义
M1128	初始态	M1131	联机信号
M1129	加工完成	M1132	运行信号

表3-49 装配站（3#站）数据位定义

装配站地址	数据定义	装配站地址	数据定义
M1192	初始态	M1195	零件不足
M1193	联机信号	M1196	零件没有
M1194	运行信号	M1197	装配完成

表3-50 分拣站（4#站）数据位定义

分拣站地址	数据定义	分拣站地址	数据定义
M1256	初始态	M1258	分拣联机
M1257	分拣完成	M1259	分拣运行

（2）主站单元控制程序的编写

输送站是YL-335B系统中最为重要同时也是承担任务最为繁重的工作单元，主要作用为：①输送站PLC与触摸屏相连接，接收来自触摸屏的主令信号，同时把系统状态信息回馈到触摸屏；② 作为网络的主站，要进行大量的网络信息处理。下面着重讨论编程中应予注意的问题和有关编程思路。

① 内存的配置　为了使程序更为清晰合理，编写程序前应尽可能详细地规划所需使用的内存。在人机界面组态中，也规划了人机界面与PLC的连接变量的设备通道，如表3-51所示。

表3-51　人机界面与PLC的连接变量的设备通道

序号	连接变量	通道名称	序号	连接变量	通道名称
1	越程故障_输送	M007（只读）	14	单机/全线_供料	M1066（只读）
2	运行状态_输送	M010（只读）	15	运行状态_供料	M1067（只读）
3	单机/全线_输送	M034（只读）	16	工件不足_供料	M1068（只读）
4	单机/全线_全线	M035（只读）	17	工件没有_供料	M1069（只读）
5	复位按钮_全线	M060（只读）	18	单机/全线_加工	M1131（只读）
6	停止按钮_全线	M061（只读）	19	运行状态_加工	M1132（只读）
7	启动按钮_全线	M062（只读）	20	单机/全线_装配	M1193（只读）
8	方式切换_全线	M063（只读）	21	运行状态_装配	M1194（只读）
9	网络正常_全线	M070（只读）	22	工件不足_装配	M1195（只读）
10	网络故障_全线	M071（只读）	23	工件没有_装配	M1196（只读）
11	运行状态_全线	M1000（只读）	24	单机/全线_分拣	M1258（只读）
12	急停状态_输送	M1002（只读）	25	运行状态_分拣	M1259（只读）
13	输入频率_全线	D0（读写）	26	手爪位置_输送	D200（读写）

只有在配置了上面所提及的存储器后，才能考虑编程中所需用到的其他中间变量。避免非正常访问内部存储器是编程中必须注意的问题。

② 主程序结构　由于输送站承担的任务较多，联机运行时，主程序有较大的变动。

a.每一扫描周期，须调用网络读/写子程序和通信子程序。

b.完成系统工作模式的逻辑判断，除了输送站本身要处于联动方式外，必须所有从站都处于联机方式。

c.联机方式下，系统复位的主令信号由HMI发出。在初始状态检查中，系统准备就绪的条件，除输送站本站要就绪外，所有从站均应准备就绪。因此，初态检查复位子程序中，除了完成输送站本站初始状态检查和复位操作外，还要通过网络读取各从站准备就绪信息。

d.总的来说，整体运行过程仍是按初态检查→准备就绪，等待启动→投入运行等几个阶段逐步进行，但阶段的开始或结束的条件则发生变化。

e.为了实现急停功能，程序主体控制部分需要放在主控指令中执行，即放在MC（主控）和MCR（主控复位）指令间。

以上就是主程序的编程思路，主程序的部分清单，如图3-75～图3-79所示。

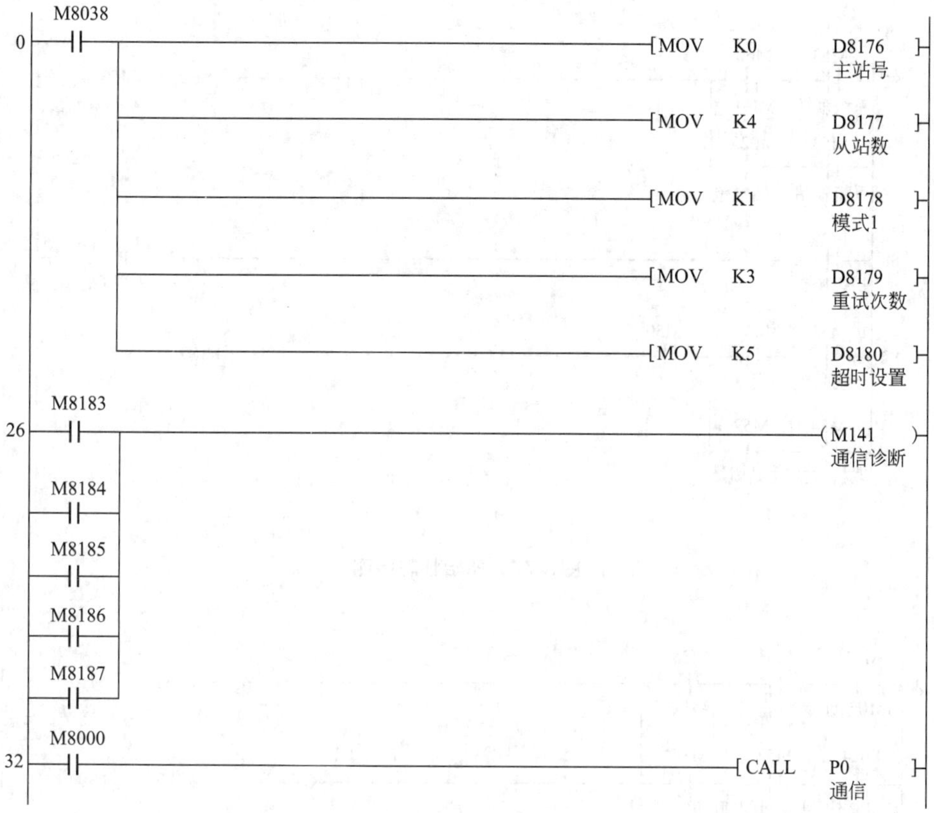

图3-75 网络组建和通信处理

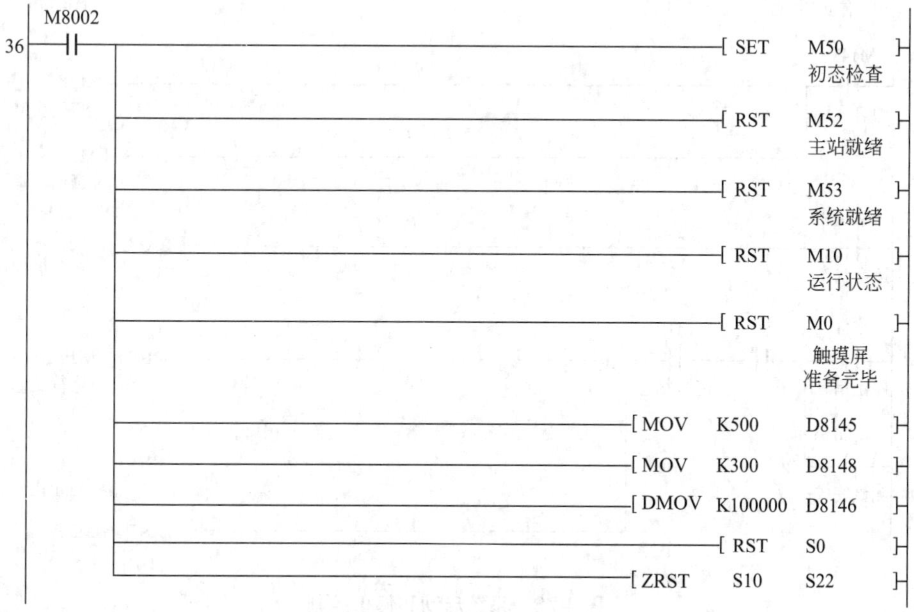

图3-76 上电初始化

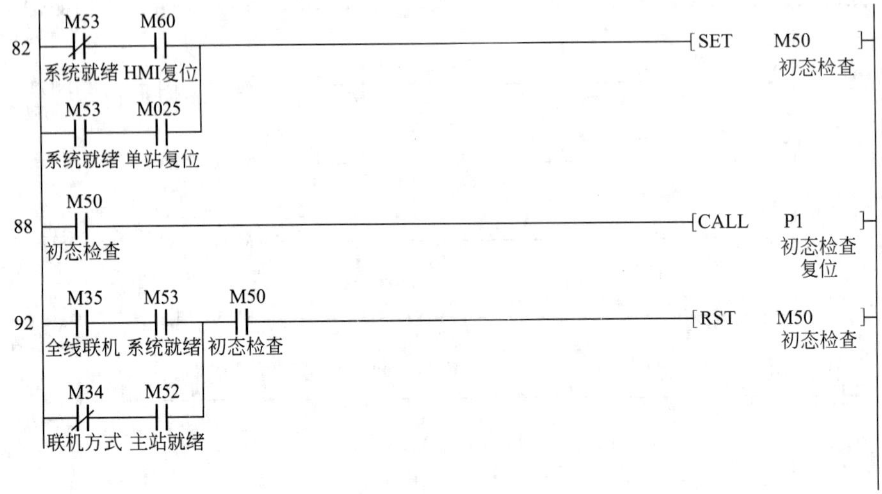

图3-77 初始状态检测

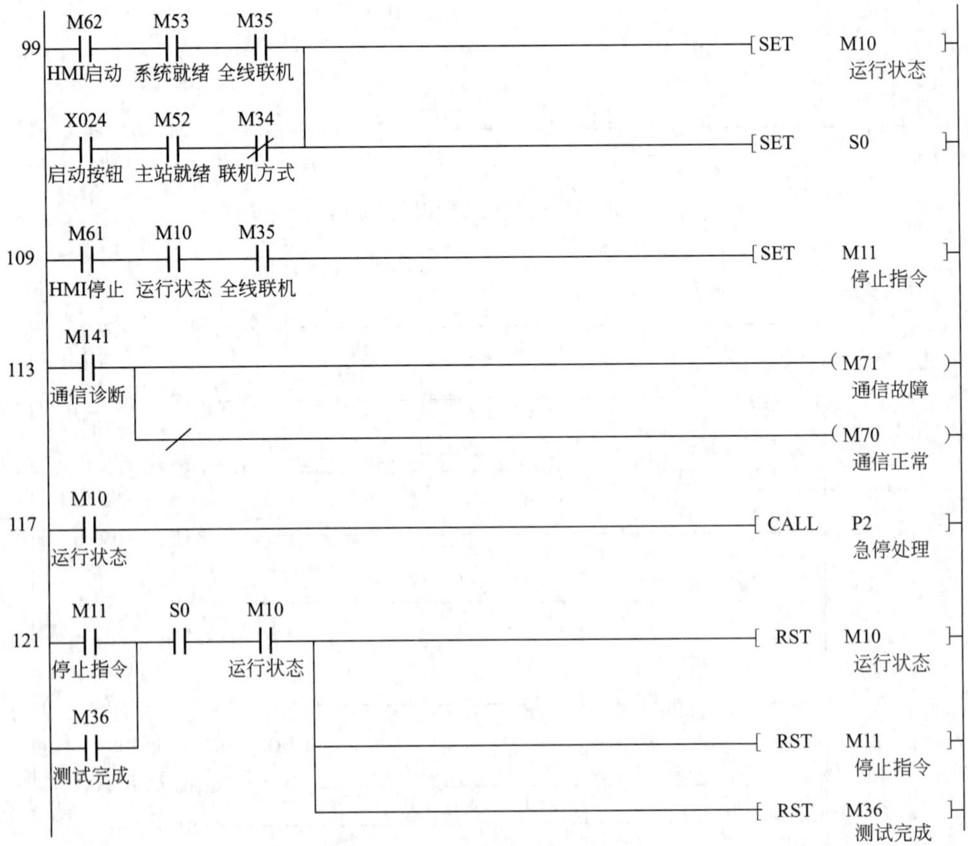

图3-78 系统启动和停止控制

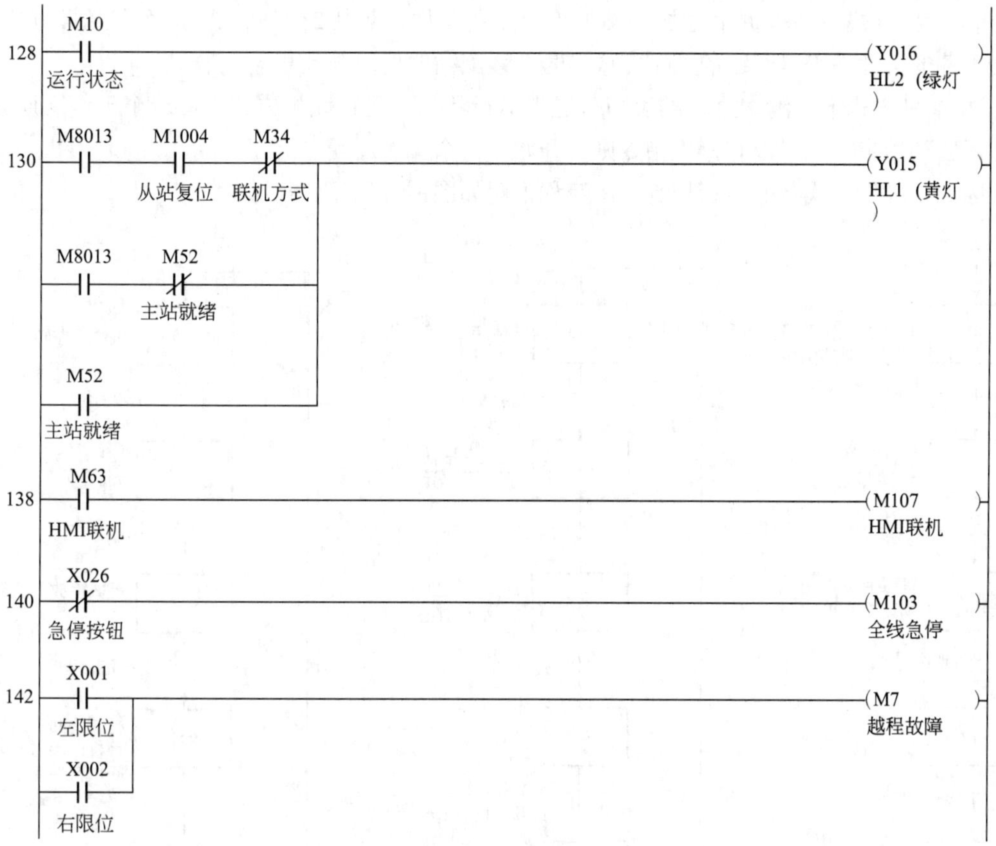

图3-79　状态指示

（3）“运行控制”程序段的结构

联机方式下，输送站的工艺过程与单机方式仅略有不同，主要有以下几点。

① 单机方式下，传送功能测试程序在初始步就开始执行机械手往供料站出料台抓取工件，而在联机方式下，初始步的操作应为：通过网络向供料站请求供料，收到供料站供料完成信号后，如果没有停止指令，则转移下一步，即执行抓取工件，如图3-80所示。

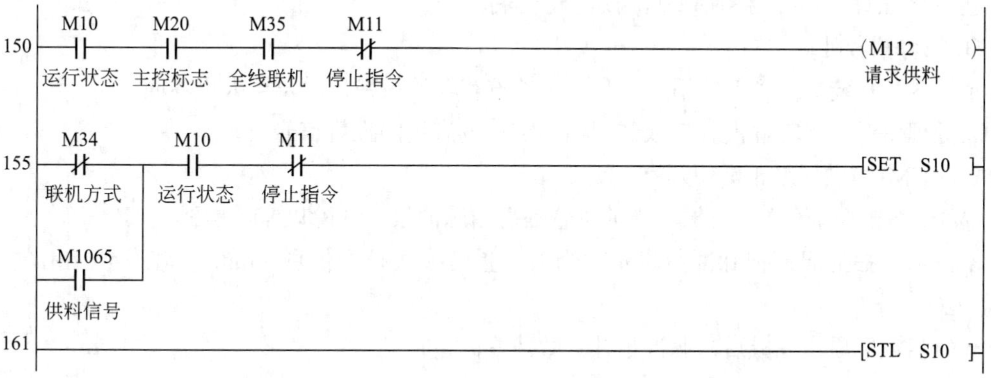

图3-80　初始步梯形图

② 单机方式下，机械手往加工站加工台放下工件，等待2s取回工件，而在联机方式下，取回工件的条件是来自网络的加工完成信号。装配站的情况与此相同。

③ 单机方式下，测试过程结束即可退出运行状态。而在联机方式下，一个工作周期完成后，返回初始步，如果没有停止指令则会开始下一个工作周期。

因此，联机方式下的运行控制程序流程说明如图3-81所示。

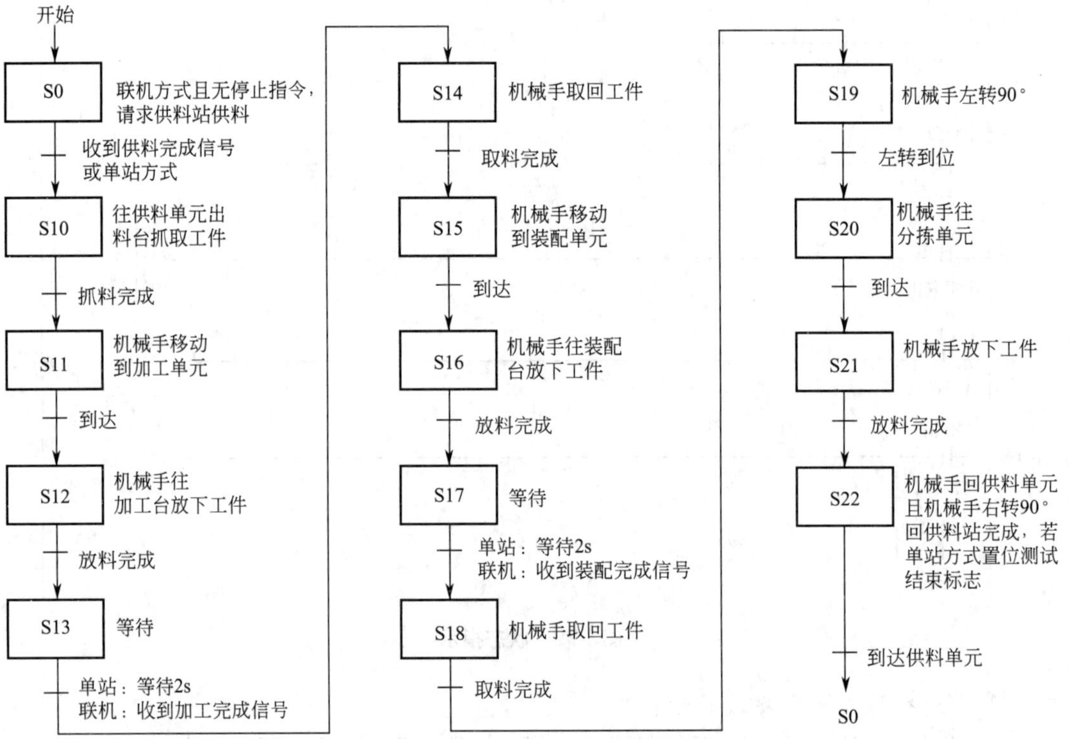

图3-81 联机方式下的运行控制程序流程说明

（4）“通信”子程序

“通信”子程序的功能包括从站报警信号处理以及向HMI提供输送站机械手当前位置信息。主程序在每一扫描周期都要调用这一子程序。

① 报警信号处理

a. 供料站和装配站“工件不足”和“工件没有”的报警信号发至人机界面。

b. 处理供料站“工件没有”或装配站“零件没有”的报警信号。

c. 向HMI提供网络正常/故障信息。

② 向HMI通过输送站机械手当前位置信息由脉冲累计数除以100得到。

a. 在每一扫描周期把脉冲数表示的当前位置转换成长度信息（mm），转发到HMI的连接变量D200。

b. 每当返回原点完成后，脉冲累计计数清零。

（5）从站单元控制程序的编写

YL-335B各个工作站在单机方式下的运行程序，前面都已经进行了详细结束。在联机方式下，程序变动也不大。下面以供料站为例进行说明。

联机方式下的主要变动，一是来自于运行条件的变动，主令信号来自系统通过网络下传的信号；二是各个工作站之间通过网络不断交换信号，由此确定各站的程序和运行条件。

对于前者，首先须明确工作站当前的工作模式，以此确定当前有效的主令信号。工作模式切换条件的逻辑判断在上电初始化（M8002 ON）后即可进行。如图3-82所示。

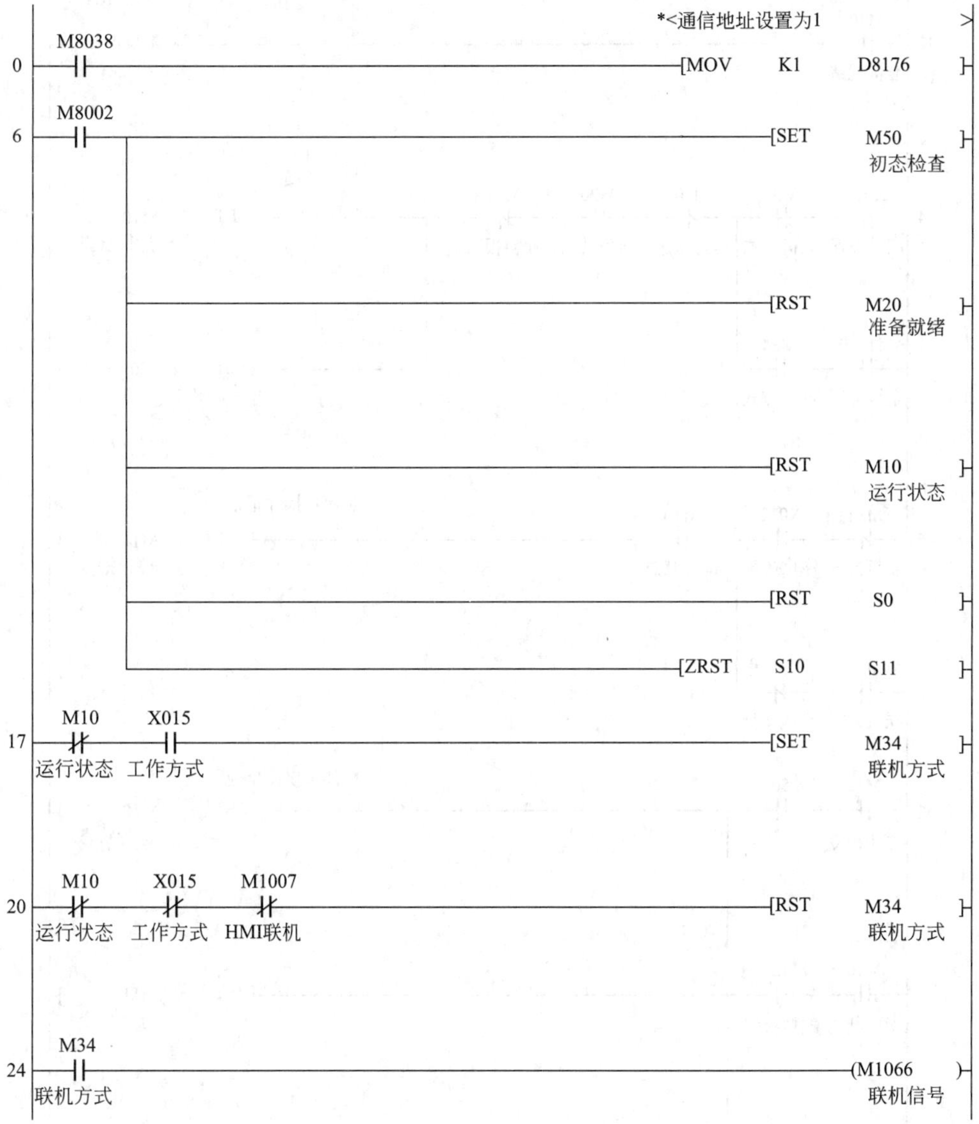

图3-82 工作站初始化和工作方式确定

接下来的工作与单机方式类似，即：① 进行初始状态检查，判别工作站是否准备就绪；② 若准备就绪，则收到全线运行信号或本站启动信号后投入运行状态；③ 在运行状态下，不断监视停止命令是否到来，一旦到来即可置位停止指令，待工作站的工艺过程完成一个工作周期后，使工作站停止工作。梯形图如图3-83所示。

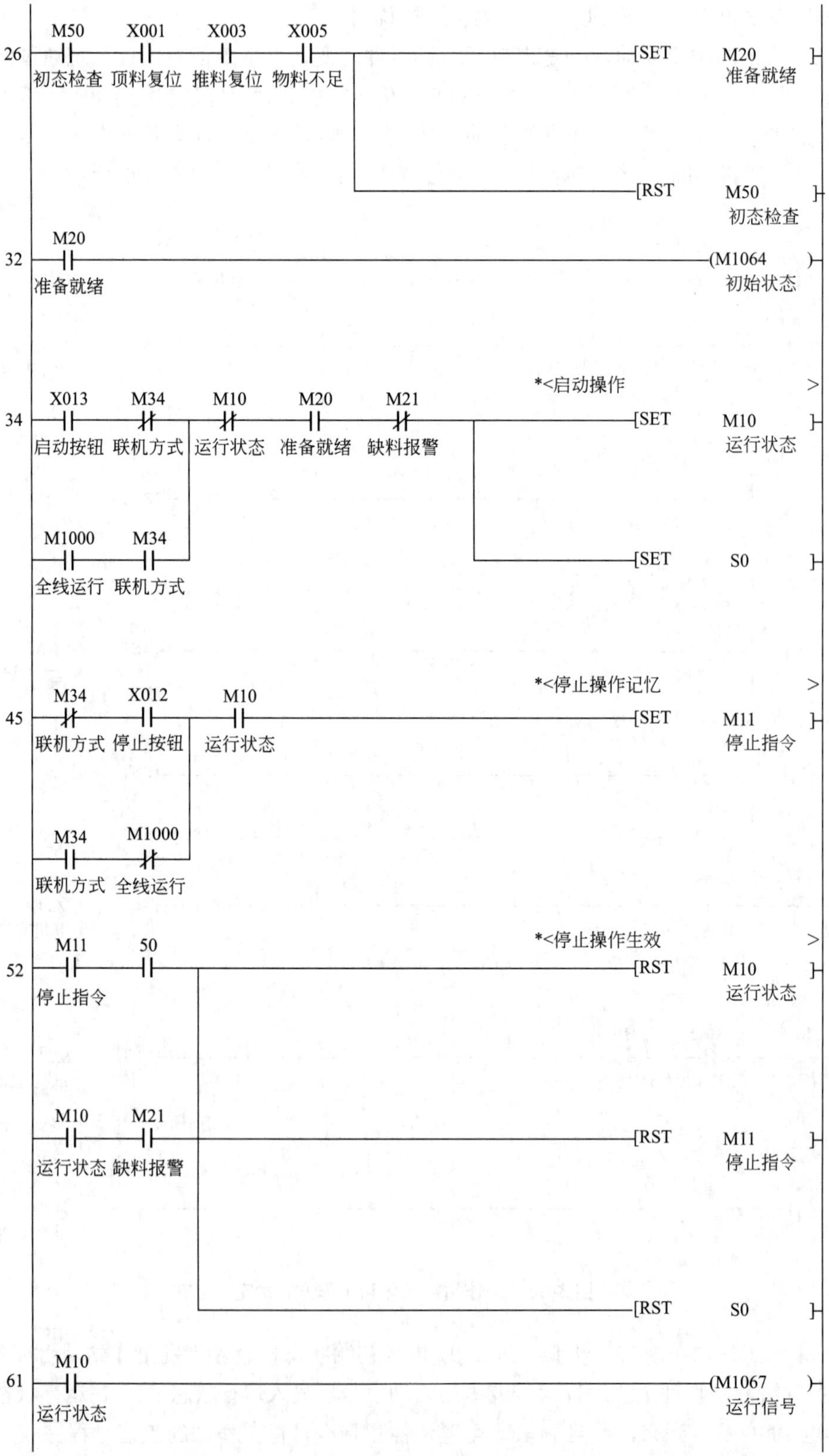

图3-83 供料站联机工作主程序

其他从站的编程方法与供料站基本类似，此处不再详述。读者可以参照供料站的编程思路，进行详细的比较和分析。

学习单元三 任务实施

1. 训练要求

① 完成整线的调试。

② 生产任务：将供料单元料仓内的工件送往加工单元的物料台，完成加工操作后，把加工好的工件送往装配单元的物料台，然后把装配单元料仓内的白色和黑色两种不同颜色的小圆柱工件嵌入到物料台上的工件中，完成装配后的成品送往分拣单元分拣输出。

2. 小组领取任务并展开讨论

① 确定任务方案。

② 各小组进行汇报。

③ 小组进行分工并领取实训工具。

3. 安装与调试工作计划

可按照表3-52所示的工作计划表对安装与调试进行记录。

表3-52 工作计划表

步骤	内容	计划时间/h	实际时间/h	完成情况
1	制订安装计划	0.25		
2	任务描述和任务所需图纸与程序	1		
3	写材料清单和领料单	0.25		
4	机械部分安装与调试	1		
5	传感器安装与调试	0.25		
6	按照图纸进行电路安装	0.5		
7	气路安装	0.25		
8	气源与电源连接	0.25		
9	PLC控制编程	1		
10	人机界面设计	2		
11	按质量要求检查整个设备	0.25		
12	本单元各部分设备的通电、通气测试	0.25		
13	对老师发现和提出的问题进行回答	0.25		
14	输入程序，进行整个装置的功能调试	0.5		
15	如果必要，则排除故障	0.25		
16	该任务成绩的评估	0.5		

4.实施

任务一：安装

（1）自动生产线总装

参照工作单元安装位置图3-70进行安装。表3-53为自动线设备安装考核技能评分表。

表3-53 自动线设备安装考核技能评分表

姓名		组别		开始时间			
专业/班级				结束时间			
项目内容	考核要求	配分	评分标准	扣分	自评	互评	
按照元件清单核对元件数量并检查元件质量	1.正确清点元件数量 2.正确检查元件质量	15	1.材料清点有误扣2分 2.检查元件方法有误扣2分 3.坏的元件没检查出来扣2分				
供料站的装配	1.正确完成装配 2.紧固件无松动	10	1.装配未能完成，扣6分 2.装配完成但有紧固件松动现象，扣2分				
加工站的装配	1.正确完成装配 2.紧固件无松动	10	1.装配未能完成，扣6分 2.装配完成但有紧固件松动现象，扣2分				
装配站的装配	1.正确完成装配 2.紧固件无松动	10	1.装配未能完成，扣6分 2.装配完成但有紧固件松动现象，扣2分				
分拣站的装配	1.正确安装传送带及构件 2.正确安装驱动电动机 3.紧固件无松动	15	1.传送带及构件安装位置与要求不符，扣3分 2.驱动电动机安装不正确，引起运行时振动，扣5分 3.有紧固件松动现象，扣3分				
输送站的装配	1.正确装配抓取机械手 2.正确调整摆动气缸摆角	15	1.抓取机械手装置装配不当，扣5分 2.摆动气缸摆角调整不恰当，扣5分				
生产线的总体安装	1.正确安装工作站 2.紧固件无松动	15	1.工作站安装位置与要求不符，每处扣5分，最多扣5分 2.有紧固件松动现象，扣5分				
职业素养与安全意识		10	现场操作安全保护符合安全操作规程，工具摆放、包装物品、导线线头等的处理符合职业岗位的要求。团队有分工有合作，配合紧密，爱惜设备和器材，保持工位的整洁				
教师点评：			成绩：				

（2）电气连接

① 自动生产线的供电电源　外部供电电源为三相五线制AC 380V/220V，总电源开关选用DZ47LE-32/C32型三相四线漏电开关。系统各主要负载通过自动开关单独供电。其中，变频器电源通过DZ47C16/3P三相自动开关供电；各工作站PLC均采用DZ47C5/2P单相自动开关供电。此外，系统配置2台DC24 V6A开关稳压电源，分别用做供料、加工、分拣单元及输送单元的直流电源。

② 供料站、加工站、装配站的电路连接

a. 控制供料（加工、装配）站生产过程的PLC装置安装在工作台两侧的抽屉板上。PLC侧接线端口的接线端子采用两层端子结构，上层端子用以连接各信号线，其端子号与装置侧的接线端口的接线端子相对应。底层端子用以连接DC 24V电源的+24V端和0V端。

b. 供料（加工、装配）站侧的接线端口的接线端子采用三层端子结构，上层端子用以连接DC 24V电源的+24V端，底层端子用以连接DC 24V电源的0V端，中间层端子用以连接各信号线。

c. 供料（加工、装配）站侧的接线端口和PLC侧的接线端口之间通过专用电缆连接。其中，25针接头电缆连接PLC的输入信号，15针接头电缆连接PLC的输出信号。

d. 供料（加工、装配）站工作的DC 24V直流电源，是通过专用电缆由PLC侧的接线端子提供，经接线端子排引到供料站上。接线时应注意，供料站侧接线端口中，输入信号端子的上层端子（+24V）只能作为传感器的正电源端，切勿用于电磁阀等执行元件的负载。电磁阀等执行元件的正电源端和0V端应连接到输出信号端子下层端子的相应端子上。每一端子连接的导线不超过2根。

e. 按照供料站（加工、装配）PLC的I/O接线原理图和规定的I/O地址接线。为接线方便，一般应该先接下层端子，后接上层端子。要仔细辨明原理图中的端子功能标注。要注意气缸磁性开关棕色和蓝色的两根线，漫射式光电开关的棕色、黑色、蓝色3根线，金属传感器的棕色、黑色、蓝色3根线的极性不能接反。

f. 导线线端应该处理干净，无线芯外露，裸露铜线不得超过2mm。一般应该做冷压插针处理，线端应该套规定的线号。

g. 导线在端子上的压接，以用手稍用力外拉不动为宜。

h. 导线走向应该平顺有序，不得重叠挤压折曲，顺序凌乱。线路应该用黑色尼龙扎带进行绑扎，以不使导线外皮变形为宜。装置侧接线完成后，应用扎带绑扎，力求整齐美观。

③ 分拣站的电路连接

a. 控制分拣站生产过程的PLC装置安装在工作台两侧的抽屉板上。PLC侧接线端口的接线端子采用两层端子结构，上层端子用以连接各信号线，其端子号与装置侧的接线端口的接线端子相对应。底层端子用以连接DC 24V电源的+24V端和0V端。

b. 分拣站侧的接线端口的接线端子采用三层端子结构，上层端子用以连接DC 24V电源的+24V端，底层端子用以连接DC 24V电源的0V端，中间层端子用以连接各信号线。

c. 分拣站侧的接线端口和PLC侧的接线端口之间通过专用电缆连接。其中，25针接头电缆连接PLC的输入信号，15针接头电缆连接PLC的输出信号。

d. 分拣站工作的DC 24V电源，是通过专用电缆由PLC侧的接线端子提供，经接线端子排引到加工站上。接线时应注意，分拣站侧接线端口中，输入信号端子的上层端子（+24V）只能作为传感器的正电源端，切勿用于电磁阀等执行元件的负载。电磁阀等执行元件的正电源端和0V端应连接到输出信号端的相应端子上。每一端子连接的导线不能超过2根。

e. 按照分拣站PLC的I/O接线原理图和规定的I/O地址接线。为接线方便，一般应该先接下层端子，后接上层端子。要仔细辨明原理图中的端子功能标注。要注意气缸磁性开关棕色和蓝色的2根线，漫射式光电开关的棕色、黑色、蓝色3根线，光纤传感器放大器棕色、黑色、蓝色3根线的极性不能接反。

f. 导线线端应该处理干净，无线芯外露，裸露铜线不得超过2mm。一般应该做冷压插针处理，线端应该套规定的线号。

g. 导线在端子上的压接，以用手稍用力外拉不动为宜。

h. 导线走向应该平顺有序，不得重叠挤压折曲，顺序凌乱。线路应该用黑色尼龙扎带进行绑扎，以不使导线外皮变形为宜。装置侧接线完成后，应用扎带绑扎，力求整齐美观。

i. 分拣站变频器进行主电路接线时，变频器模块面板上的L1、L2、L3插孔接三相电源，三相电源线应该单独布线；3个电动机插孔按照U、V、W顺序连接到三相减速电动机的接线柱。千万不能接错电源，否则会损坏变频器。

变频器的模拟量输入端要按照PLC I/O规定的模拟量输出端口连接。

分拣站变频器接地插孔一定要可靠连接保护地线。

传送带主动轴同轴旋转编码器的A、B、Z相输出线接到分拣站侧接线端子的规定位置，其电源输入为DC+24V。

④ 输送站的电路连接

a. 控制输送站生产过程的PLC装置安装在工作台两侧的抽屉板上。PLC侧接线端口的接线端子采用两层端子结构，上层端子用以连接各信号线，其端子号与装置侧的接线端口的接线端子相对应。底层端子用以连接DC 24V电源的+24V端和0V端。

b. 输送站侧的接线端口的接线端子采用三层端子结构，上层端子用于连接DC 24V电源的+24V端，底层端子用于连接DC 24V电源的0V端，中间层端子用于连接各信号线。

c. 输送站侧的接线端口和PLC侧的接线端口之间通过专用电缆连接。其中，25针接头电缆连接PLC的输入信号，15针接头电缆连接PLC的输出信号。

d. 输送站工作的DC 24V直流电源，是通过专用电缆由PLC侧的接线端子提供，经接线端子排引到加工站上。接线时应注意，装配站侧接线端口中，输入信号端子的上层端子（+24V）只能作为传感器的正电源端，切勿用于电磁阀等执行元件的负载。电磁阀等执行元件的正电源端和0V端应连接到输出信号端子下层端子的相应端子上。每一端子连接的导线不超过2根。

e. 按照输送站PLC的I/O接线原理图和规定的I/O地址接线。为接线方便，一般应该先接下层端子，后接上层端子。要仔细辨明原理图中的端子功能标注。要注意气缸磁性开关棕色和蓝色的两根线，原点开关是电感式接近传感器的棕色、黑色、蓝色3根线，作为限位开关的微动开关的棕色、蓝色两根线的极性不能接反。

f. 导线线端应该处理干净，无线芯外露，裸露铜线不得超过2mm。一般应该做冷压插针处理。线端应该套规定的线号。

g. 导线在端子上的压接，以用手稍用力外拉不动为宜。

h.导线走向应该平顺有序，不得重叠挤压折曲，顺序凌乱。线路应该用黑色尼龙扎带进行绑扎，以不使导线外皮变形为宜。装置侧接线完成后，应用扎带绑扎，力求整齐美观。

i.输送站拖链中的气路管线和电气线路要分开敷设，长度要略长于拖链。电、气管线在拖链中不能相互交叉、打折、纠结，要有序排布，并用尼龙扎带绑扎。

j.进行松下MINAS A4系列伺服电动机驱动器接线时，驱动器上的L1、L2要与AC 220V电源相连；U、V、W、D端与伺服电动机电源端连接。接地端一定要可靠连接保护地线。伺服驱动器的信号输出端要和伺服电动机的信号输入端连接，具体接线应参照说明书。要注意伺服驱动器使能信号线的连接。参照松下MINAS A4系列伺服驱动器的说明书，对伺服驱动器的相应参数进行设置，如位置环工作模式、加减速时间等。表3-54为电路设计和电路连接安装评分表。

表3-54　电路设计和电路连接安装评分表

姓名		组别		开始时间			
专业/班级				结束时间			
项目内容	考核要求	配分	评分标准		扣分	自评	互评
总电路图	1.电路图绘制正确 2.电路图符号规范	30	1.输送站电路绘制有错误，每处扣0.5分 2.机械手装置运动的限位保护没有设置或绘制有错误，扣1.5分 3.变频器及驱动电动机主电路绘制有错误，每处扣0.5分 4.电路图符号不规范，每处扣0.5分，最多扣2分				
5个分站I/O分配图	1.I/O分配正确 2.电路图符号规范	20	1.路图符号不规范，每处扣0.5分，最多扣2分 2.I/O分配错误，扣5分				
按图连接	1.端子连接符合标准 2.电路接线整齐 3.机械手装置运动的限位保护正确连接 4.变频器及驱动电动机正确接地	20	1.端子连接插针压接不牢或超过2根导线，每处扣0.5分，端子连接处没有线号，每处扣0.5分，两项最多扣3分 2.电路接线没有绑扎或电路接线凌乱，扣2分 3.机械手装置运动的限位保护未接线或接线错误，扣1.5分 4.变频器及驱动电动机没有接地，扣1分				
电路中注意事项	电路无故障	20	由于疏忽导致电路出现故障，每处扣1分				
职业素养与安全意识		10	现场操作安全保护符合安全操作规程，工具摆放、包装物品、导线线头等的处理符合职业岗位的要求。团队有分工有合作，配合紧密，爱惜设备和器材，保持工位的整洁				
教师点评：			成绩：				

（3）气动连接

① 按气动控制回路图3-71进行气路连接。并将气泵与过滤调压组件连接，在过滤调压组件上设定压力为6bar（600kPa）。从油水分离器出口的快速接头开始，进行自动线各分站的气路连接，包括分拣站的气路连接、装配站的气路连接、供料站的气路连接、加工站的气路连接、输送站的气路连接。

② 气路连接时，气管一定要在快速接头中插紧，不能够有漏气现象。

③ 气路中的气缸节流阀调整要适当，以活塞进出迅速、无冲击、无卡滞现象为宜，以不推倒工件为准。如果有气缸动作相反，将气缸两端进气管位置颠倒即可。

④ 气路气管在连接走向时，应该按序排布，均匀美观。不能交叉、打折、顺序凌乱。

⑤ 所有外露气管必须用黑色尼龙扎带进行绑扎，松紧程度以不使气管变形为宜，外形美观。

⑥ 电磁阀组与气体汇流板的连接必须压在橡胶密封垫上固定，要求密封良好，无泄漏。

⑦ 当回转摆台需要调节回转角度或调整摆动位置精度时，可把回转缸调成90°固定角度旋转。调节方法：首先松开调节螺杆上的反扣螺母，通过旋入和旋出调节螺杆，从而改变回转凸台的回转角度，调节螺杆1和调节螺杆2分别用于左旋和右旋角度的调整。当调整好摆动角度后，应将反扣螺母与基体反扣锁紧，防止调节螺杆松动，从而造成回转精度降低。表3-55为气路连接安装评分表。

表3-55 气路连接安装评分表

<table>
<tr><td>姓名</td><td></td><td>组别</td><td></td><td>开始时间</td><td colspan="3"></td></tr>
<tr><td>专业/班级</td><td colspan="3"></td><td>结束时间</td><td colspan="3"></td></tr>
<tr><td>项目内容</td><td>考核要求</td><td>配分</td><td colspan="2">评分标准</td><td>扣分</td><td>自评</td><td>互评</td></tr>
<tr><td>绘制气路总图</td><td>正确绘制总气路图</td><td>10</td><td colspan="2">总气路绘制有错误，每处扣0.5分</td><td></td><td></td><td></td></tr>
<tr><td>绘制各站气路图</td><td>正确绘制各站气路图</td><td>5</td><td colspan="2">气路绘制有误，每处扣1分</td><td></td><td></td><td></td></tr>
<tr><td>从气泵出来的主气路装配</td><td>1.正确连接气路
2.气路连接无漏气现象</td><td>5</td><td colspan="2">气路连接未完成或有错，每处扣2分
气路连接有漏气现象，每处扣1分</td><td></td><td></td><td></td></tr>
<tr><td>供料站气路的装配</td><td>正确安装供料站气路</td><td>5</td><td colspan="2">气缸节流阀调整不当，每处扣1分</td><td></td><td></td><td></td></tr>
<tr><td>加工站气路的装配</td><td>正确安装加工站气路</td><td>5</td><td colspan="2">气路连接有漏气现象，每处扣1分</td><td></td><td></td><td></td></tr>
<tr><td>装配站气路的装配</td><td>正确安装装配站气路</td><td>5</td><td colspan="2">气路连接有漏气现象，每处扣1分</td><td></td><td></td><td></td></tr>
<tr><td>分拣站气路的装配</td><td>正确安装分拣站气路</td><td>5</td><td colspan="2">气路连接有漏气现象，每处扣1分</td><td></td><td></td><td></td></tr>
<tr><td>按质量要求检查整个气路</td><td>正确安装输送站气路</td><td>10</td><td colspan="2">气管没有绑扎或气路连接凌乱，扣2分</td><td></td><td></td><td></td></tr>
<tr><td>按质量要求检查整个气路</td><td>气路连接无漏气现象</td><td>10</td><td colspan="2">气路连接有漏气现象，每处扣1分</td><td></td><td></td><td></td></tr>
<tr><td>各部分设备的测试</td><td>正确完成各部分测试</td><td>5</td><td colspan="2">每处扣1分</td><td></td><td></td><td></td></tr>
</table>

续表

姓名		组别		开始时间			
专业/班级				结束时间			
项目内容	考核要求	配分	评分标准		扣分	自评	互评
整个装置的功能调试	成功完成整个装置的功能调试	10	调试未成功，扣3分				
如果有故障及时排除	及时排除故障	10	故障未排除，扣3分				
对老师发现和提出的问题进行回答	正确回答老师提出的问题	5	未能回答老师提出的问题扣2分				
职业素养与安全意识		10	现场操作安全保护符合安全操作规程，工具摆放、包装物品、导线线头等的处理符合职业岗位的要求。团队有分工有合作，配合紧密，爱惜设备和器材，保持工位的整洁				
教师点评：			成绩：				

任务二：编程

根据工作单元功能要求、动作顺序要求，编写PLC程序。并将程序下载至PLC。

任务三：调试

（1）机械

通过调整各工作单元安装位置，使用输送机械手装置抓取、放下工件动作准确。

（2）气动

通过调整气缸上节流阀，调试各电磁阀的动作，使其动作顺畅且平稳。

（3）PLC程序

① 程序监视　程序编辑器都可以在PLC运行时监视程序执行的过程和各元件的状态及数据。

梯形图监视功能：拉开调试菜单，选中程序状态，这时闭合触点和通电线圈内部颜色变蓝（呈阴影状态）。在PLC的运行（RUN）工作状态，随输入条件的改变、定时及计数过程的运行，每个扫描周期的输出处理阶段将各个器件的状态刷新，可以动态显示各个定时、计数器的当前值，并用阴影表示触点和线圈通电状态，以便在线动态观察程序的运行。

② 动态调试　结合程序监视运行的动态显示，分析程序运行的结果以及影响程序运行的因素，然后，退出程序运行和监视状态，在STOP状态下对程序进行修改编辑，重新编译、下载、监视运行，如此反复修改调试，直至得出正确运行结果。

问题与思考

1. 如何利用FX0N-3A外设给变频器设置30Hz频率？

2. 写出输送单元机械手加料和放料的梯形图程序。

项目七

自动化生产线的维护与故障分析

项目学习目标

① 知识目标：掌握自动化生产线的维护通用知识。
② 技能目标：掌握自动化生产线的维护通用技能。

学习单元一 自动化生产线的维护

1.维护与保养的内容

制订维护与保养计划，实施自动化生产线的维护与保养。维护与保养的内容如下。

① 进行定期维护与保养。一般有日保养和周保养，不同的生产线有不同的要求，以生产线维护手册要求为准。

② 保养耗材与工具。

③ 进行控制程序备份。

④ 操作系统维护。

⑤ 设计应对突发故障应急处理方案（包括程序出错恢复、设备停机处理等）。

⑥ 填写生产线维护保养记录表。

2.生产线主要部件维护与保养要求

以亚龙YL-335B自动化生产线为例，介绍机械、电气、气动等主要组成部件的维护与保养要求，以及常见的故障处理方法。

（1）继电器

① 定期检查继电器的零件，要求可动部分灵活，紧固件无松动。已损坏的零件应该及时

修理或更换。

② 保持触点表面的清洁，不允许粘有油污。当触点表面因电弧烧蚀而附有金属小珠粒时，应该及时去掉。触点若已磨损，应及时调整，消除过大的超程。若触点厚度只剩下1/3时，应及时更换。银和银合金触点表面因电弧作用而生成黑色氧化膜时，不必锉去，因为这种氧化膜的接触电阻很低，不会造成接触不良，锉掉反而缩短触点寿命。

③ 继电器不允许在去掉灭弧罩的情况下使用，因为这样很可能发生短路事故。用陶土制成的灭弧罩易碎，拆装时应小心，避免碰撞造成损坏。

④ 若继电器已不能修复，应予更换。更换前应检查继电器的铭牌和线圈标牌上标出的参数，换上去的继电器的有关数据应符合技术要求。用于分合继电器的可动部分，看看是否灵活，并将铁芯上的防锈油擦干净，以免油污粘滞造成继电器不能释放，有些继电器还需要检查和调整触点的开距、超程、压力等，使各个触点的动作同步。

表3-56所示为常见的故障现象及处理方法。

表3-56　常见的故障现象及处理方法

故障现象	产生故障的原因	处理方法
吸不上或吸不足	1.电源电压低或波动过大 2.操作回路电源容量不足或发生断线，触点接触器不良，以及接线错误 3.线圈参数不符合要求 4.继电器线圈断线，可动部分被卡住，转轴生锈歪斜等 5.触点弹簧压力与超程过大 6.继电器底盖螺钉松脱或其他原因使静、动铁芯间距太大 7.继电器安装角度不合规定	1.调整电源电压 2.增大电源容量，修理线路和触点 3.更换线圈 4.更换线圈，排除可动零件的故障 5.按要求调整触点 6.拧紧螺钉，调整间距 7.电器底板垂直水平面安装
不释放或放缓慢	1.触点弹簧压力过小 2.触点被熔焊 3.可动部分被卡住 4.铁芯板表面有油污 5.反力弹簧损坏 6.用久后，铁芯截面之间的气隙消失	1.调整触点参数 2.修理或更换触点 3.拆修有关零件再装好 4.擦清铁芯板表面 5.更换弹簧 6.更换或修理铁芯
线圈过热或烧坏	1.电源电压过高或过低 2.线圈技术参数不符合要求 3.操作频率过高 4.线圈已损坏 5.使用环境特殊，如空气潮湿，含有腐蚀性气体或温度太高 6.运动部分卡住 7.铁芯极面不平或气隙过大	1.调整电源电压 2.更换线圈或继电器 3.按使用条件选用继电器 4.更换或修理线圈 5.选用特殊设计的继电器 6.针对情况设法排除 7.修理或更换铁芯
噪声较大	1.电源电压低 2.触点弹簧压力过大 3.铁芯截面生锈或粘有油污.灰尘 4.零件歪斜或卡住 5.分磁环断裂 6.铁芯截面磨损过度不平	1.提高电压 2.调整触点压力 3.清理铁芯表面 4.调整或修理有关零件 5.更换铁芯或分磁环 6.更换铁芯

续表

故障现象	产生故障的原因	处理方法
触点熔焊	1.操作频率过高或负荷使用 2.负载侧短路 3.触点弹簧压力过小 4.触点表面有突起的金属颗粒或异物 5.操作回路电压过低或机械性卡住触点停顿在刚接触的位置上	1.按使用条件选用继电器 2.排除短路故障 3.调整弹簧压力 4.修整触点 5.提高操作电压，排除机械性卡住故障
触点过热或灼伤	1.触点弹簧压力过小 2.触点表面有油污或不平，铜触点氧化 3.环境温度过高，或使用于密闭箱中 4.操作频率过高或工作电流过大 5.触点的超程太小	1.调整触点压力 2.清理触点 3.继电器降容量使用 4.调换合适的继电器 5.调整或更换触点
触点过度磨损	1.继电器选用欠妥，在某些场合容量不足 2.三相触点不同步 3.负载侧短路	1.继电器降容或改用合适的继电器 2.调整使之同步 3.排除短路故障
相间短路	1.可逆继电器互锁不可靠 2.灰尘、水气、污垢等使绝缘材料导电 3.某些零部件损坏（如灭弧室）	1.检修互锁装置 2.经常清理，保持清洁 3.更换损坏的零部件

（2）PLC的维护

PLC的可靠性很高，但由于环境的影响及内部元件老化等因素，也造成PLC不能正常工作，如果等到PLC报警或故障发生后再去检查、修理，总是要影响正常生产，事后处理总归是被动的，如果能经常定期地做好维护、维修，就可以使系统始终工作在最佳状态下，以免对企业造成经济损失。因此定期检修与做好日常维护是非常重要的。一般情况下检修时间以每六个月至一年为宜，当外部环境较差时，可根据具体情况缩短检修间隔时间。PLC维护检修项目、内容见表3-57。

表3-57　PLC维护检修项目、内容

序号	维护检修项目	维护检修内容
1	供电电源	在电源端子处测量电压是否在标准范围内
		环境温度（控制柜内）是否在规定范围
2	外部环境	环境温度（控制柜内）是否在规定范围
		积尘情况（控制柜内）
3	输入输出电源	在输入输出端子处测量电压变化是否在标准范围内
		各单元是否可靠固定、有无松动
4	安装状态	连接电缆的连接器是否完全插入旋紧
		外部配件的螺钉是否松动
5	元件	锂电池寿命等

（3）气动系统

气动系统的使用与维护保养是保证系统正常工作，减少故障发生，延长使用寿命的一项十分重要的工作。维护保养应及早进行，不应拖延到故障已发生，需要修理时才进行，也就是要进行预防性的维护保养。

① 气动系统的使用注意事项

a. 日常维护需对冷凝水和系统润滑进行管理。

b. 开车前后要放掉系统中的冷凝水。

c. 定期给油雾器加油。

d. 随时注意压缩空气的清洁度，对分水滤气器的滤芯要定期清洗。

e. 开车前检查各调节旋钮是否在正确位置，行程阀、行程开关、挡块的位置是否正确、牢固。对活塞杆、导轨等外露部分的配合表面进行擦拭后方能开车。

f. 长期不使用时，应将各旋钮放松，以免弹簧失效而影响元件的性能。

g. 间隔三个月需定期检修，一年应进行一次大修。

h. 对受压容器应定期检验，漏气、漏油、噪声等要进行防治。

② 气动系统的日常维护保养

a. 对冷凝水的管理。空气压缩机吸入的是含有水分的湿空气，经压缩后提高了压力，当再度冷却时就要析出冷凝水，侵入到压缩空气中，使管道和元件锈蚀。防止的方法就是要及时地排除系统各排水阀中积存的冷凝水，经常检查自动排水器、干燥器是否正常，定期清洗分水滤气器、自动排水器。

b. 对系统润滑的管理。气动系统中从控制元件到执行元件凡有相对运动的表面都需要润滑。如果润滑不当，会使摩擦力增大，导致元件动作不灵敏，因密封磨损会引起泄漏，润滑油的性质将直接影响润滑的效果。通常，高温环境下使用高黏度的润滑油，低温则使用低黏度的润滑油。在系统工作过程中，要经常检查油雾器是否正常，如发现油杯中油量没有减少，需要及时调整滴油量。

③ 气缸维护保养

a. 使用中应定期检查气缸各部位有无异常现象，各连接部位有无松动等，轴销、耳环式安装的气缸活动部分定期加润滑油。

b. 气缸检修重新装配时，零件必须清洗平净，特别需防止密封圈剪切、损坏，注意唇形密封圈的安装方向。

c. 气缸拆下长时间不使用时，所有加工表面应涂防锈油，进排气口加防尘堵塞。

④ 气动系统的故障排除

a. 气动系统的故障种类。由于故障发生的时期不同，故障的内容和原因也不同。因此，可将故障分为初期故障、突发故障和老化故障。

初期故障：在调试阶段和开始运转的两三个月内发生的故障。

突发故障：系统在稳定运行时期内突然发生的故障。

老化故障：个别或少数元件达到使用寿命后发生的故障称。

b. 气缸常见故障、原因及排除方法见表3-58。

表3-58 气缸常见故障、原因及排除方法

故障	原因	对策
输出力不足	1.压力不足 2.推力不足够	1.检查气压 2.气缸之推力及缸径的确认
破损	1.负载速度过大 2.缓冲故障	更换气缸
动作不稳定	1.爬行现象（进气节流.速度在50mm/s以下） 2.偏芯	1.使用低速气缸（10～200mm/s） 2.使用微速气缸（1～200mm） 3.使用万向节 4.采用耐横向负载气缸 5.检查安装方式
泄漏（内泄漏、外泄漏）	活塞密封圈、活塞杆密封圈磨损	更换密封圈

学习单元二　自动化生产线的故障分析

1.检查通信网络系统、主控制回路和警示灯接通情况

测试状况：

① 系统控制N:N通信网络或PPI通信网络连接已经完成，相对应的PLC模块的输入/输出点的LED能够正常亮起。

② 系统主令工作信号由人机界面触摸屏提供，安装在装配单元的警示灯应能显示整个系统的主要工作状态，包括上电复位、启动、停止、报警等。

2.对系统的复位功能进行检测

（1）测试状况

① 系统在上电后，首先执行复位操作，使输送单元机械手装置应该自动回到原点位置，此时绿色警示灯以1Hz的频率闪烁。

② 输送单元机械手装置回到原点位置后，复位完成，绿色警示灯常亮，表示允许启动系统。

（2）故障原因

输送单元机械手装置不能回到原点位置，故障产生原因主要有：

① 输送单元机械手的急停按钮没有复位。

② 各从站的初始位置不正确。

③ 各从站有急停按钮没有复位。

④ 步进电动机或驱动模块有故障。

⑤ 输送单元的PLC没有发出正常脉冲。

⑥ 支撑输送单元底板运动的双直线导轨发生故障。

⑦ 同步带和同步轮之间有打滑现象。

只有在消除以上故障产生的原因后，才能允许启动系统。

3.通过运行指示灯检测系统启动运行情况

（1）测试状况

按下启动按钮，系统启动，绿色和黄色警示灯均常亮。

（2）故障原因

如果系统不能正常启动，其故障产生原因主要有：

① 输送单元复位时，没有回到原点位置。

② 原点位置检测行程开关出现故障。

③ 各从站的初始位置不正确。

如果绿色和黄色警示灯均显示异常，其故障产生原因主要有：

① 原点位置检测行程开关出现故障。

② 供料单元料仓中工件数量不足。

③ 装配单元料仓中工件数量不足。

④ 供料单元料仓中工件自重掉落故障。

⑤ 装配单元料仓中工件自重掉落故障。

4.检测供料单元供给工件情况

（1）测试状况

① 系统启动后，供料单元顶料气缸的活塞杆推出，压住次下层工件；然后使推料气缸活塞杆推出，从而把最下层待加工工件推到物料台上，接着把供料操作完成信号存储到供料单元PLC模块的数据存储区，等待主站读取；并且推料气缸缩回，准备下一次推料。

② 若供料站的料仓没有工件或工件不足，则将报警或预警信号存储到供料单元PLC模块的数据存储区，等待主站读取。

③ 物料台上的工件被输送单元的机械手取走后，若系统启动信号仍然为ON，则进行下一次推出工件操作。

（2）故障原因

如果顶料气缸不能够完成顶料动作，或者将工件推倒，其故障产生原因主要有：

① 气缸动作气路压力不足。

② 节流阀的调节量过小，使气压不足。

③ 节流阀的调节量过大，使气缸动作过快。

④ 料仓中的工件不能够自行掉落到位。

⑤ 气缸动作电磁阀故障。

⑥ 料仓中无工件。

5.检测输送单元能否准确抓取供料单元物料台上的工件情况

（1）测试状况

在工件推到供料单元物料台后，输送单元抓取机械手装置应移动到供料单元物料台的正前方，然后执行抓取供料单元工件的操作。

（2）故障原因

如果物料台上的工件没有被输送单元机械手抓取，其故障产生原因主要有：

① 输送单元没有读取到供料单元的推料完成信号。

② 供料单元物料台上的工件检测传感器故障。

③ 输送单元气缸气路压力不足。

④ 节流阀的调节量过小，使气压不足。

⑤ 输送单元各气缸动作电磁阀故障。

6.检测输送单元抓取工件从供料单元到加工单元的情况

（1）测试状况

① 抓取动作完成后机械手手臂应缩回。

② 步进电动机驱动机械手装置移动到加工单元物料台的正前方。

③ 按机械手手臂伸出→手臂下降→手爪松开→手臂缩回的动作顺序把工件放到加工单元物料台上。

（2）故障原因

如果抓取动作完成后机械手手臂不能缩回，其故障产生原因主要有：

① 输送单元手爪位置检测传感器故障。

② 输送单元气缸动作气路压力不足。

③ 节流阀的调节量过小，使气压不足。

④ 输送单元各气缸动作电磁阀故障。

7.检测加工单元对工件进行加工的情况

（1）测试状况

① 加工单元物料台的物料检测传感器检测到工件后，气动手指夹持待加工工件。

② 伸缩气缸将工件从物料台移送到加工区域冲压气缸冲头的正下方，完成对工件的冲压加工。

③ 伸缩气缸伸出，气动手指把加工好的工件重新送回物料台后松开。

④ 将加工完成信号存储到加工单元PLC模块的数据存储区，等待主站读取。

（2）故障原因

如果气动手指夹持待加工工件动作不正常，其故障产生原因主要有：

① 加工单元手爪位置检测传感器故障。

② 加工单元气缸动作气路压力不足。

③ 节流阀的调节量过小，使气压不足。

④ 加工单元各气缸动作电磁阀故障。

8.检测输送单元将工件从加工单元取走的情况

（1）测试状况

输送单元读取到加工完成信号后，按机械手手臂伸出→手爪夹紧→手臂提升→手臂缩回的动作顺序取出加工好的工件。

（2）故障原因

如果输送单元机械手动作不正常，其故障产生原因主要有：

① 输送单元机械手手爪位置检测传感器故障。

② 输送单元机械手气缸动作气路压力不足。

③ 节流阀的调节量过小，使气压不足。

④ 输送单元各气缸动作电磁阀故障。

9. 检测输送单元的机械手能否将工件准确送到装配单元

（1）测试状况

① 步进电动机驱动夹着工件的机械手装置移动到装配单元物料台的正前方。

② 按机械手手臂伸出→手臂下降→手爪松开→手臂缩回的动作顺序把工件放到加工单元物料台上。

（2）故障原因

如果步进电动机驱动夹着工件的机械手装置不能移动到装配单元物料台的正前方，其故障产生原因主要有：

① 步进电动机或驱动模块有故障。

② 输送单元的PLC没有发出正常脉冲。

③ 支撑输送单元底板运动的双直线导轨发生故障。

④ 同步带和同步轮之间有打滑现象。

10. 检测装配单元的工件装配过程

（1）测试状况

① 装配单元物料台的检测传感器检测到工件到来后，料仓上面顶料气缸活塞杆输出，把次下层的物料顶住，使其不能下落；下方的挡料气缸活塞杆缩回，物料调入回转物料台的料盘中，然后挡料气缸复位，顶料气缸缩回，次下层物料下落，为下一次分料做好准备。

② 回转物料台顺时针旋转180°（右旋），到位后按装配机械手下降→手爪抓取小圆柱→手爪提升→手臂伸出→手爪下降→手爪松开→装配机械手装置返回初始位置的动作顺序，把小圆柱工件装入大工件中，并将装配完成信号存储到装配单元PLC模块的数据存储区，等待主站读取。

③ 装配机械手装置复位的同时，回转物料台逆时针旋转180°（左旋）回到原点。

④ 如果装配单元的料仓中没有小圆柱工件或工件不足，则发出报警或预警信号并存储到装配单元PLC模块的数据存储区，等待主站读取。

（2）故障原因

如果挡料气缸或挡料气缸不正常动作，其故障产生原因主要有：

① 装配单元物料检测传感器故障。

② 装配单元气缸动作气路压力不足。

③ 节流阀的调节量过小，使气压不足。

④ 装配单元各气缸动作电磁阀故障。

11.检测输送单元件从装配单元运输到分拣单元的情况

（1）测试状况

① 输送单元机械手伸出并抓取该工件后，逆时针旋转90°，驱动机械手装置从装配单元向分拣单元运送工件。

② 按机械手手臂伸出→手臂下降→手爪松开并放下工件→手臂缩回→返回原点→顺时针旋转90°。

（2）故障原因

如果输送单元机械手不正常动作，其故障产生原因主要有：

① 输送单元手爪位置检测传感器故障。

② 输送单元气缸动作气路压力不足。

③ 节流阀的调节量过小，使气压不足。

④ 输送单元各气缸动作电磁阀故障。

如果输送单元机械手不能准确旋转到分拣单元的入料口，其故障产生原因主要有：

① 输送单元机械手气缸动作气路压力不足。

② 节流阀的调节量过小，使气压不足。

③ 输送单元各气缸动作电磁阀故障。

④ 气动摆台动作故障。

⑤ 气动摆台定位不准。

12.检测分拣单元的工件装配过程

（1）测试状况

① 当输送单元将送来工件放在传送带上并放入入料口，光电传感器检测到时，即可启动变频器，驱动三相减速电动机工作，传动带开始运转。

② 传送带把工件带入分拣区，由光纤传感器和金属传感器检测，如果工件为金属，在正对滑槽1中间位置准确停止，由推料气缸1推到料槽1中。如果工件为白色，在正对滑槽2中间位置准确停止，由推料气缸2推到料槽2中。如果工件为黑色，则传动带继续运行，在正对滑槽3中间位置准确停止，由推料气缸3推到料槽3中。

③ 当分拣推料气缸活塞杆推出工件并返回到位后，并将分拣完成信号存储到分拣单元PLC模块的数据存储区，等待主站读取。

（2）故障原因

如果输送单元送来的工件送到入料口传送带不启动，其故障产生原因主要有：

① 入料口工件检测传感器故障。

② 分拣单元PLC模块不能发出正常信号启动变频器。

③ 三相减速电动机故障。

④ 传送带故障。

如果传送带停止位置不准确，推杆气缸动作不正常，其故障产生原因主要有：

① 光纤传感器故障。

② 光纤传感器灵敏度调节不正确。

③ 变频器频率参数设置不正确。

④ 节流阀的调节量过小，使气压不足。

⑤ 各气缸动作电磁阀故障。

⑥ 旋转编码器运行不正常。

⑦ 推杆气缸动作气路压力不足。

如果不能准确按照工件颜色分拣及工件推入料槽后传送带不停止，其故障产生原因主要有：

① 光纤传感器故障。

② 光纤传感器灵敏度调节不正确。

13. 检测分拣单元工作完成后，输送单元的复位过程

（1）测试状况

分拣单元分拣工作完成，并且输送单元机械手装置回到原点，则系统完成下一个工作周期。

如果在工作周期没有按下过停止按钮，系统在延时1s后开始下一周期工作。

如果在工作周期曾经按下过停止按钮，则本工作周期结束后，系统不再启动，警示灯中黄灯熄灭，绿色灯仍然保持常亮。

（2）注意事项

只有分拣单元分拣工作完成，并且输送单元机械手装置回到原点，系统的一个工作周期才认为结束。如果在工作周期没有按下过停止按钮，系统在延时1s后开始下一周期工作。如果在工作周期曾经按下过停止按钮，则本工作周期结束后，系统不再启动，警示灯中黄灯熄灭，绿色灯仍然保持常亮。系统结束后若再按下启动按钮，则系统又重新工作。

为保证自动生产线的工作效率和工作精度，检测要求每一工作周期不超过30s。

项目拓展篇

项目一

工业机器人的认知

项目学习目标

① 理解工业机器人的定义和组成。

② 了解工业机器人的分类。

工业机器人的历史并不算长，1959年美国英格伯格和德沃尔（Devol）制造出世界上第一台工业机器人，工业机器人的历史才真正开始。

由英格伯格负责设计机器人的“手”“脚”“身体”，即机器人的机械部分和完成操作部分；由德沃尔设计机器人的“头脑”“神经系统”“肌肉系统”，即机器人的控制装置和驱动装置。它成为世界上第一台真正的实用工业机器人。

1. 工业机器人的定义

工业机器人按ISO 8373定义为：“位置可以固定或移动，能够实现自动控制、可重复编程、多功能多用处、末端操作器的位置要在3个或3个以上自由度内可编程的工业自动化设备”。这里自由度是指可运动或转动的轴。

我国对机器人的定义是：“机器人是一种自动化的机器，所不同的是这种机器具备一些与人或生物相似的智能能力，如感知能力、规划能力、动作能力和协同能力，是一种具有高度灵活性的自动化机器。”

2.工业机器人的组成

工业机器人是机电一体化的系统，它由以下几个部分组成：① 执行机构；② 机械本体；③ 控制系统；④ 监测系统。其组成部分关系图如图4-1所示。

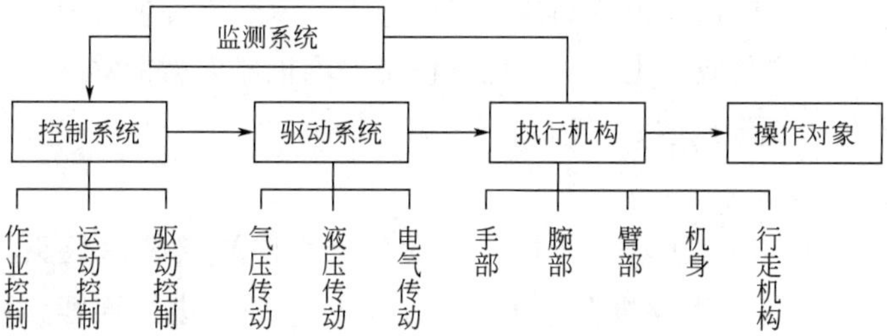

图4-1　工业机器人组成部分关系图

（1）执行机构

执行机构可以抓起工件，并按规定的运动速度、运动轨迹，把工件送到指定位置处，放下工件。通常执行机构有以下几个部分。

① 手部　手部是工业机器人用来握持工件或工具的部位，直接与工件或工具接触。有些工业机器人直接将工具（如电焊枪、油漆喷枪、容器等）固定在手部，它就不再另外安装手部了。

② 腕部　腕部是将手部和臂部连接在一起的部件。它的作用是调整手部的方位和姿态，并可扩大臂部的活动范围。

③ 臂部　臂部支承着腕部和手部，使手部活动的范围扩大。无论是手部、腕部或是臂部都有许多轴孔，孔内有轴、轴和孔之间形成一个关节，机器人有一个关节就有了一个自由度。

（2）机械本体

机械本体用来支承手部、腕部和臂部，驱动装置及其他装置也固定在机械本体上。

① 行走机构　对可以行走的工业机器人，它的机械本体是可以移动的；否则，机械本体直接固定在基座上。行走机构用来移动工业机器人。有的行走机构是模仿人的双腿，有的只不过是轨道和车轮机构而已。

② 驱动系统　驱动系统装在机械本体内，作用是向执行元件提供动力。根据不同的动力源，驱动系统的传动方式也分为液压式、气动式、电动式和机械式四种。

（3）控制系统

控制系统是工业机器人的指挥中心。它控制工业机器人按规定的程序动作。控制系统还可存储各种指令（如动作顺序、运动轨迹、运动速度以及动作的时间节奏等），同时还向各个执行元件发出指令。必要时，控制系统汉自己的行为加以监视，一旦有越轨的行为，能自己排查出故障发生的原因并及时发出报警信号。

（4）监测系统

人工智能系统赋予工业机器人五种感觉功能，以实现机器人对工件的自动识别和适应性操作。具有自适应性的智能化的机械系统是当前机电一体化技术的发展方向。

3. 工业机器人的分类

（1）码堆作业机器人

码堆作业机器人如图4-2所示。主要用在产品出厂工序和在仓库中存储保管时进行的作业。该作业是将几个产品放在托板或箱内，在产品出厂或仓库存储保管时使用。如果靠人工搬运，不仅任务艰巨，作业效率也会非常低。使用码堆机器人就能够在短时间内按照订单将各类产品大量、迅速地堆积在托板上交付。

（2）密封作业机器人

密封作业机器人如图4-3所示。在机器人的机械手前端安装涂敷头，进行密封剂、填料、焊料涂敷等作业。密封作业机器人因为需要对密封部件进行连续、均匀涂敷，因此在编程时必须考虑涂敷作业的技术。如须处理好涂敷开始时的行走等待时间，从而确保涂敷效果。

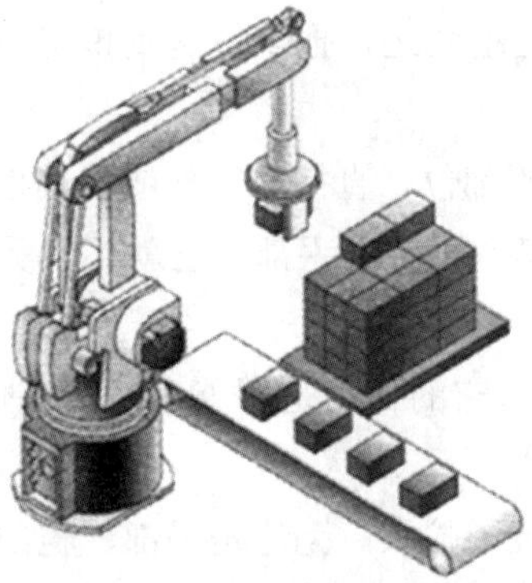

图4-2 码堆作业机器人

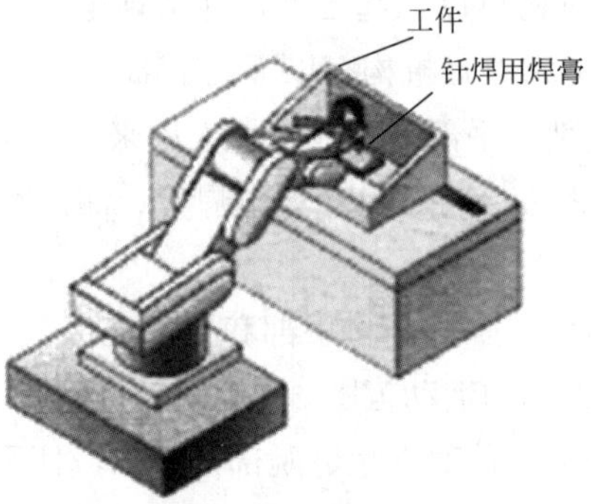

图4-3 密封作业机器人

（3）浇口切割作业机器人

浇口切割作业机器人如图4-4所示。主要用于切割塑料注塑成型时的作业。在机器人的机械手前端安装切割工具进行作业。为了切割位于复杂位置处的浇口，使用可适应各种姿势的具有5轴、6轴自由度垂直多关节机器人。

（4）机床上的工件装卸作业机器人

机床上的工件装卸作业机器人如图4-5所示。用于在机床的工件夹头上安装未加工的工件，必须将加工结束后的工件取下。因为在整个工件流程中，使工件整齐排列的等作业比较复杂，因此必须使用具有5轴、6轴自由度垂直多关节机器人，并且在机构上能承受车削时产生的粉尘床的机器人。

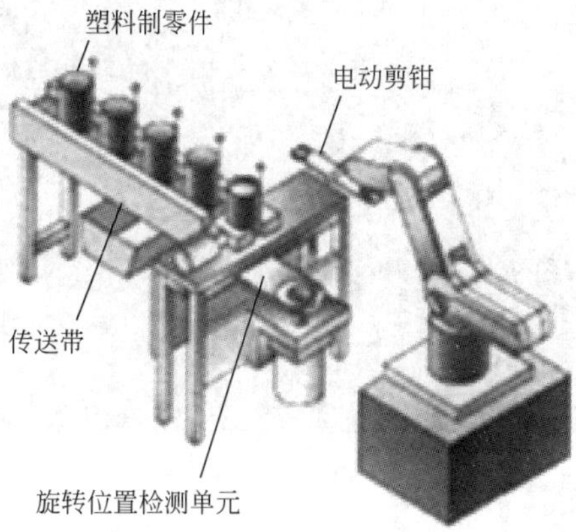

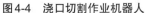

图4-4 浇口切割作业机器人

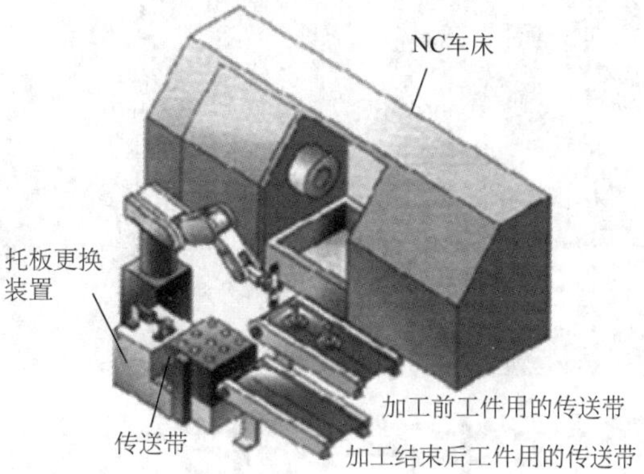

图4-5 机床上的工件装卸作业机器人

4.工业机器人发展趋势

机器人技术是一种综合性高技术，它涉及到多种相关技术及学科，如机构学、控制工程、计算机、人工智能、微电子学、传感技术、材料科学以及仿生学等科学技术。因此机器人技术的发展一方面带动了相关技术及学科的发展，另一方面也取决于这些相关技术和学科的发展进程。

① 机器人操作机　负载/自重比大、高速高精度的机器人操作机一直是机器人设计者追求的目标，通过有限元模拟分析及仿真设计等现代设计方法的运用，机器人操作机已实现了优化设计。

② 并联机器人　采用并联机构，利用机器人技术，实现高精度测量及加工，这是机器人技术向数控技术的拓展，为将来实现机器人和数控技术的一体化奠定了基础。意大利COMAU公司、日本FANUC等公司已开发出了此类产品。

③ 控制系统　控制系统的性能进一步提高，已由过去控制标准的6轴机器人发展到现在能够控制21轴甚至27轴，以实现多机器人系统及周边设备的协调运动，并且实现了软件伺服和全数字控制。在该领域日本YASKAWA和德国KUKA公司处于领先地位。

④ 传感系统　激光传感器、视觉传感器和力传感器在工业机器人系统中已得到广泛应用，并实现了利用激光传感器和视觉传感器进行焊缝自动跟踪以及自动化生产线上物体的自动定位，利用视觉系统和力觉系统进行精密装配作业等，大大提高了机器人的作业性能和对环境的适应性。日本YASKAWA、FANUC和瑞典ABB、德国KUKA、REIS等公司皆推出了此类产品。

⑤ 网络通信功能　日本YASKAWA和德国KUKA公司的最新机器人控制器已实现了与Canbus、Profibus总线及一些网络的连接，使机器人由专用设备向标准化设备发展。

⑥ 可靠性　过去的独立应用向网络化应用迈进了一大步，也使机器人由于微电子技术的快速发展向大规模集成电路的应用方向发展，使机器人系统的可靠性有了很大提高。过去机器人系统的可靠性MTBF一般为几千小时，而现在已达到5万小时，几乎可以满足任何场合的需求。

项目二

柔性生产线技术的认知

项目学习目标

① 了解柔性生产线的产生和特点。
② 掌握柔性生产线的定义、组成及类型。

传统的生产工艺只有品种单一、批量大、设备专用、工艺稳定及效率高，才能构成规模经济效益。反之，多品种、小批量生产，设备的专用性低，在加工形式相似的情况下，频繁地调整工具夹，工艺稳定难度增大，生产效率势必受到影响。为了同时提高制造工业的柔性和生产效率，使之在保证产品质量的前提下，缩短产品生产周期，降低产品成本，最终使中小批量生产能与大批量生产抗衡，柔性自动化系统便应运而生。

1.柔性生产线的定义

所谓柔性，是指制造系统（企业）对系统内部及外部环境的一种适应能力，也是指制造系统能够适应产品变化的能力。与刚性自动化生产线相比，柔性生产线工序相对集中，没有固定的生产节拍、物流统一的路线，进行混流加工，实现在中、小批量生产条件下接近大量生产中采用刚性自动线所实现的高效率和低成本。

我国对柔性生产线的定义：柔性生产线是数控加工设备、物料运储装置和计算机控制系统等组成的自动化制造系统，包括多个柔性制造单元，能根据制造任务或生产环境的变化迅速调整，适用于多品种、中小批量生产。

美国制造工程师协会（SME）的计算机辅助系统和应用协会把柔性生产线定义为：使用计算机、柔性加工单元和集成物料储运装置完成零件族某一工序或一系列工序的一种集成制造系统。

各种定义的描述方法虽然有所不同，但都反映了柔性生产线应具备以下特点。

（1）硬件组成

① 两台以上的数控机床或加工中心以及其他加工设备，包括测量机、清洗机、动平衡机、

各种特种加工设备等。

② 一套能自动装卸的运输系统，包括刀具储运和工件及原材料储运。具体结构可采用传输带、有轨小车、无轨小车、搬运机器人、上下料托盘站等。

③ 一套计算机控制系统及信息通信网络。

（2）软件组成

① FMS的运行控制系统。

② FMS的质量保证系统。

③ FMS的数据管理和通信网络系统。

（3）FMS必须具备的功能

① 能自动管理零件的生产过程，自动控制制造质量，自动进行故障诊断及处理，自动进行信息收集及传输。

② 简单地改变软件或系统参数，便能制造出某一零件族的多种零件。

③ 物料的运输和储存必须为自动（包括刀具等工装和工件的自动运输）。

④ 能解决多机床条件下零件的混流加工，且无需额外增加费用。

⑤ 具有优化调度管理功能，能实现无人化或少人化加工。

2.柔性生产线的构成

柔性生产线结构如图4-6所示，下面以机械制造业柔性生产线为例，说明柔性生产线的构成及作用，如表4-1所示。

表4-1　柔性生产线的构成及作用

构成	作用
自动加工系统	指以成组技术为基础，把外形尺寸（形状不必完全一致）、质量大致相似，材料相同，工艺相似零件集中在一台或数台数控机床或专用机床等设备上加工的系统
物流系统	指由多种运输装置构成，如传送带、机械手等，完成工件、刀具等的供给与传送的系统，它是柔性制造系统主要的组成部分
信息系统	指对加工和运输过程中所需各种信息收集、处理、反馈，并通过电子计算机或其他控制装置（液压、气压装置等），对机床或运输设备实行分级控制的系统
软件系统	指保证柔性制造系统用电子计算机进行有效管理的必不可少的组成部分。它包括设计、规划、生产控制和系统监督等软件

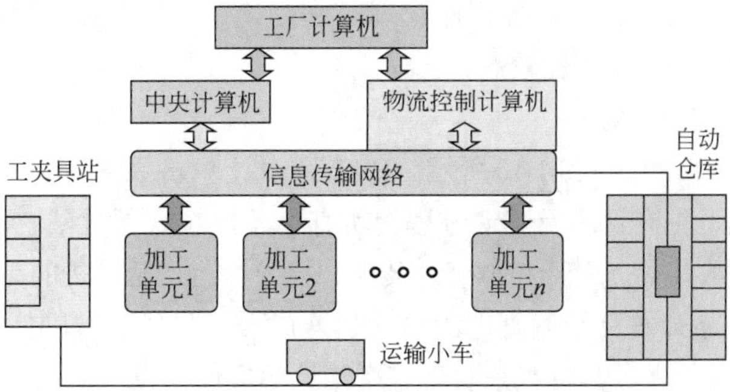

图4-6　柔性生产线结构

3. 柔性生产线的类型

随着微电子技术、计算机技术、通信技术、机械与控制设备的发展，促使柔性制造技术日臻成熟，如今，柔性生产线已成为各工业化国家机械制造自动化的研制发展重点。柔性生产线主要分为以下四种类型。

（1）柔性制造单元（FMC）

柔性制造单元（FMC）如图4-7所示。FMC是由1～2台数控机床或加工中心构成的加工单元，并具有不同形式的刀具交换和工件的装卸、输送及储存功能。除了机床的数控装置外，通过一个单元计算机进行程序管理和外围设备的管理。FMC适合加工形状复杂、工序简单、工时较少、批量小的零件。它有较大的设备柔性，但人员和加工柔性低。

（2）柔性制造系统（FMS）

柔性制造系统（FMS）如图4-8所示。FMS由2台以上的加工中心以及清洗、检测设备组成，具有较完善的刀具和工件的输送和储存系统，除调度管理计算机外，还配有过程控制计算机和分布式数控终端等，形成多级控制系统组成的局部网络。FMS适合于加工形状复杂、加工工序繁多、并有一定批量的多种零件。

图4-7 柔性制造单元（FMC）

图4-8 柔性制造系统（FMS）

（3）独立制造岛（AMI）

独立制造岛（AMI）如图4-9所示。独立制造岛是以成组技术为基础，由若干台数控机床和普通机床组成的制造系统，其特点是将工艺技术装备、生产组织管理和制造过程结合在一起，借助计算机进行工艺设计、数控程序管理、作业计划编制和实时生产调度等。其使用范围广，投资相对较少，各方面柔性较高。

（4）柔性制造工厂（FMF）

柔性制造工厂（FMF）如图4-10所示。FMF是由计算机系统和网络通过制造执行系统MES，将设计、工艺、生产管理及制造过程的所有单元FMC、柔性线FMS连接起来，配以自动化立体仓库，实现从订货、设计、加工、装配、检验、运送至发货的完整数字化制造过程。

FMF将制造、产品开发及经营管理的自动化连成一个整体，是以信息流控制物质流的智能制造系统（IMS）为代表，其特点是实现整个工厂的柔性化及自动化。它是自动化生产的最高水平，反映出世界上最先进的自动化应用技术。

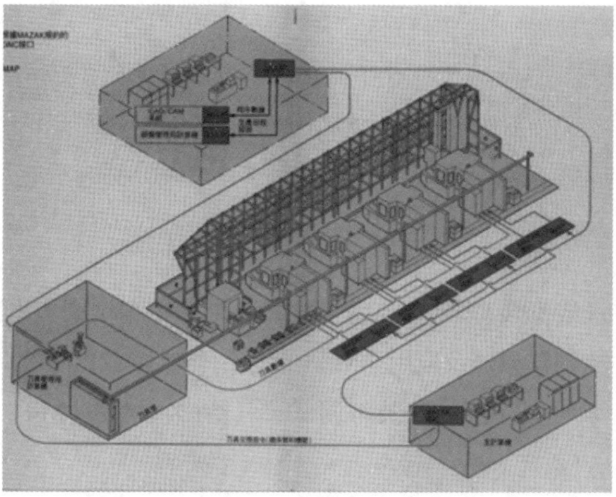

图4-9 独立制造岛（AMI）

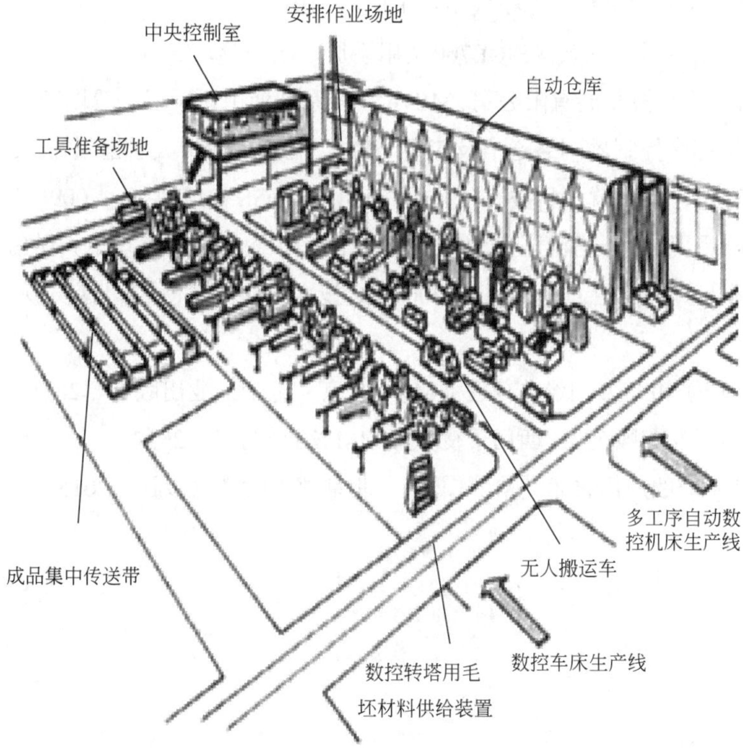

图4-10 柔性制造工厂（FMF）

参考文献

[1] 吕景泉. 自动化生产线安装与调试［M］. 第2版. 北京：中国铁道出版社，2009.

[2] 李俊秀. 可编程序控制器原理及应用［M］. 北京：化学工业出版社，2003.

[3] 张同苏，徐月华. 自动化生产线安装与调试（三菱FX系列）［M］. 北京：中国铁道出版社，2010.

[4] 三菱电动机. 三菱微型可编程序控制器FX1S，1N，2N，2NC系列编程手册，2010.

[5] 三菱电动机. FX系列通信（RS-232C，RS485）用户手册，2011.

[6] 三菱电动机. FX系列特殊功能模块用户手册，2010.

[7] 三菱电动机. 三菱通用变频器FR-E700使用手册：应用篇，2011.

[8] 上海会通自动化科技发展有限公司. MINAS A4系列使用说明书（第四版）. 2007.

[9] 邱公伟. 可编程序控制器网络通信及应用［M］. 北京：清华大学出版社，2000.

[10] 北京昆仑通态自动化软件科技有限公司［M］. MCGS初级教程，2009（2）.

[11] 胡海清，陈爱民. 气压与液压传动控制技术［M］. 北京：北京理工大学出版社，2006.

[12] 张运刚. 从入门到精通：西门子S7-200 PLC技术与应用［M］. 北京：人民邮电出版社，2007.

[13] 韦尚潮. 西门子PLC入门经典问答［M］. 北京：电子工业出版社，2011.

[14] 西门子（中国）有限公司. 西门子变频器MM420说明书，2012.

[15] 徐沛. 自动生产线应用技术［M］. 北京：北京邮电大学出版社，2015.